国家卫生健康委员会"十四五"规划教材

全国高等职业教育专科配套教材

供护理、助产专业用

正常人体结构学习指导

主　编　庞　刚　田洪艳

副主编　王锦绣　王纯尧　张爱清

编　者　（以姓氏笔画为序）

马怡婷（浙江舟山群岛新区旅游与健康职业学院）

王纯尧（毕节医学高等专科学校）

王忠华（沈阳医学院）

王锦绣（大庆医学高等专科学校）

田荆华（菏泽医学专科学校）

田洪艳（吉林医药学院）

代世嗣（贵州护理职业技术学院）

杜　辉（山东第一医科大学）

杨　喜（内蒙古医科大学）

何世洪（四川中医药高等专科学校）

汪家龙（黄山职业技术学院）

宋　振（潍坊护理职业学院）

张爱清（厦门医学院）

张海钰（山东医学高等专科学校）

庞　刚（安徽医科大学）

贺彩霞（山西卫生健康职业学院）

倪秀芹（江苏食品药品职业技术学院）

高　畅（厦门医学院）

高洪泉（厦门医学院）

崔　丹（白城医学高等专科学校）

蔡金全（哈尔滨医科大学附属第二医院）

谭　辉（重庆三峡医药高等专科学校）

魏建宏（山西医科大学汾阳学院）

人民卫生出版社

·北京·

图书在版编目（CIP）数据

正常人体结构学习指导 / 庞刚，田洪艳主编.
北京：人民卫生出版社，2025.6. -- ISBN 978-7-117
-38148-2

Ⅰ. Q983

中国国家版本馆 CIP 数据核字第 2025Q59N71 号

人卫智网	www.ipmph.com	医学教育、学术、考试、健康，购书智慧智能综合服务平台
人卫官网	www.pmph.com	人卫官方资讯发布平台

正常人体结构学习指导
Zhengchang Renti Jiegou Xuexi Zhidao

主　　编：庞　刚　田洪艳
出版发行：人民卫生出版社（中继线 010-59780011）
地　　址：北京市朝阳区潘家园南里 19 号
邮　　编：100021
E - mail：pmph @ pmph.com
购书热线：010-59787592　010-59787584　010-65264830
印　　刷：三河市尚艺印装有限公司
经　　销：新华书店
开　　本：787 × 1092　1/16　印张：16
字　　数：370 千字
版　　次：2025 年 6 月第 1 版
印　　次：2025 年 7 月第 1 次印刷
标准书号：ISBN 978-7-117-38148-2
定　　价：45.00 元

打击盗版举报电话：010-59787491　E-mail：WQ @ pmph.com
质量问题联系电话：010-59787234　E-mail：zhiliang @ pmph.com
数字融合服务电话：4001118166　E-mail：zengzhi @ pmph.com

为了帮助职业院校学生更好地掌握正常人体结构的基础知识、基本理论和基本技能，在全国卫生健康职业教育教学指导委员会专家指导下，我们以《正常人体结构》(第5版)为蓝本编写了配套教材《正常人体结构学习指导》。

本配套教材由实验指导、学习指导、练习题和参考答案组成。实验指导根据教材内容再分为1～3个实验，每个实验包括实验目的、实验内容与方法和思考题，以方便授课教师组织实验教学，指导学生正确认识正常人体结构。学习指导提纲挈领地概括了各章节的重要知识点，帮助学生巩固掌握主教材最重要、最基本的内容，达到专业教学标准的要求。练习题以客观题(A型题)为主，并适量编写部分主观题(概念题和问答题)，题目的类型与全国护士执业资格考试题型基本一致，可帮助学生复习和掌握相关章节知识点，达到自我检测学习效果的目的。每章习题后附有参考答案。

限于编者水平，本书中的不当之处在所难免，敬请诸位同仁及使用本书的教师、学生不吝赐教，提出宝贵意见和建议。

庞　刚　田洪艳
2025年6月

目 录

一、实验指导

【实验目的】

掌握光学显微镜的构造和使用方法。

【实验内容与方法】

1. 光学显微镜的构造　普通光学显微镜的构造包括机械部分和光学部分（图绪-1）。

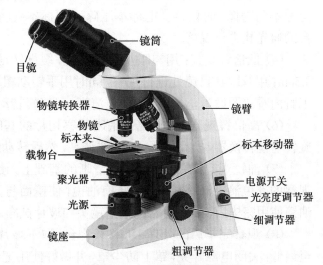

图绪-1　光学显微镜的构造

（1）机械部分

1）镜座：用于支持整个显微镜镜体，上有照明装置。

2）镜臂：近似弓形，便于握取。所有机械装置都直接或间接附着于其上。

3）载物台：为方形平台，中央有圆形通光孔。台上可放置玻片标本，配置的标本夹可用以固定或移动玻片标本。

4）标本移动器：为上、下两个紧挨的螺旋钮，前后旋转分别使玻片标本前后或左右移动。

5）镜筒：上端装有目镜。两侧镜筒间的距离可以调节，以匹配观察者的瞳孔间距。

6）物镜转换器：为可旋转定位的圆盘，根据需要选择不同倍数的物镜。

7）调焦装置：包括粗调节器和细调节器，前者使载物台较大幅度地上升或下降，后者使载物台轻微地上升或下降。使用时先用粗调节器，待观察到标本图像后用细调节器，可使图像更清晰。

（2）光学部分

1）光源：为电光源，能提供稳定的投射光源，光源亮度可根据需要进行调节。

2）聚光器：位于载物台下方，使光线更加集中汇集在通光孔中央。其左侧的螺旋可使聚光器上升或下降，以调节光度。上升时光度逐渐增强，下降时光度逐渐减弱。

3）光圈：位于聚光器下方，由许多重叠的小金属片组成。其框外有一个小柄可调节圆孔开大或缩小，以控制光线强弱。

4）物镜：一般有10倍、20倍、40倍和100倍镜头。通常将10倍镜头称低倍镜，40倍镜头称高倍镜，100倍镜头称油镜。

5）目镜：常用的有10倍、15倍。显微镜的放大倍数是目镜与物镜两者放大倍数的乘积。

2. 光学显微镜的使用方法

（1）取镜：必须一手握住镜臂，另一手托住镜座。

（2）放置：将显微镜置于实验台桌面，距桌沿5cm左右为宜。

（3）对光：打开电源开关，转动粗调节器，升高载物台，先将低倍镜对准通光孔，升高聚光器，打开光圈；两眼自然睁开，从目镜观察整个视野，至出现明亮、均匀而无阴影的白光为止；若亮度不够可升高聚光器或开大光圈。

（4）放置标本：将要观察的玻片标本放在载物台上，盖片朝上（否则使用高倍镜时不但看不到物像，而且容易把标本压碎），用标本夹将切片固定，将有组织的部分对准载物台的通光孔进行观察。

（5）低倍镜观察：用肉眼从镜侧注视，缓慢转动粗调节器，使低倍镜头与玻片相距约0.5cm；用双眼在目镜处进行观察，同时用手转动粗调节器降低载物台，边旋转边观察，至视野内看清图像为止，为使图像更清晰，可轻轻转动细调节器。

（6）高倍镜观察：在低倍镜清晰观察切片的基础上，将欲观察的结构移至视野中央，旋转物镜转换器，换高倍镜，将光线调亮，然后转动细调节器观察。

（7）油镜观察：在高倍镜成像清晰的基础上，使用油镜。换油镜之前，先在标本所要观察的部位滴一滴香柏油，再转换油镜，使镜面与油接触，转动细调节器即可找到物像。油镜使用完毕后，必须用擦镜纸把镜头和玻片拭净。

（8）观察完毕后的处理：下移载物台，取下玻片标本按号放入标本盒内，下移载物台至最低，关闭电源开关，罩上防尘罩，并做好使用记录。

【思考题】

1. 光学显微镜的结构包括哪些部分？
2. 如何正确使用光学显微镜？

二、学习指导

研究内容
- 人体解剖学
  - 系统解剖学：按照人体各机能系统描述人体器官形态结构的科学
  - 局部解剖学：在系统解剖学的基础上，以某一局部为中心描述各器官的配布、位置关系的科学
  - 断层解剖学：研究人体不同层面上各器官形态结构、毗邻关系的科学
  - 临床解剖学：结合临床需要，以临床各学科应用为目的进行人体解剖学研究的科学
- 组织学：是借助显微镜研究人体微细结构及相关功能的一门科学
- 胚胎学：主要是研究从受精卵发育为新生个体的过程及其机制的科学

方位术语
- 上和下：近颅者为上，近足者为下
- 前和后：距离身体腹侧面近者为前，距离身体背侧面近者为后
- 内侧和外侧：距离正中矢状面近者为内侧，远者为外侧
- 内和外：近内腔者为内，远内腔者为外
- 浅和深：距离皮肤近者为浅，距离皮肤远而距离人体内部中心近者为深
- 近侧和远侧：在四肢，距离肢体根部近者称近侧；距离肢体根部远者称远侧

$$\text{轴和面}\begin{cases}\text{轴}\begin{cases}\text{垂直轴：为上下方向垂直于地平面，与人体长轴平行的轴}\\\text{矢状轴：为前后方向与地平面平行，与人体长轴相垂直的轴}\\\text{冠状轴：为左右方向与地平面平行，与前两个轴相垂直的轴}\end{cases}\\\text{面}\begin{cases}\text{矢状面：按前后方向，将人体分成左、右两部的纵切面，此切面与}\\\qquad\text{水平面垂直}\\\text{冠状面：按左右方向，将人体分为前、后两部的纵切面，与水平面和}\\\qquad\text{矢状面垂直}\\\text{水平面：与地平面平行，与上述两个平面相垂直的面，将人体分为上、}\\\qquad\text{下两部}\end{cases}\end{cases}$$

$$\text{研究技术}\begin{cases}\text{光学显微镜技术}\begin{cases}\text{普通光学显微镜技术}\\\text{特殊光学显微镜技术}\end{cases}\\\text{电子显微镜技术}\begin{cases}\text{透射电镜术}\\\text{扫描电镜术}\end{cases}\\\text{组织化学技术}\begin{cases}\text{一般组织化学技术}\\\text{免疫组织化学技术}\\\text{荧光组织化学技术}\end{cases}\end{cases}$$

$$\text{学习方法}\begin{cases}\text{结构与功能相互联系的观点}\\\text{局部与整体统一的观点}\\\text{理论与实际相结合的观点}\\\text{进化发展的观点}\end{cases}$$

三、练习题

【概念题】

1. 解剖学姿势
2. 矢状面
3. 冠状面
4. 水平面
5. 组织
6. 嗜酸性
7. 嗜碱性
8. 异染性

【A₁型题】

1. 组织学教学标本常用的制片技术是

  A. 石蜡切片   B. 火棉胶切片

  C. 冷冻切片   D. 涂片

  E. 超薄切片

2. 扫描电镜主要用于观察
   A. 生物膜内部结构　　　　　　　　　B. 细胞器的内部结构
   C. 组织和细胞的表面结构　　　　　　D. 细胞内的多糖
   E. 细胞核内的结构

3. 透射电镜主要用于观察
   A. 细胞表面的立体结构　　　　　　　B. 细胞内部的超微结构
   C. 活细胞的生长情况　　　　　　　　D. 细胞内部的物质转运情况
   E. 以上均不是

4. 光镜和电镜观察的组织切片均为
   A. 普通切片　　　　　　　　　　　　B. 冷冻切片
   C. 固定后切片　　　　　　　　　　　D. 超薄切片
   E. 未固定切片

5. 冷冻切片主要用于研究
   A. 核酸　　　　　　　　　　　　　　B. 糖类
   C. 脂类　　　　　　　　　　　　　　D. 酶
   E. 肽类

6. 透射电镜观察的组织切片厚度一般为
   A. 1~2nm　　　　　　　　　　　　　B. 5~10nm
   C. 50~80nm　　　　　　　　　　　　D. 100~200nm
   E. 600~800nm

7. 需要制成超薄切片进行观察的显微镜为
   A. 普通光学显微镜　　　　　　　　　B. 透射电镜
   C. 扫描电镜　　　　　　　　　　　　D. 荧光显微镜
   E. 倒置相差显微镜

8. 主要用于观察组织和细胞表面立体结构的显微镜为
   A. 激光共聚焦扫描显微镜　　　　　　B. 扫描电镜
   C. 透射电镜　　　　　　　　　　　　D. 相差显微镜
   E. 荧光显微镜

9. 按左右方向,将人体分为前、后两部的切面,称
   A. 矢状面　　　　　　　　　　　　　B. 冠状面
   C. 水平面　　　　　　　　　　　　　D. 垂直面
   E. 横切面

10. 描述空腔器官结构之间关系的术语
    A. 内侧和外侧　　　　　　　　　　　B. 前和后
    C. 内和外　　　　　　　　　　　　　D. 深和浅
    E. 上和下

11. 描述人体各局部或器官、结构与正中面相对距离关系的名词为
    A. 前和后　　　　　　　　　　　　　B. 内和外

C.内侧和外侧   D.上和下

E.近侧和远侧

12.构成人体的基本单位是

A.局部   B.器官

C.系统   D.组织

E.细胞

【A₂型题】

1.下列切片中,**不用于**光学显微镜观察的切片为

A.石蜡切片   B.火棉胶切片

C.冷冻切片   D.涂片

E.超薄切片

2.关于HE染色的描述,**错误**的是

A.易被酸性染料着色称嗜酸性   B.易被碱性染料着色称嗜碱性

C.嗜酸性呈粉红色   D.嗜碱性呈蓝紫色

E.由酸性苏木精和碱性伊红两种染料组成

3.人体的基本组织**不包括**

A.上皮组织   B.结缔组织

C.肌组织   D.淋巴组织

E.神经组织

4.组织固定的意义**不包括**

A.使蛋白质迅速凝固   B.防止细胞自溶

C.使组织膨胀   D.使组织坚硬

E.防止组织腐败

5.组织化学技术**不能**检测组织内的

A.微量元素   B.糖类

C.脂类   D.酶

E.核酸

6.能被苏木精染成蓝紫色的物质**不包括**

A.染色质   B.尼氏体

C.胶原纤维   D.核糖体

E.粗面内质网

7.下列描述中,**不符合**解剖学姿势的是

A.身体直立   B.两眼向前平视

C.双侧上肢垂于躯干两侧   D.手掌向内侧

E.两足并立、足尖向前

8.躯干部**不包括**

A.项部   B.胸部

C.腹部   D.背部

E. 盆会阴部

（1、2题共用题干）

一般组织均无色，需要染色方能观察其结构，组织学最常用的染色法是 HE 染色法。

1. 能被伊红染成粉红色的结构为

A. 细胞核   B. 核糖体

C. 胶原纤维   D. 染色质

E. 以上均不是

2. 蓝色碱性染料将糖胺多糖染成紫红色的现象称

A. 嗜碱性   B. 中性

C. 嗜酸性   D. 异染性

E. 嗜色性

（3、4题共用题干）

石蜡切片是最常用的制片技术，制备过程包括取材、固定、脱水、透明、包埋、切片、染色、封固等过程。

3. 石蜡切片标本制作中浸蜡的目的是

A. 防止蛋白质变性   B. 增强组织弹性

C. 增加组织硬度   D. 便于染色

E. 便于观察

4. 光镜观察组织切片的厚度一般为

A. 10~50nm   B. 50~80nm

C. 80~200nm   D. 1~5μm

E. 5~7μm

【问答题】

1. 简述石蜡切片的制作过程。

2. 简述正常人体结构术语"轴"和"面"。

四、参考答案

【概念题】

1. 解剖学姿势是为了说明人体局部或器官及结构的位置关系而规定的一种姿势。标准为身体直立，两眼向前平视，两足并拢，足尖向前，上肢下垂于躯干两侧，手掌向前。

2. 矢状面是按前后方向，将人体分成左、右两部分的切面，此切面与水平面垂直。通过人体正中，将人体分为左、右相等的两部分的矢状面为正中矢状面。

3. 冠状面又称额状面，是按左右方向，将人体分为前、后两部的切面，此切面与水平面和矢状面垂直。

4. 水平面又称横切面，与地平面平行，与矢状面和冠状面垂直，将人体分为上、下两部分。

5. 组织由形态、功能相同或相似的细胞与细胞外基质构成。人体有 4 种基本组织，即上皮组织、结缔组织、肌组织和神经组织。

6. 细胞和组织内的碱性物质或结构与酸性染料亲和力强,此种性质称嗜酸性。

7. 细胞和组织的酸性物质或结构与碱性染料亲和力强,此种性质称嗜碱性。

8. 有些组织成分用甲苯胺蓝等碱性染料染色后不显蓝色而呈紫红色,称异染性。

【A₁型题】

1. A　　2. C　　3. B　　4. C　　5. D　　6. C　　7. B　　8. B

9. B　　10. C　　11. C　　12. E

【A₂型题】

1. E　　2. E　　3. D　　4. C　　5. A　　6. C　　7. D　　8. A

【A₃型题】

1. C　　2. D　　3. C　　4. E

【问答题】

1. 石蜡切片制作的主要过程。

(1) 取材和固定:将新鲜材料切成小块,放入固定液中,使蛋白质等成分迅速凝固,目的是防止组织细胞离体后发生自溶,以保持活体状态的形态结构。常用的固定剂有甲醛和乙醇。

(2) 脱水、透明和包埋:组织块经乙醇脱水、二甲苯透明化后,包埋在石蜡中,使柔软组织变成具有一定硬度的组织蜡块,目的是增强组织材料的硬度,便于切片。常用的包埋剂有石蜡和火棉胶。

(3) 切片和染色:用切片机将埋有组织的蜡块切成5~7μm的薄片,贴于载玻片上;脱蜡后进行染色,目的是增强组织结构间的色差,便于镜下观察。HE染色中,苏木精能将细胞核、核糖体和粗面内质网等酸性成分染成蓝紫色,伊红能将细胞质等碱性成分染成粉红色。

(4) 密封保存:经过封片、切片、脱水处理后,滴加树胶或明胶,用盖玻片密封保存,便于观察。

2. 轴和面属于正常人体结构的常用术语。

(1) 轴:为分析关节的运动,在解剖学姿势下有相互垂直的3个轴。①垂直轴,上下方向,垂直于地平面,与人体长轴平行;②矢状轴,前后方向,与地平面平行,与人体长轴相垂直;③冠状轴,左右方向,与地平面平行,与前两个轴相垂直。

(2) 面:按解剖学姿势,做相互垂直的3个切面。①矢状面,按前后方向,将人体分成左、右两部,此切面与水平面垂直;②冠状面,按左右方向,将人体分为前、后两部,此切面与水平面及矢状面相垂直;③水平面,与地平面平行,将人体分为上、下两部,与上述两个平面相垂直。

此外,在描述器官的切面时,以其自身的长轴为准,与其长轴平行的切面称纵切面,与长轴垂直的切面称横切面。

(高洪泉)

第一章 | 上皮组织

一、实验指导

【实验目的】

1. 掌握被覆上皮的光镜结构。
2. 了解腺上皮的光镜结构。

【实验内容与方法】

1. 单层扁平上皮

材料：心。

染色：HE 染色。

肉眼观察：标本中呈浅粉色的一面是心内膜，有时可见心瓣膜；中间很厚，呈红色部分为心肌膜；其外是心外膜。

低倍观察：心内膜的内表面为内皮，心外膜的外表面被覆间皮。

高倍观察：内皮或间皮的细胞呈扁梭形，边界不清；核呈扁椭圆形，突向管腔；无核处细胞菲薄。

2. 单层立方上皮

材料：肾。

染色：HE 染色。

肉眼观察：深染部位为肾皮质，浅染部位为肾髓质。

低倍观察：镜下观察肾髓质，在该部可见很多大小不等、切面不同的管腔断面，管壁由 1 层立方上皮构成。

高倍观察：上皮细胞呈立方形，界线多较清楚；核呈圆形，位于细胞中央或偏基底侧。

3. 单层柱状上皮

材料：小肠。

染色：HE 染色。

肉眼观察：切面的一侧有许多细小突起，为肠绒毛。

低倍观察：肠绒毛表面可见到 1 层排列整齐的上皮细胞，即单层柱状上皮。

高倍观察：柱状细胞呈柱状，排列紧密，胞质呈粉红色；核椭圆形，与细胞长轴平行，靠近基底部；细胞游离面可见厚度均匀一致、染色略深的纹状缘。杯状细胞形似高脚酒杯，顶部胞质染色浅、呈空泡状，核染色深，位于基底部。

4. 假复层纤毛柱状上皮

材料：气管。

染色：HE 染色。

肉眼观察：气管横切面呈圆环形，被覆腔面的薄层蓝紫色部分是假复层纤毛柱状上皮。

低倍观察：上皮的表面和基底面很整齐，胞核位置高低不等，但细胞的基底面均附于基膜，基膜为一层均质样粉红色薄膜。

高倍观察：假复层纤毛柱状上皮主要由 4 种细胞构成。①柱状细胞，数量最多，呈柱状，核椭圆，位于近游离面；游离面达管腔，有一排微细而整齐的纤毛。②杯状细胞，与小肠上皮的杯状细胞相仿。③梭形细胞，胞体和核均呈梭形。④锥形细胞，贴近基膜，细胞呈锥体形，核圆形。

5. 复层扁平上皮（未角化）

材料：食管。

染色：HE 染色。

肉眼观察：为食管横切面，腔面凹凸不平，呈蓝紫色的部分为复层扁平上皮。

低倍观察：上皮细胞层数较多，从深层到表层染色逐渐变浅。

高倍观察：由上皮基底面向游离面观察。①基底层细胞，为 1 层立方形或低柱状，排列紧密，染色深；②中间层细胞，有数层，多边形，核圆形，染色变淡；③表层细胞，扁平状，核扁圆。

6. 变移上皮

材料：膀胱。

染色：HE 染色。

肉眼观察：切片上有 2 块膀胱壁组织，厚的为膀胱空虚态，薄的为膀胱充盈态。

低倍观察：空虚态膀胱的上皮不平整，细胞层数较多，有 8~10 层；充盈态的膀胱上皮较平整，细胞层数较少，仅 3~4 层。

高倍观察：

(1) 膀胱空虚态：上皮由 8~10 层细胞组成。基底层细胞呈立方形或低柱状，染色深，核圆形，排列紧密；中间数层细胞为多边形，染色较浅，核圆形；表层细胞较大，呈大立方形或长方形，胞质表面深染，核较大，少数细胞可见双核，称盖细胞。

(2) 膀胱充盈态：上皮变薄，由 3~4 层细胞组成，细胞变扁。

7. 腺上皮

材料：下颌下腺。

染色：HE 染色。

低倍观察：腺泡大小不等，染色深浅不一，包括浆液性腺泡、黏液性腺泡和混合性腺泡 3 种。亦可见由单层上皮或复层上皮围成的各级导管。

高倍观察：

(1) 浆液性腺泡：仅由浆液性细胞组成。浆液性细胞呈锥体形；基底部胞质嗜碱性，顶部胞质充满嗜酸性酶原颗粒；核圆形，位于中央或近基底部。

（2）黏液性腺泡：仅由黏液性细胞组成。黏液性细胞呈锥体形或柱状；胞质染色浅，呈空泡状；核呈扁圆形，位于基底部。

（3）混合性腺泡：既有浆液性细胞，又有黏液性细胞，常以后者为主。

【思考题】

1. 结合被覆上皮的特点，如何在切片中找到上皮组织？

2. 如何区别复层扁平上皮与膀胱空虚态的变移上皮？

二、学习指导

上皮组织特征 { 细胞：多，排列紧密，具有极性 / 细胞外基质：少 / 血管：多无血管 / 感觉神经末梢：丰富

上皮组织分类 { 被覆上皮：覆盖在体表及衬贴于体腔和有腔器官腔面的上皮 / 腺上皮：以分泌功能为主的上皮

被覆上皮
{
单层上皮
{
单层扁平上皮 { 内皮：分布于心血管、淋巴管腔面 / 间皮：分布于心包、胸膜和腹膜的表面；肺泡、肾小囊壁层 / 功能：有利于物质通过、血液淋巴流动和内脏活动

单层立方上皮 { 分布：肾小管等处 / 功能：分泌和吸收

单层柱状上皮 { 分布：胆囊、胃、肠、子宫和输卵管等腔面 / 功能：吸收和分泌

假复层纤毛柱状上皮 { 分布：主要在呼吸道腔面 / 功能：保护功能和分泌功能
}

复层上皮
{
复层扁平上皮 { 角化者：分布于皮肤 / 未角化者：分布于口腔、食管和阴道腔面 / 功能：有很强的机械性保护作用

变移上皮 { 分布：肾盂、输尿管和膀胱等腔面 / 功能：细胞层数和形状可随所在器官容积的大小而改变
}
}

腺上皮和腺
{
外分泌腺 { 导管 / 分泌部（腺泡） { 腺细胞 { 浆液性细胞 / 黏液性细胞 } { 浆液性腺泡 → 浆液性腺 / 混合性腺泡 ┅➤ 混合性腺 / 黏液性腺泡 → 黏液性腺 } / 肌上皮细胞 }

内分泌腺
}

　　　　　　　 ┌ 游离面 ┌ 微绒毛：在小肠者称纹状缘，在肾近端小管者称刷状缘，为细小
　　　　　　　 │ 　　　 │ 　　　　指状突起，内含微丝，扩大细胞的表面积
　　　　　　　 │ 　　　 └ 纤毛：为粗大指状突起，内含微管，可定向摆动
　　　　　　　 │ 侧面 ┌ 紧密连接（闭锁小带）：质膜间断融合，封闭细胞间隙
上皮细胞 　　 │（细胞│ 中间连接（黏着小带）：具有黏着、传递细胞收缩力的作用
表面的特 ┤ 连接）│ 桥粒（黏着斑）：连接作用很强
化结构 　　　 │ 　　　 └ 缝隙连接（通信连接）：传递信息
　　　　　　　 │ 　　　 ┌ 基膜：上皮细胞基底面与结缔组织之间的均质膜，具有支持、
　　　　　　　 │ 　　　 │ 　　　连接、固定的作用
　　　　　　　 └ 基底面│ 质膜内褶：由上皮细胞基底面的质膜向细胞内凹陷形成，可扩
　　　　　　　 　　　　 │ 　　　大细胞基底面的面积
　　　　　　　 　　　　 └ 半桥粒：存在于上皮细胞基底面与基膜之间，可加强上皮细胞
　　　　　　　 　　　　 　　　　与基膜的连接

三、练习题

【概念题】

1. 内皮
2. 间皮
3. 微绒毛
4. 纤毛
5. 基膜

【A₁型题】

1. 被覆上皮的分类依据是
   A. 上皮组织的厚度　　　　　　　　B. 上皮组织的功能
   C. 上皮细胞的层数与表层细胞的形态　D. 上皮组织的分布部位
   E. 上皮组织的特殊结构

2. 变移上皮分布于
   A. 食管　　　　　　　　　　　　　B. 气管
   C. 结肠　　　　　　　　　　　　　D. 膀胱
   E. 空肠

3. 假复层纤毛柱状上皮分布于
   A. 附睾的输出小管　　　　　　　　B. 子宫
   C. 气管和支气管　　　　　　　　　D. 胆囊
   E. 食管

4. 存在纹状缘的单层柱状上皮分布于
   A. 胃　　　　　　　　　　　　　　B. 小肠
   C. 大肠　　　　　　　　　　　　　D. 子宫

E. 肾近端小管

5. 淋巴管腔面的上皮是
    A. 内皮 　　　　　　　　　　　B. 间皮
    C. 单层立方上皮 　　　　　　　 D. 复层扁平上皮
    E. 变移上皮

6. 肾小管的上皮为
    A. 单层扁平上皮 　　　　　　　 B. 单层立方上皮
    C. 单层柱状上皮 　　　　　　　 D. 变移上皮
    E. 复层扁平上皮

7. 食管的上皮为
    A. 角化的复层扁平上皮 　　　　 B. 未角化的复层扁平上皮
    C. 单层柱状上皮 　　　　　　　 D. 单层立方上皮
    E. 变移上皮

8. 人体表面被覆的是
    A. 单层柱状上皮 　　　　　　　 B. 假复层纤毛柱状上皮
    C. 角化的复层扁平上皮 　　　　 D. 变移上皮
    E. 单层扁平上皮

9. 人体最耐摩擦的上皮是
    A. 复层扁平上皮 　　　　　　　 B. 变移上皮
    C. 假复层纤毛柱状上皮 　　　　 D. 单层柱状上皮
    E. 单层立方上皮

10. 上皮内含有纤毛柱状细胞的是
    A. 小肠上皮 　　　　　　　　　 B. 肾小管上皮
    C. 气管上皮 　　　　　　　　　 D. 膀胱上皮
    E. 血管内皮

11. 关于微绒毛的描述, 正确的是
    A. 比纤毛粗大 　　　　　　　　 B. 位于上皮细胞基底面
    C. 周围 9 组二联微管, 中央一对微管 　　D. 扩大了上皮细胞表面积
    E. 可以定向摆动

12. 微绒毛胞质内纵行排列的结构是
    A. 微管 　　　　　　　　　　　 B. 微丝
    C. 中间丝 　　　　　　　　　　 D. 线粒体
    E. 高尔基复合体

13. 连接上皮细胞与基膜的特殊结构为
    A. 基板 　　　　　　　　　　　 B. 基底部细胞膜
    C. 质膜内褶 　　　　　　　　　 D. 网板
    E. 半桥粒

14. 扩大细胞基底面面积的结构是

A. 质膜内褶 B. 基膜

C. 半桥粒 D. 纤毛

E. 刷状缘

15. 下列细胞连接中，被称为通信连接的是

A. 缝隙连接 B. 桥粒

C. 紧密连接 D. 中间连接

E. 基膜

【A₂型题】

1. 关于上皮组织结构特点的描述，**错误**的是

A. 上皮细胞呈现明显极性 B. 有血管营养上皮细胞

C. 细胞排列密集，细胞外基质少 D. 上皮可有丰富的感觉神经末梢

E. 有保护、吸收、分泌和排泄等功能

2. 关于变移上皮的描述，**错误**的是

A. 表层上皮细胞大，称盖细胞

B. 表层细胞形态随所在器官功能状态而变化

C. 分布于膀胱、输尿管等处

D. 表层细胞可以角化

E. 属于复层上皮

3. 关于杯状细胞的描述，**错误**的是

A. 多见于气管和肠的腔面 B. 细胞呈高脚酒杯状

C. 细胞核常呈三角形夹在底部 D. 膨大的细胞顶部充满酶原颗粒

E. HE 染色呈空泡状

4. 关于假复层纤毛柱状上皮的描述，**错误**的是

A. 细胞核位置高低不一 B. 细胞都附着于基膜上

C. 细胞表面都有纤毛 D. 主要分布于呼吸道腔面

E. 具有清洁、保护的功能

5. 关于腺的描述，**错误**的是

A. 以腺上皮为主构成的器官称腺 B. 有外分泌腺

C. 有内分泌腺 D. 内分泌腺细胞间有丰富的毛细血管

E. 外分泌腺的分泌物称激素

6. 在纤毛的结构特点中，**错误**的是

A. 表面为细胞膜 B. 是上皮细胞游离面伸出的指状突起

C. 周围 9 组二联微管，中央一对微管 D. 较微绒毛细小

E. 可定向摆动

7. **不属于**细胞侧面连接的是

A. 紧密连接 B. 中间连接

C. 桥粒 D. 半桥粒

E. 缝隙连接

8. 在基膜的结构中**不包括**

    A. 网状纤维　　　　　　　　B. 层粘连蛋白

    C. 基板　　　　　　　　　　D. 细胞膜

    E. 网板

【A₃型题】

（1、2题共用题干）

单层扁平上皮又称为单层鳞状上皮，由一层扁平细胞组成。因分布部位不同有不同的名称，其功能也有所侧重。

1. 内皮分布在

    A. 肾小囊壁层　　　　　　　B. 肺泡上皮

    C. 小肠腔面　　　　　　　　D. 血管内表面

    E. 膀胱内表面

2. 间皮分布在

    A. 心脏、血管内表面　　　　B. 肾小囊壁层

    C. 肺泡上皮　　　　　　　　D. 小肠腔面

    E. 胸膜、腹膜表面

（3、4题共用题干）

复层扁平上皮由多层细胞组成，在垂直切面上，细胞形状不一。紧靠基膜的基底细胞为矮柱状，中间是数层多边形和梭形细胞，表面为数层扁平细胞，可分为角化和未角化2种。

3. 人体哪个部位的复层扁平上皮有角化

    A. 食管　　　　　　　　　　B. 头皮

    C. 角膜　　　　　　　　　　D. 舌

    E. 阴道

4. 关于复层扁平上皮的描述，**错误**的是

    A. 基底细胞较幼稚，具有旺盛的分裂能力

    B. 最表层的扁平细胞已退化，逐渐脱落

    C. 上皮与深部结缔组织的连接凹凸不平

    D. 具有耐摩擦和阻止异物侵入等作用

    E. 可分泌黏液，有润滑作用

【问答题】

1. 上皮组织有何特征？如何分类？

2. 上皮细胞的特殊结构有哪些？

四、参考答案

【概念题】

1. 衬贴在心、血管和淋巴管腔面的单层扁平上皮称内皮。

2. 分布在胸膜、腹膜、心包膜表面的单层扁平上皮称间皮。

3. 微绒毛是指上皮细胞游离面的细小指状突起。

4. 纤毛是指上皮细胞游离面能摆动的粗大指状突起。

5. 基膜是指上皮细胞基底面与结缔组织之间的均质膜。

【A₁型题】

1. C　　　2. D　　　3. C　　　4. B　　　5. A　　　6. B　　　7. B　　　8. C

9. A　　　10. C　　11. D　　12. B　　13. E　　14. A　　15. A

【A₂型题】

1. B　　　2. D　　　3. D　　　4. C　　　5. E　　　6. D　　　7. D　　　8. D

【A₃型题】

1. D　　　2. E　　　3. B　　　4. E

【问答题】

1. 上皮组织的特征：①细胞多，排列紧密，细胞外基质少；②细胞具有极性，表现在细胞表面不同区域有不同的结构和功能，细胞表面可分为游离面、基底面和侧面；③多无血管，细胞代谢依赖于毗邻的结缔组织；④可有丰富的感觉神经末梢。

按功能上皮组织主要分为被覆上皮和腺上皮。被覆上皮按细胞层数分为单层上皮和复层上皮。单层上皮根据大多数细胞的形态分为单层扁平上皮、单层立方上皮、单层柱状上皮及假复层纤毛柱状上皮；复层上皮根据表层细胞的形态特点分为复层扁平上皮及变移上皮。

2. 上皮细胞的不同面常形成一些特化结构，具有不同的作用。①游离面，有微绒毛与纤毛；微绒毛可以扩大细胞的表面积，有利于细胞吸收；纤毛能定向摆动，可排出细菌、灰尘，并协助运输卵细胞和受精卵。②侧面，其特化结构称细胞连接，分为紧密连接、中间连接、桥粒和缝隙连接；它们除了可以将细胞黏合在一起外，紧密连接还可封闭细胞间隙，中间连接可传递细胞收缩力，桥粒的连接作用很强，缝隙连接还能传递信息。③基底面，有基膜、质膜内褶和半桥粒；基膜对上皮细胞有支持、连接和固定作用，并具半透膜性质，可使营养物质渗入上皮；质膜内褶扩大了细胞基底面的面积，有利于物质的转运；半桥粒加强了细胞与基膜的连接。

（杜　辉）

第二章 | 结缔组织

一、实验指导

【实验目的】

1. 掌握疏松结缔组织、血细胞、透明软骨和骨的光镜结构。
2. 熟悉致密结缔组织、脂肪组织和网状组织的光镜结构。

【实验内容与方法】

1. 疏松结缔组织

材料：肠系膜（铺片）。

染色：台盼蓝活体注射、特殊染色。

肉眼观察：多边形的粉红色组织。

低倍观察：可见纤维纵横交错，排列疏松，其间分布有许多细胞。浅粉色的带状纤维为胶原纤维，棕红色较弯曲的细丝为弹性纤维。

高倍观察：

(1) 成纤维细胞：细胞为梭形或扁平多突状，轮廓不清；核呈椭圆形，染色较浅。

(2) 巨噬细胞：胞体不规则或圆形；胞质中可见被吞噬的大小不等、分布不均的蓝色颗粒；核小而圆，染色深。

(3) 肥大细胞：圆形或卵圆形，常成群排列；胞质内充满粗大、均匀的蓝紫色异染性颗粒；核呈圆形或卵圆形，棕红色，染色浅。

(4) 胶原纤维：染成粉红色，排列成束，纤维较粗。

(5) 弹性纤维：染成棕红色，细丝状，有分支，折光性较强。

2. 致密结缔组织和脂肪组织

材料：皮肤。

染色：HE 染色。

肉眼观察：标本为弧形，表面染成深粉色的部分为表皮，其下方染成浅粉色的部分为真皮，真皮下方染色最淡的部位为皮下组织。

低倍观察：真皮位于表皮（角化的复层扁平上皮）下方，为致密结缔组织。纤维粗大，排列不规则，交织成致密的网；细胞成分相对较少，多为成纤维细胞，核扁椭圆形，染色深，胞质不明显。真皮深部可见大量脂肪细胞聚积在一起，即脂肪组织。

高倍观察：脂肪细胞因胞质中的脂滴在制片过程中被溶解，故呈空泡状；核呈扁圆形，位于细胞的一侧；核附近可见少量胞质。

3. 网状组织

材料：淋巴结。

染色：硝酸银染色。

肉眼观察：标本呈椭圆形，染成棕黑色，在染色浅的部位观察网状组织。

低倍观察：找到结构较疏松而染色浅的部位，可见网状纤维呈棕黑色，细丝状，粗细不等，有分支，吻合成网。

高倍观察：网状细胞依附于网状纤维，星形多突起，核较大，胞质着色浅。

4. 血液

材料：血涂片。

染色：Wright 染色。

低倍观察：选择细胞分布均匀处观察。可见大量红细胞，在众多的红细胞之间可见蓝紫色核的白细胞。

高倍观察：分辨各种血细胞。

（1）红细胞：小而圆，无核，胞质呈浅红色，中心染色浅，边缘染色深。

（2）白细胞：为有核的细胞，数目较少，体积大，分为 5 种。①中性粒细胞，胞质着浅粉色，有许多细小呈淡红色或淡紫色的颗粒（一般不易看清）；可见分叶核或杆状核，分叶核多为 2~5 叶，杆状核呈腊肠状。②嗜酸性粒细胞，比中性粒细胞稍大，胞质中充满粗大而均匀的嗜酸性颗粒，染成橘红色，核多分两叶。③嗜碱性粒细胞，是血液中数量最少的白细胞，含有大小不等、分布不均的嗜碱性颗粒；核为形状不规则，有时被颗粒掩盖，不易看清。④淋巴细胞，小淋巴细胞数目较多，核圆或一侧常有小凹陷形，深染；胞质很少，围绕胞核成一个窄环，呈蔚蓝色。中淋巴细胞胞质较多，核凹陷较大，少数细胞核呈肾形。⑤单核细胞，细胞最大，胞质丰富染浅灰色，核为形状不规则、肾形或马蹄铁形，呈细网状，染浅蓝紫色。

（3）血小板：较小而形状不规则，多呈圆形或多角形，常聚集成群；胞质染色浅，含有紫色的小颗粒。

5. 透明软骨

材料：气管。

染色：HE 染色。

肉眼观察：气管的横切面为环状，其中浅蓝色半环形的结构为透明软骨。

低倍观察：找到气管壁染成蓝色的透明软骨。

（1）软骨膜：为包在软骨周围的致密结缔组织，呈粉红色。

（2）软骨组织：①软骨细胞，位于基质的软骨陷窝内。②细胞外基质，位于软骨细胞之间，呈均质状，嗜碱性，染成蓝色；软骨陷窝周围的基质强嗜碱性，染色较深，称软骨囊。

高倍观察：软骨细胞在生活状态时充满陷窝；在制片过程中因细胞收缩，故在标本中常见细胞与陷窝之间有空隙。靠近软骨膜的细胞呈扁圆形，多与软骨表面平行排列，且单个存在；软骨深部的细胞呈圆形或椭圆形，核小而圆，核仁明显，胞质少，弱嗜碱性；可见由2~8个细胞构成的同源细胞群。

6.骨

材料：骨干（磨片）。

染色：大丽紫染色。

肉眼观察：长条形的蓝紫色组织。

低倍观察：

（1）环骨板：有时被磨掉而不能见到。

1）外环骨板：位于骨磨片周边，较厚，为与骨外表面平行排列的数层骨板；骨板间有骨陷窝，充满紫色染料。

2）内环骨板：位于骨髓腔表面，较薄，排列不规则。

（2）骨单位（哈弗斯系统）：位于内、外环骨板之间，中央是中央管（哈弗斯管），哈弗斯骨板围绕中央管呈同心圆排列。中央管和骨陷窝内均充满紫色染料。

（3）间骨板：间骨板是位于骨单位间或骨单位与环骨板之间不规则的骨板，呈扇形或不规则状。

高倍观察：

（1）骨陷窝：是位于骨板内和骨板间的小腔隙，呈长圆形，内部充满紫色染料。

（2）骨小管：是与骨陷窝相连的许多小管，内部充满紫色染料。

【思考题】

1.结缔组织有何共同特征？如何在切片中找到结缔组织？

2.光镜下如何区分3种不同的有粒白细胞？

3.透明软骨的结构特点是什么？光镜下为什么看不到基质中的纤维成分？

二、学习指导

结缔组织特征 {
 细胞：数量少，种类多，无极性
 细胞外基质：量大，分为纤维、基质和组织液
 血管：多有血管
}

结缔组织分类 {
 固有结缔组织（狭义的结缔组织） {
  疏松结缔组织：细胞种类较多，纤维数量少，排列稀疏，分布广泛
  致密结缔组织：纤维数量多，粗大，排列密集
  脂肪组织：由大量脂肪细胞密集而成
  网状组织：主要由网状细胞和网状纤维构成
 }
 血液：基质呈液状
 软骨组织：基质呈胶状，是构成软骨的主要成分
 骨组织：基质呈坚硬的固体状，是构成骨的主要成分
}

疏松结缔组织
├─ 细胞
│   ├─ 成纤维细胞：形成纤维和基质；纤维细胞是功能不活跃的成纤维细胞
│   ├─ 巨噬细胞（组织细胞）：具有趋化性，通过吞噬发挥防御作用
│   ├─ 浆细胞：合成和分泌免疫球蛋白（抗体）
│   ├─ 肥大细胞：主要参与过敏反应，还有抗凝血作用
│   ├─ 脂肪细胞：分为单泡脂肪细胞和多泡脂肪细胞，可合成、贮存脂肪，并参与脂类代谢
│   ├─ 未分化的间充质细胞：可增殖分化，参与炎症、创伤的修复
│   └─ 白细胞：来自血液，在疏松结缔组织内行使防御功能
└─ 细胞外基质
    ├─ 纤维
    │   ├─ 胶原纤维（白纤维）：由胶原原纤维平行排列而成，数量最多，粗细不等，具有强韧性和抗拉性
    │   ├─ 弹性纤维（黄纤维）：由微原纤维包绕均质状的弹性蛋白构成，数量少、较细，富于弹性，韧性差
    │   └─ 网状纤维（嗜银纤维）：由Ⅲ型胶原蛋白构成，表面被覆蛋白多糖和糖蛋白，分支多、交织成网，起支架作用
    ├─ 基质：主要由蛋白多糖构成，多糖主要为透明质酸，形成分子筛，具有半透性
    └─ 组织液：溶解有营养物、激素、O_2和CO_2等小分子物质的液体

致密结缔组织
├─ 不规则致密结缔组织：粗大的胶原纤维交织成网，主要见于真皮、硬脑膜和器官被膜等处
├─ 规则致密结缔组织：密集的胶原纤维平行排列成束，主要构成肌腱和腱膜
└─ 弹性组织：以弹性纤维为主，主要见于项韧带和黄韧带

脂肪组织
├─ 黄色脂肪组织：由大量单泡脂肪细胞聚集而成，是机体的贮能库
└─ 棕色脂肪组织：由多泡脂肪细胞组成，见于新生儿，产生热能

网状组织
├─ 组成
│   ├─ 网状细胞：呈星状，突起彼此互相连接
│   └─ 网状纤维：沿网状细胞分布，共同构成支架
└─ 分布：淋巴结、脾和骨髓，是淋巴组织和造血组织的基本成分

血液 {
  血细胞 {
    红细胞：双凹圆盘状，无细胞核和细胞器，胞质内充满血红蛋白，具有携带 O_2 和 CO_2 的功能，与临床输血关系密切，刚从骨髓进入血液者称网织红细胞，数量反映骨髓造血状态

    白细胞 {
      有粒白细胞 {
        中性粒细胞：数量最多，核型多样，胞质粉红色，颗粒细小、呈淡紫色或淡红色，有杀菌作用
        嗜碱性粒细胞：数量最少，胞核多形，胞质含嗜碱性颗粒，大小不等、分布不均、呈紫蓝色，参与过敏反应
        嗜酸性粒细胞：胞质含嗜酸性颗粒，粗大、均匀、呈橘红色，抗过敏、杀灭寄生虫
      }
      无粒白细胞 {
        淋巴细胞：细胞大小不等，核大色深，胞质少、嗜碱性，分为T细胞、B细胞和NK细胞，发挥机体防御作用
        单核细胞：是体积最大的白细胞，核型多样，胞质多，呈弱嗜碱性，具有明显的趋化性和一定的吞噬功能
      }
    }

    血小板：为骨髓巨核细胞脱落下来的胞质块，无细胞核，有细胞器，体积最小，呈双凸盘状，参与止血和凝血
  }
  血浆：相当于细胞外基质，90%为水，其他有血浆蛋白、脂蛋白、无机盐、酶、激素和各种代谢产物
}

软骨 {
  软骨组织 {
    软骨细胞：位于基质的软骨陷窝内，有合成纤维和基质的功能；软骨细胞周围的基质染色深为软骨囊
    软骨基质 {
      基质：蛋白多糖和水为主，前者较多，使基质形成坚固的胶状
      纤维 {
        特性：埋于基质中，使软骨具韧性和弹性
        分类 {
          胶原原纤维：构成透明软骨
          弹性纤维：构成弹性软骨
          胶原纤维：构成纤维软骨
        }
      }
    }
  }
  软骨膜 {
    内层：含有细胞多，参与软骨的生长和修复
    外层：胶原纤维多，有保护、营养作用
  }
}

骨组织 {
　骨基质（骨质）{
　　有机成分：由大量胶原纤维和少量无定形基质构成，使骨具有韧性
　　无机成分：主要为骨盐（羟基磷灰石结晶），使骨质坚硬
　　骨板：骨盐沉着于呈板层状排列的胶原纤维上形成坚硬的骨板，以骨板为基本结构的骨称板层骨，成人骨绝大多数为板层骨
　}
　细胞 {
　　骨祖细胞：属于干细胞，位于骨组织表面，可增殖分化为成骨细胞
　　成骨细胞：分布于骨组织表面，呈立方形或矮柱状，胞质嗜碱性，产生类骨质，可钙化为骨基质，成骨细胞转变为骨细胞
　　骨细胞：胞体小，呈多突起状，位于骨陷窝中，突起位于骨小管中，具有溶骨和成骨作用，参与调节钙、磷平衡
　　破骨细胞：数量较少，胞体大，含2~50个细胞核，胞质嗜酸性，能溶解和吸收骨组织
　}
}

长骨 {
　骨松质：由针状或片状的骨小梁相互交织而成的多孔隙网架结构，分布于骺的中央和骨干近骺的骨髓腔部分
　骨密质 {
　　环骨板 {
　　　内环骨板：较薄且不规则
　　　外环骨板：较厚而整齐
　　}
　　哈弗斯系统（骨单位）{
　　　中央管（哈弗斯管）：位于中央
　　　哈弗斯骨板：周围呈同心圆状排列
　　}
　　间骨板：充填在骨单位间或骨单位与环骨板之间的不规则形的骨板
　}
　骨膜 {
　　骨内膜
　　骨外膜 {
　　　内层：富含骨祖细胞和血管
　　　外层：粗大的胶原纤维束为主
　　}
　}
　骨髓 {
　　红骨髓：为造血组织，主要由网状组织、不同发育阶段的各种血细胞、造血干细胞和造血祖细胞组成
　　黄骨髓：分布于骨干的骨髓腔内，主要为黄色脂肪组织，有少量幼稚血细胞，保持造血潜能
　}
}

三、练习题

【概念题】

1. 组织液

2. 分子筛

3. 蜂窝组织

4. 网织红细胞

5. 同源细胞群

6. 骨基质

7. 骨板

8. 骨单位

【A₁型题】

1. 广义结缔组织的分类是
   A. 疏松结缔组织、致密结缔组织、脂肪组织和骨组织
   B. 固有结缔组织、血液、软骨组织和骨组织
   C. 疏松结缔组织、血液、软骨和骨组织
   D. 疏松结缔组织、致密结缔组织、脂肪组织和网状组织
   E. 疏松结缔组织、网状组织、血液和骨组织

2. 下列细胞中可产生纤维和基质的是
   A. 浆细胞　　　　　　　　　　　B. 肥大细胞
   C. 成纤维细胞　　　　　　　　　D. 巨噬细胞
   E. 脂肪细胞

3. 疏松结缔组织中能产生抗体的细胞是
   A. 巨噬细胞　　　　　　　　　　B. 肥大细胞
   C. 成纤维细胞　　　　　　　　　D. 浆细胞
   E. 间充质细胞

4. 以吞噬细菌和异物为主的细胞是
   A. 网状细胞　　　　　　　　　　B. 中性粒细胞
   C. 浆细胞　　　　　　　　　　　D. 嗜酸性粒细胞
   E. 巨噬细胞

5. 血液加入抗凝剂沉淀后会分层，从上至下为
   A. 血浆、红细胞、白细胞和血小板　　B. 红细胞、白细胞和血小板、血浆
   C. 白细胞、红细胞、血小板和血浆　　D. 血浆、白细胞和血小板、红细胞
   E. 血浆、白细胞、血小板和红细胞

6. 观察各种血细胞形态常用的染色方法是
   A. HE 染色法　　　　　　　　　　B. 甲苯胺蓝染色法
   C. 镀银染色法　　　　　　　　　　D. PAS 染色法
   E. Wright 染色法

7. 关于中性粒细胞的描述，正确的是
   A. 占白细胞总数的 25%~30%　　　　B. 细胞核多分为 4~5 叶
   C. 胞质中含嗜天青颗粒和特殊颗粒　　D. 电镜下特殊颗粒为溶酶体
   E. 胞质的特殊颗粒含组胺、肝素和白三烯

8. 血液中数量最多的白细胞是
   A. 中性粒细胞　　　　　　　　　　B. 淋巴细胞
   C. 单核细胞　　　　　　　　　　　D. 嗜酸性粒细胞
   E. 嗜碱性粒细胞

9. 患过敏和寄生虫病的病人，血液中哪种白细胞增多
   A. 中性粒细胞　　　　　　　　　　B. 嗜碱性粒细胞
   C. 单核细胞　　　　　　　　　　　D. 淋巴细胞

E. 嗜酸性粒细胞

10. 嗜碱性粒细胞的分泌物与哪种细胞的相似
    A. 成纤维细胞
    B. 肥大细胞
    C. 浆细胞
    D. 软骨细胞
    E. 巨噬细胞

11. 正常成年男性周围血液中红细胞数的范围是
    A. $(3.5{\sim}5.0)\times10^{12}/L$
    B. $(4.0{\sim}5.5)\times10^{12}/L$
    C. $(4.0{\sim}10.0)\times10^{9}/L$
    D. $(3.0{\sim}5.0)\times10^{12}/L$
    E. $(100{\sim}300)\times10^{9}/L$

12. 体积最大的白细胞是
    A. 淋巴细胞
    B. 中性粒细胞
    C. 单核细胞
    D. 嗜碱性粒细胞
    E. 嗜酸性粒细胞

13. 位于骨基质内的细胞是
    A. 骨祖细胞
    B. 骨细胞
    C. 成骨细胞
    D. 破骨细胞
    E. 成纤维细胞

14. 透明软骨在光镜下看不到纤维的原因是
    A. 无纤维
    B. 纤维少
    C. 弹性纤维不易着色
    D. 胶原原纤维细且折光率与基质接近
    E. 网状纤维须银染

15. 椎间盘处的软骨中主要含有什么纤维
    A. 胶原纤维
    B. 胶原原纤维
    C. 弹性纤维
    D. 网状纤维
    E. 大量平行排列的胶原纤维束

16. 关于成骨细胞的描述,正确的是
    A. 分布于骨质内
    B. 胞质嗜酸性
    C. 由间充质细胞直接分化而来
    D. 可分泌基质中的有机成分形成类骨质
    E. 细胞较小,呈梭形,分布于骨膜内

17. 骨细胞突起之间,以何种方式连接
    A. 中间连接
    B. 紧密连接
    C. 缝隙连接
    D. 桥粒
    E. 彼此不形成连接

18. 具有多个核的细胞是
    A. 骨祖细胞
    B. 骨细胞
    C. 成骨细胞
    D. 软骨细胞
    E. 破骨细胞

19. 骨组织中的干细胞是

A. 骨祖细胞   B. 骨细胞

C. 成骨细胞   D. 软骨细胞

E. 破骨细胞

20. 胞质呈嗜酸性的细胞是

    A. 成骨细胞   B. 软骨细胞

    C. 肥大细胞   D. 破骨细胞

    E. 浆细胞

【A₂型题】

1. **不属于**固有结缔组织的是

    A. 脂肪组织   B. 网状组织

    C. 疏松结缔组织   D. 淋巴组织

    E. 致密结缔组织

2. 关于疏松结缔组织细胞结构的描述，**错误**的是

    A. 成纤维细胞呈扁平多突状，细胞核较大，着色浅，核仁明显

    B. 巨噬细胞形态多样，随功能状态而改变，功能活跃时，常伸出伪足而形态不规则

    C. 肥大细胞胞质内充满粗大的异染性嗜碱性颗粒

    D. 脂肪细胞在 HE 染色标本中胞质呈嗜酸性

    E. 未分化的间充质细胞与纤维细胞形态相似

3. **不是**巨噬细胞特点的是

    A. 由 B 细胞分化而来   B. 胞质丰富多为嗜酸性

    C. 细胞表面有伪足   D. 胞质内溶酶体较多

    E. 胞质内含吞饮小泡、吞噬体、微丝和微管等结构

4. **不是**浆细胞特点的是

    A. 多出现在慢性炎症部位

    B. 由 B 细胞分化而成

    C. 胞质嗜碱性

    D. 近核处有一处浅染区，是粗面内质网和高尔基复合体所在部位

    E. 参与免疫应答

5. 关于疏松结缔组织基质的描述，**错误**的是

    A. 是一种液态物质

    B. 能够限制细菌扩散

    C. 主要成分为蛋白多糖

    D. 蛋白多糖构成很多分子微孔的结构称分子筛

    E. 能够被透明质酸酶分解

6. 关于组织液的描述，**错误**的是

    A. 是从毛细血管动脉端渗入基质的液体

    B. 是经毛细血管静脉端回流后剩余的液体

    C. 处于动态平衡

D. 对组织细胞代谢起重要作用

E. 最终回流入血液或淋巴管内

7. 成纤维细胞**不能**合成

    A. 胶原纤维   B. 网状纤维

    C. 弹性纤维   D. 蛋白多糖

    E. 干扰素

8. 关于成熟红细胞形态的描述，**错误**的是

    A. 双凹圆盘状   B. 线粒体多

    C. 无细胞核   D. 胞质内充满血红蛋白

    E. 直径为 7~8.5μm

9. 关于嗜酸性粒细胞形态结构的描述，**错误**的是

    A. 细胞呈球形   B. 核常为 2 叶

    C. 胞质内充满嗜酸性颗粒   D. 嗜酸性颗粒是一种特殊的溶酶体

    E. 电镜下颗粒内含板层状结晶

10. 关于淋巴细胞形态结构的描述，**错误**的是

    A. 细胞圆形或椭圆形   B. 细胞大小不等

    C. 胞质少，嗜碱性   D. 胞质内含大量粗面内质网

    E. 胞质内含少量嗜天青颗粒

11. 关于血小板的描述，**错误**的是

    A. 体积最小，呈双凸盘状

    B. 在血涂片上常形状不规则

    C. 中央部分有蓝紫色颗粒称颗粒区，周边部分呈浅蓝色，称透明区

    D. 参与止血和凝血

    E. 细胞核小，细胞轮廓完整

12. 关于网织红细胞的描述，**错误**的是

    A. 是尚未完全成熟的红细胞   B. 仍有合成血红蛋白的功能

    C. 细胞核尚未完全脱去   D. 新生儿外周血中占红细胞总数的 3%~6%

    E. 煌焦油蓝染色可与成熟红细胞区别

13. 关于透明软骨的描述，**错误**的是

    A. 软骨表面有软骨膜   B. 软骨细胞位于软骨陷窝内

    C. 基质中有许多弹性纤维   D. 基质的主要成分为蛋白多糖和水

    E. 有附加性生长和间质性生长 2 种生长方式

14. 关于成骨细胞特点的描述，**错误**的是

    A. 高尔基复合体发达   B. 胞质呈嗜酸性

    C. 粗面内质网丰富   D. 分布在骨质的表面

    E. 细胞呈立方形或矮柱状

15. 关于破骨细胞特点的描述，**错误**的是

    A. 是含有 1 个细胞核的大细胞

    B. 散在分布于骨组织边缘

C. 释放溶酶体酶和乳酸使局部骨质溶解

D. 由多个单核细胞融合而成

E. 邻近骨质的一侧有皱褶缘

16. 关于骨单位的描述,**错误**的是

A. 同心圆排列的骨板围成筒状结构　　B. 与长骨的长轴垂直

C. 中央管与穿通管相通　　　　　　　D. 被吸收后的残余部分改称间骨板

E. 由 4~20 层哈弗斯骨板围绕中央管形成

【A₃型题】

(1、2 题共用题干)

疏松结缔组织纤维呈细丝状,分为 3 种,其中的胶原纤维是数量最多的一种纤维,具有强韧性和抗牵拉性。

1. 疏松结缔组织的胶原纤维来源于

A. 巨噬细胞　　　　　　　　　　　B. 肥大细胞

C. 成纤维细胞　　　　　　　　　　D. 浆细胞

E. 脂肪细胞

2. 关于胶原纤维的描述,**错误**的是

A. 胶原纤维和弹性纤维在 HE 染色标本中均呈粉红色,故难以辨认

B. 胶原纤维的化学成分为胶原蛋白

C. 胶原纤维电镜下具有明暗相间的周期性横纹

D. 因生理状态下呈乳白色,又称白纤维

E. 银染时呈黑色,又称嗜银纤维

(3、4 题共用题干)

疏松结缔组织基质填充于结缔组织细胞和纤维之间,是由生物大分子构成的无定形胶状物,无色透明,具有一定黏性,生物大分子主要为蛋白聚糖和纤维粘连蛋白。

3. 构成疏松结缔组织分子筛骨架的多糖分子

A. 透明质酸　　　　　　　　　　　B. 硫酸软骨素

C. 硫酸角质素　　　　　　　　　　D. 硫酸乙酰肝素

E. 肝素

4. 关于疏松结缔组织中基质的描述,**错误**的是

A. 蛋白多糖是由蛋白质与多糖结合成的大分子复合物,是基质的主要成分

B. 溶菌酶可破坏分子筛的屏障作用

C. 疏松结缔组织的基质,其化学成分主要是蛋白多糖和糖蛋白

D. 组织液的不断更新,有利于促进组织细胞的代谢活动

E. 分子筛具有屏障作用,有利于小分子的激素、离子和气体快速扩散

(5、6 题共用题干)

骨组织由细胞和钙化的细胞外基质(骨质)组成。细胞类型包括骨祖细胞、成骨细胞、骨细胞和破骨细胞;其中骨细胞最多,位于骨组织内部,其余 3 种细胞均分布于骨组织边缘。

5. 关于骨细胞的描述,**错误**的是

A. 相邻细胞的突起间有缝隙连接　　　B. 有一定的溶骨作用

C. 骨陷窝和骨小管内含组织液　　　D. 单个分布于骨板内，骨板间无

E. 前体是成骨细胞

6. 破骨细胞的主要特点是

A. 呈梭形，胞质弱嗜碱性　　　　　B. 不断分裂成多核细胞

C. 降钙素能增强其活动　　　　　　D. 胞质内可见吸收的骨质

E. 溶解和吸收骨质

（7、8题共用题干）

白细胞分有粒白细胞与无粒白细胞，前者包括中性粒细胞、嗜酸性粒细胞和嗜碱性粒细胞，后者包括淋巴细胞和单核细胞，具有各自的形态结构特点。

7. 区分有粒白细胞与无粒白细胞的主要依据是

A. 细胞大小不同　　　　　　　　　B. 细胞有无吞噬功能

C. 细胞核有无分叶　　　　　　　　D. 细胞内有无特殊颗粒

E. 细胞内有无嗜天青颗粒

8. 与产生过敏反应有关的白细胞是

A. 嗜酸性粒细胞　　　　　　　　　B. 嗜碱性粒细胞

C. 淋巴细胞　　　　　　　　　　　D. 肥大细胞

E. 中性粒细胞

【问答题】

1. 简述疏松结缔组织的组成。

2. 比较成纤维细胞和纤维细胞的异同。

3. 简述红细胞的结构和功能。

4. 简述骨组织的结构和功能。

四、参考答案

【概念题】

1. 组织液来自毛细血管，其内溶解有营养物质、代谢产物、激素、O_2 和 CO_2 等小分子物质。

2. 由蛋白多糖分子在基质中形成的有许多微孔的结构称分子筛。

3. 蜂窝组织即结缔组织，特点是细胞种类较多，纤维含量少，排列疏松，形似蜂窝状。

4. 网织红细胞是指刚从骨髓进入血液的红细胞，胞质内尚残留部分核糖体，用煌焦油蓝染色呈网状。

5. 在软骨中央部，常见 2~8 个软骨细胞同处在一个软骨陷窝内，由一个软骨细胞分裂而来，称同源细胞群。

6. 骨基质简称骨质，由有机成分和无机成分组成。有机成分使骨质具有韧性，约占骨组织重量的 35%，包括大量胶原纤维和少量无定形基质；无机成分主要为骨盐，使骨质坚硬，约占骨组织重量的 65%，其化学结构为羟基磷灰石结晶。

7. 骨盐沉着于呈板层状排列的胶原纤维上，形成坚硬的板状结构，称骨板。

8. 骨单位又称为哈弗斯系统，呈长筒状，平行于骨干长轴，位于内、外环骨板之间，是

骨密质的主要结构单位。

【A₁ 型题】

1. B	2. C	3. D	4. E	5. D	6. E	7. C	8. A
9. E	10. B	11. B	12. C	13. B	14. D	15. E	16. D
17. C	18. E	19. A	20. D				

【A₂ 型题】

1. D	2. D	3. A	4. D	5. A	6. B	7. E	8. B
9. E	10. D	11. E	12. C	13. C	14. B	15. A	16. B

【A₃ 型题】

1. C	2. E	3. A	4. B	5. D	6. E	7. D	8. B

【问答题】

1. 疏松结缔组织由细胞和细胞外基质组成。细胞数量少，但种类多，包括成纤维细胞、巨噬细胞、浆细胞、肥大细胞、脂肪细胞、未分化间充质细胞和少量白细胞。细胞外基质由无定形的基质和细丝状的纤维成分组成，其中还有不断流动的组织液；纤维成分包括胶原纤维、弹性纤维和网状纤维。

2. 成纤维细胞和纤维细胞是处于不同功能状态下的同一种细胞，即功能活跃的成纤维细胞和功能不活跃的纤维细胞，两者随功能状态不同可以互相转化。①成纤维细胞，呈扁平多突起状；胞核较大，着色浅，核仁明显；胞质呈弱嗜碱性；电镜下，胞质内含有丰富的粗面内质网和发达的高尔基复合体，合成蛋白质的功能旺盛，蛋白质可形成纤维和基质。②纤维细胞，体积较小，呈长梭形，核小色深，胞质呈弱嗜酸性；电镜下，胞质内粗面内质网少，高尔基复合体不发达；遇手术及创伤时，可转化为成纤维细胞。

3. 红细胞平均直径约 7.5μm，呈双凹圆盘状，中央较薄，周缘较厚，故在血涂片中呈现中央染色较浅、周缘较深。成熟红细胞无胞核和细胞器，胞质内充满血红蛋白，使大量红细胞呈红色，但新鲜单个红细胞为黄绿色。血红蛋白能结合 O_2 和 CO_2，因而红细胞具有携带 O_2 和 CO_2 的功能。红细胞形态具有可变性，当其通过小于自身直径的毛细血管时，可改变形状。红细胞的细胞膜上有血型抗原 A 和 / 或血型抗原 B，构成人类的 ABO 血型抗原系统，在临床输血中具有重要意义。

4. 骨组织是坚硬的结缔组织，由细胞和骨基质组成。

(1) 细胞：①骨细胞，数量最多，位于骨质内，有许多细长的突起，胞体较小，扁椭圆形，位于骨陷窝内，突起位于骨小管内，相邻的骨细胞突起以缝隙连接相连。②骨祖细胞，是骨组织的干细胞。③成骨细胞，分布在骨质的表面，常排列成一层，产生类骨质，类骨质钙化后形成骨质；当成骨细胞被类骨质包埋后，便成为骨细胞。④破骨细胞，分布于骨质的边缘，数量较少，由多个单核细胞融合而成，具有溶解和吸收骨质的作用。

(2) 骨基质：又称为细胞外基质，由有机成分和无机成分组成。有机成分包括胶原纤维和基质，有机成分使骨质具有韧性；无机成分主要为骨盐，其化学结构为羟基磷灰石结晶，使骨质坚硬。骨盐沉着于呈板层状排列的胶原纤维上，形成坚硬的板状结构，称骨板，同层骨板内的纤维相互平行，相邻骨板的纤维相互垂直，有效地增强了骨的支持力。

(杜 辉)

第三章 | 肌 组 织

一、实验指导

【实验目的】

掌握3种肌纤维的光镜结构。

【实验内容与方法】

1. 骨骼肌

材料：舌。

染色：HE染色。

肉眼观察：表面蓝紫色的薄层结构为复层扁平上皮，内部深红色的组织为骨骼肌。

低倍观察：可见不同切面的骨骼肌纤维，纵切面可见长柱状的骨骼肌纤维平行排列，细胞核位于肌质的周边，隐约可见横纹。横切面的骨骼肌纤维呈圆形或多边形，胞核位于肌膜处。肌纤维之间有少量结缔组织。

高倍观察：

（1）纵切面：肌纤维边缘有许多椭圆形的细胞核，肌纤维呈明暗相间的横纹，将视野光源调暗，横纹会更加明显。

（2）横切面：肌纤维呈圆形或多边形，细胞核位于周边紧靠肌膜处，肌原纤维呈红色小点状。肌纤维周围的少量结缔组织为肌内膜。

2. 心肌

材料：心。

染色：HE染色。

肉眼观察：深红色的组织即心肌。

低倍观察：可见不同切面的心肌纤维，肌纤维之间有少量结缔组织，内含丰富的血管。

高倍观察：

（1）纵切面：肌纤维呈不规则的短柱状，有分支，相互连接成网；连接处为着色较深的闰盘，有的呈阶梯状，与心肌纤维长轴相垂直；核呈卵圆形，居中（少数有双核）；也有横纹，但不如骨骼肌明显。

（2）横切面：肌纤维呈圆形或形状不规则，大小近似；有的可见细胞核，呈圆形，位于中央；肌原纤维呈点状，位于细胞周边。

3. 平滑肌

材料：小肠。

染色：HE 染色。

肉眼观察：肠壁光滑侧着深红色的一层组织为平滑肌。

低倍观察：可见平滑肌分为两层，一层为纵切，肌纤维呈细长梭形；一层为横切，肌纤维呈大小不等的圆点状。肌纤维之间有少量结缔组织。

高倍观察：

（1）纵切面：细胞呈细长梭形，核为长杆状或椭圆形，位于肌纤维中央，胞质呈粉红色。肌纤维之间有少量结缔组织和血管。

（2）横切面：可见大小不等的圆形断面，有的断面中可见细胞核，呈圆形，染色深，周围为少量肌质；多数细胞未切到核，只有细胞质，染成红色；由于平滑肌细胞互相交错排列，故相邻细胞的直径大小不等，这是平滑肌横切面的主要特征之一。

【思考题】

1. 光镜下如何区分 3 种肌组织？

2. 在 HE 染色的切片中，为什么心肌纤维比骨骼肌纤维染色浅？

3. 光镜下如何区分心肌纤维的闰盘与横纹？

二、学习指导

基本概念

- 肌细胞 ←→ 肌纤维
- 肌细胞的细胞膜 ←→ 肌膜
- 肌细胞的细胞质 ←→ 肌浆
- 肌细胞的滑面内质网 ←→ 肌浆网

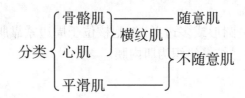

分类

- 骨骼肌 ——— 随意肌
- 心肌 — 横纹肌
- 平滑肌 ——— 不随意肌

肌原纤维

- 主要构成：粗肌丝、细肌丝
- 形态：Ⅰ带（有Z线）、A带（有H带、M线）
- 结构和功能单位：肌节（½Ⅰ带+A带+½Ⅰ带）
- 收缩原理：肌丝滑动

三、练习题

【概念题】

1. 肌原纤维

2. 肌节

3. 横小管

4. 肌质网

5. 闰盘

【A₁型题】

1. 肌节的组成是

    A. I带+A带

    B. ½I带+A带

    C. I带+½A带

    D. ½I带+A带+½I带

    E. ½A带+I带+½A带

2. Z线位于肌原纤维的

    A. 暗带中央

    B. H带中央

    C. 暗带与明带之间

    D. 明带中央

    E. 肌节中央

3. 肌原纤维中只有粗肌丝的部位是

    A. I带

    B. A带

    C. H带

    D. I带和A带

    E. I带和H带

4. 横小管的本质是

    A. 肌膜

    B. 肌质

    C. 缝隙连接

    D. 三联体

    E. 肌质网

5. 下列属于细胞概念的是

    A. 胶原纤维

    B. 弹性纤维

    C. 神经纤维

    D. 肌纤维

    E. 肌原纤维

6. 骨骼肌三联体的结构和功能是

    A. 一个横小管（传递兴奋）和两侧的终池（储存释放钙离子）

    B. 两个横小管（传递兴奋）和一个终池（储存释放钙离子）

    C. 一个横小管（传递兴奋）和一个终池（储存释放钙离子）

    D. 一个横小管（储存释放钙离子）和一个终池（传递兴奋）

    E. 两个横小管（储存释放钙离子）和一个终池（传递兴奋）

7. 构成粗肌丝的蛋白质是

    A. 肌动蛋白

    B. 肌球蛋白

    C. 肌钙蛋白

    D. 原肌球蛋白

    E. 肌红蛋白

8. 骨骼肌纤维内的钙离子贮存于

    A. 肌质网内

    B. 横小管内

    C. 肌球蛋白的横桥上

    D. 原肌球蛋白上

    E. 肌质上

9. 骨骼肌纤维收缩时

    A. 暗带和 H 带缩短   B. 明带和 H 带缩短

    C. 明带和暗带缩短   D. 暗带缩短

    E. M 线缩短

10. 终池是

    A. 滑面内质网   B. 粗面内质网

    C. 肌丝   D. 横小管

    E. Z 线

11. 肌质网是肌纤维内的

    A. 粗面内质网   B. 滑面内质网

    C. 细胞内小管   D. 高尔基复合体

    E. 线粒体

12. 心肌闰盘含有

    A. 中间连接、桥粒、紧密连接   B. 紧密连接、桥粒、缝隙连接

    C. 连接复合体、紧密连接   D. 连接复合体、缝隙连接

    E. 中间连接、桥粒、缝隙连接

13. 心肌纤维的横小管位于

    A. Z 线水平   B. A 带与 I 带交界处

    C. I 带两端   D. H 带水平

    E. M 线水平

14. 心肌纤维的闰盘位于

    A. Z 线水平   B. A 带与 I 带交界处

    C. I 带水平   D. H 带水平

    E. M 线水平

15. 下列除何者外, 细胞间均具有缝隙连接

    A. 心肌细胞   B. 骨骼肌细胞

    C. 平滑肌细胞   D. 骨细胞

    E. 神经细胞

【A₂ 型题】

1. **不属于**肌组织特点的是

    A. 肌细胞又称为肌纤维   B. 肌细胞之间为结缔组织

    C. 其收缩均受意识支配   D. 含血管

    E. 肌细胞内含肌丝

2. 关于肌组织的描述, **错误**的是

    A. 主要由具收缩功能的肌细胞构成   B. 肌细胞呈细长纤维状, 又称为肌纤维

    C. 肌细胞的胞膜称肌膜   D. 肌细胞的胞质称肌质

    E. 分为骨骼肌和平滑肌 2 种

3. 细肌丝**不包括**

A. 肌球蛋白   B. 肌动蛋白

C. 肌钙蛋白   D. 原肌球蛋白

E. 有与 Ca^{2+} 结合的位点

4. 关于骨骼肌纤维的描述, **错误**的是

A. 长圆柱形   B. 为多核细胞

C. 有横纹   D. 有三联体

E. 梭形有分支

5. 关于骨骼肌纤维三联体的描述, **错误**的是

A. 位于 Z 线水平   B. 可贮存 Ca^{2+}

C. 有横小管   D. 有终池

E. 传递兴奋

6. 关于肌质网的描述, **错误**的是

A. 参与三联体组成   B. 贮存 Ca^{2+}

C. 为粗面内质网   D. 为滑面内质网

E. 又称为纵小管

7. 关于骨骼肌横小管的描述, **错误**的是

A. 分支环绕肌原纤维分布   B. 参与三联体组成

C. 两侧有终池   D. 位于 Z 线水平

E. 本质为肌膜

8. **不属于**肌原纤维特点的是

A. 是肌纤维中更细的丝

B. 仅存在于骨骼肌纤维中

C. 由粗、细肌丝构成

D. 骨骼肌肌原纤维电镜下可见 A 带、I 带、M 线和 Z 线

E. 在骨骼肌内排列整齐

9. 骨骼肌纤维与心肌纤维的相同点**不包括**

A. 都有横纹   B. 都有肌原纤维

C. 都有肌节   D. 都有肌丝

E. 都受意识支配

10. 关于心肌和平滑肌的描述, **错误**的是

A. 心肌纤维的肌原纤维不典型, 横纹不明显

B. 心肌纤维的肌质网不发达

C. 平滑肌纤维呈长梭形

D. 平滑肌纤维的肌原纤维典型, 横纹明显

E. 心肌和平滑肌均为不随意肌

11. 关于心肌纤维超微结构的描述, **错误**的是

A. 肌原纤维不如骨骼肌明显   B. 横小管位于明暗带交界处

C. 肌质网不如骨骼肌发达   D. 连接处形成闰盘

E. 含粗细肌丝

12. 关于心肌纤维的描述，**错误**的是

    A. 横小管发达   B. 有横纹

    C. 收缩时所需的 Ca^{2+} 主要来自肌质网   D. 肌质网不发达

    E. 线粒体丰富

13. 关于平滑肌纤维的描述，**错误**的是

    A. 单核   B. 无横纹

    C. 有粗肌丝、细肌丝和中间丝   D. 有肌原纤维

    E. 有密斑和密体

14. 平滑肌纤维与心肌纤维的相同点**不包括**

    A. 为不随意肌   B. 有横纹

    C. 核居中   D. 有粗肌丝

    E. 有细肌丝

15. **不属于**平滑肌特点的是

    A. 不是横纹肌   B. 不属于随意肌

    C. 核椭圆形，居中   D. 常成层排列

    E. 呈短柱状

【A₃ 型题】

（1~3 题共用题干）

骨骼肌一般借肌腱附着在骨骼上，为随意肌，收缩迅速而有力，但易疲劳。

1. 关于骨骼肌纤维光镜结构的描述，正确的是

    A. 呈不规则的短圆柱状

    B. 相互连接处呈着色较深的横行粗线

    C. 核呈卵圆形，居中

    D. 少数为双核

    E. 肌质中有大量沿长轴平行排列的细丝样肌原纤维和它们呈现的明暗相间的横纹

2. 骨骼肌纤维**不具有**的典型结构是

    A. 缝隙连接   B. 横小管

    C. 肌质网   D. 肌原纤维

    E. 横纹

3. 骨骼肌收缩时，肌节的变化是

    A. 仅 I 带缩短   B. 仅 A 带缩短

    C. 仅 H 带缩短   D. I 带和 A 带均缩短

    E. I 带和 H 带均缩短

（4~6 题共用题干）

    心肌纤维的肌原纤维不如骨骼肌规则、明显，故其横纹也不如骨骼肌明显；横小管较粗，位于 Z 线水平；肌质网稀疏，终池少而小，与横小管仅形成二联体。心肌纤维的连接处形成闰盘，为心肌的特征性结构；可见中间连接、桥粒和缝隙连接；缝隙连接起着传递

细胞间化学信息及电冲动的作用,对于心肌整体收缩的同步化具有重要意义。

4.关于心肌纤维的描述,正确的是

A.粗、细肌丝形成明显的肌原纤维　　　B.二联体较常见

C.横纹比骨骼肌明显　　　　　　　　　D.三联体较常见

E.横小管两侧都有终池存在

5.心肌闰盘处的连接结构有

A.中间连接、桥粒、紧密连接　　　　　B.中间连接、桥粒、缝隙连接

C.紧密连接、桥粒、缝隙连接　　　　　D.连接复合体、缝隙连接

E.连接复合体、桥粒、紧密连接

6.对心肌纤维的同步舒缩具有重要作用的结构是

A.横小管　　　　　　　　　　　　　　B.肌质网

C.缝隙连接　　　　　　　　　　　　　D.紧密连接

E.中间连接

【问答题】

1.比较3种肌纤维光镜结构的异同点。

2.为什么骨骼肌纤维会出现横纹?

3.比较骨骼肌纤维和心肌纤维超微结构的异同点。

四、参考答案

【概念题】

1.肌原纤维为肌质内大量沿肌纤维长轴排列的细丝样结构,主要由粗肌丝和细肌丝构成。

2.相邻2条Z线之间的一段肌原纤维称为肌节,包括½I带、A带和½I带,是骨骼肌结构和功能的基本单位。

3.横小管是肌膜向肌质内凹陷形成的管状结构,与肌纤维的长轴垂直,位于骨骼肌纤维明带与暗带交界处,可将肌膜的兴奋迅速传递至肌纤维内部。

4.肌质网为特化的滑面内质网,位于横小管之间,通过泵回和释放Ca^{2+}调节肌质中Ca^{2+}的浓度。

5.闰盘为心肌纤维之间的连接部位,着色较深;可见中间连接、桥粒和缝隙连接;缝隙连接便于肌纤维之间进行化学信息的交流和电冲动的传导,使心肌收缩同步化。

【A$_1$型题】

1. D	2. D	3. C	4. A	5. D	6. A	7. B	8. A
9. B	10. A	11. B	12. E	13. A	14. A	15. B	

【A$_2$型题】

1. C	2. E	3. A	4. E	5. A	6. C	7. D	8. B
9. E	10. D	11. B	12. C	13. D	14. B	15. E	

【A$_3$型题】

1. E	2. A	3. E	4. B	5. B	6. C

【问答题】

1. 光镜下骨骼肌纤维和心肌纤维胞质内都有大量肌原纤维，并呈现明暗相间的横纹，故都为横纹肌。骨骼肌纤维为长圆柱状，多核，核位于肌膜下方，细胞间无连接；心肌纤维为不规则的短圆柱状，有分支，细胞连接处形成闰盘，有 1~2 个核，核居中。平滑肌纤维是梭形无横纹的细胞，细胞核呈椭圆形或杆状，位于细胞中央。

2. 骨骼肌纤维的肌质内含有许多与长轴平行排列的肌原纤维。肌原纤维由许多粗肌丝和细肌丝沿肌原纤维长轴按一定的空间排布规律排列而成，从而使肌原纤维呈现明暗相间的带，分别称明带和暗带。在同一条肌纤维内，所有肌原纤维的明带和暗带整齐地排列在同一平面上，因此使骨骼肌纤维上出现明暗相间的横纹。

3. 电镜下骨骼肌纤维的肌原纤维较规则，而心肌纤维的肌原纤维粗细不等、边界不分明。骨骼肌纤维与心肌纤维均由粗肌丝和细肌丝构成。骨骼肌细胞的横小管位于明、暗带交界处，心肌细胞的横小管较粗，位于 Z 线水平。骨骼肌细胞的肌质网发达，末端的终池和横小管连接成为三联体；心肌细胞的肌质网稀疏，终池少而小，与横小管仅形成二联体。心肌纤维的连接处形成闰盘，为心肌的特征性结构。

（王忠华）

第四章 │ 神经组织

一、实验指导

【实验目的】

1. 掌握神经元和有髓神经纤维的光镜结构。
2. 熟悉触觉小体和环层小体的光镜结构。
3. 了解运动终板的光镜结构。

【实验内容与方法】

1. 神经元

材料：脊髓。

染色：天竺牡丹染色。

肉眼观察：脊髓横切面呈扁椭圆形。外周着色浅的部分为白质，中央着色深的部分为灰质，形如蝴蝶。灰质中一对短粗的突起为前角，另一对细长的突起为后角。

低倍观察：观察前角，可见多个体积较大、着蓝紫色的神经元。选择一结构典型的神经元，换高倍镜观察。

高倍观察：神经元胞体大，形态不规则，伸出数个突起；有的神经元只见1~2个突起，这是由于切片只切到神经元一部分的缘故。神经元胞核大而圆，染色浅，核仁明显；胞质内有大小不等、形态不一的蓝紫色斑块，为尼氏体。树突呈树枝状，内含尼氏体。轴突起始部呈圆锥形膨大，称为轴丘。轴丘和轴突内均无尼氏体。

2. 神经元（示神经原纤维）

材料：小肠（肌间神经丛铺片）。

染色：硝酸银染色。

低倍观察：背景为淡黄色，可见许多分散存在的神经细胞群，染成黑灰色，可见细胞突起。

高倍观察：神经元胞体内可见黑灰色、细丝状、交织成网的神经原纤维，突起内亦可见。

3. 有髓神经纤维

材料：坐骨神经。

染色：HE染色。

肉眼观察：标本呈粉红色，其中长条形者为神经的纵切面，圆形者为神经的横切面。

低倍观察：纵切面上，密集排列的紫红色细条状结构称为有髓神经纤维；横切面上，神经纤维集合成束，每条神经纤维呈圆形，其间有结缔组织。

高倍观察：

(1) 纵切面：神经纤维中央有一条蓝紫色的线条即轴突；轴突外包髓鞘和神经膜，HE染色时髓鞘的类脂被溶解，仅见残留的蛋白质，呈网状或空泡状，染色浅；髓鞘两侧是神经膜，有时可见蓝紫色长椭圆形的施万细胞核。髓鞘分节段，各节段之间的缩窄部无髓鞘包裹，轴突裸露，为郎飞结；相邻郎飞结之间的一段神经纤维为结间体。

(2) 横切面：神经纤维呈圆形，中央蓝紫色小点是轴突，外围为髓鞘和神经膜，有时可见边缘的神经膜细胞核。

4. 触觉小体和环层小体

材料：指皮。

染色：HE染色。

肉眼观察：染成深粉红色的部分为表皮，其余大部分染成浅粉色，为真皮和皮下组织。

低倍观察：表皮基底部凹凸不平，真皮突入表皮内的部分为真皮乳头。乳头内有椭圆形小体，即触觉小体。再往下移动视野，浅粉色的为皮下组织，其内有呈同心圆排列的圆形或椭圆形小体，称为环层小体。环层小体体积较大，中央有一条均质状的圆柱体，内含染色深的神经纤维末梢。

高倍观察：触觉小体内有数层横向排列的扁平细胞，外包结缔组织被囊，HE染色标本中裸露的轴突分支分辨不清。

5. 运动终板

材料：肋间肌。

染色：氯化金染色。

低倍观察：骨骼肌纤维可呈淡蓝紫色，横纹清晰；神经纤维呈黑色线状，成束存在，每条神经纤维的分支末端贴附于骨骼肌纤维表面。

高倍观察：单根神经纤维末端分支膨大呈爪状或葡萄状，附着在肌纤维表面，形成运动终板。

【思考题】

1. 神经元的光镜结构特点如何？

2. 在 HE 染色的切片中，如何区分神经元的树突和轴突？

3. 在 HE 染色的神经纤维纵切面中，如何寻找有髓神经纤维？

二、学习指导

神经元的结构 $\begin{cases} \text{胞体：神经元的代谢中心，内含尼氏体和神经原纤维} \\ \text{树突：1个或多个，短粗，主要是接受刺激} \\ \text{轴突：1个，细长，主要是传导冲动} \end{cases}$

神经元的分类 {
　依据突起的数量 { 多极神经元 / 双极神经元 / 假单极神经元 }
　依据功能 { 感觉神经元 / 中间神经元 / 运动神经元 }
}

神经胶质细胞 {
　中枢神经系统 {
　　星形胶质细胞：参与形成血–脑屏障，分泌多种细胞因子
　　少突胶质细胞：形成髓鞘，是中枢神经系统的髓鞘形成细胞
　　小胶质细胞：可变为巨噬细胞，吞噬死亡细胞的碎屑
　　室管膜细胞：构成室管膜，可产生脑脊液
　}
　周围神经系统 {
　　施万细胞 {
　　　长卷筒状：周围神经系统的髓鞘形成细胞
　　　长圆柱状：参与周围神经系统无髓神经纤维的构成
　　}
　　卫星细胞：位于神经节内神经元胞体的周围
　}
}

化学突触 {
　突触前成分：突触前膜、突触小泡（含神经递质）
　突触间隙
　突触后成分：突触后膜有特异性受体
}

神经纤维 {
　有髓神经纤维 {
　　周围神经系统：轴索及长卷筒状施万细胞
　　中枢神经系统：轴索及少突胶质细胞
　}
　无髓神经纤维 {
　　周围神经系统：轴索及长圆柱状施万细胞
　　中枢神经系统：只有轴索
　}
}

神经末梢 {
　感觉神经末梢 {
　　游离神经末梢：感受冷、热和疼痛
　　有被囊神经末梢 {
　　　触觉小体：感受触觉
　　　环层小体：感受压觉和振动觉
　　　肌梭：参与对骨骼肌伸缩状态的感知
　　}
　}
　运动神经末梢 {
　　躯体运动神经末梢：又称为运动终板，分布于骨骼肌
　　内脏运动神经末梢：分布于心肌、平滑肌和腺上皮
　}
}

三、练习题

【概念题】

1. 尼氏体
2. 神经原纤维
3. 轴丘
4. 突触
5. 髓鞘
6. 神经

【A₁ 型题】

1. 神经元接受刺激、处理信息、产生及传导神经冲动是通过
   A. 细胞膜   B. 尼氏体
   C. 神经原纤维   D. 突触小泡
   E. 神经递质

2. 尼氏体相当于电镜下的
   A. 溶酶体   B. 粗面内质网和游离核糖体
   C. 线粒体   D. 高尔基复合体
   E. 游离核糖体和滑面内质网

3. 神经元尼氏体分布在
   A. 胞体和轴突内   B. 树突和胞体内
   C. 树突和轴突内   D. 胞体内
   E. 整个神经元内

4. 树突的特点是
   A. 细长均匀   B. 分支较少
   C. 不含尼氏体   D. 将冲动传向胞体
   E. 无神经原纤维

5. 关于假单极神经元的描述，正确的是
   A. 自胞体发出 1 个突起   B. 一支为分布到感受器的中枢突
   C. 另一支为进入脑或脊髓的周围突 D. 运动神经元多为此类
   E. 自胞体发出 2 个突起

6. 含神经递质的结构为
   A. 线粒体   B. 神经原纤维
   C. 溶酶体   D. 内质网
   E. 突触小泡

7. 参与构成血 - 脑屏障的细胞是
   A. 星形胶质细胞   B. 少突胶质细胞
   C. 小胶质细胞   D. 室管膜细胞
   E. 卫星细胞

8. 化学突触内与神经冲动传递直接相关的结构是
   A. 线粒体   B. 微管
   C. 突触小泡   D. 微丝
   E. 神经丝

9. 具有吞噬功能的神经胶质细胞是
   A. 少突胶质细胞   B. 室管膜细胞
   C. 星形胶质细胞   D. 小胶质细胞
   E. 卫星细胞

10. 有髓神经纤维神经冲动的传导方式是

A. 在轴膜上连续进行   B. 在轴膜上跳跃式进行

C. 在郎飞结间连续跳跃式进行   D. 在髓鞘切迹间连续跳跃式进行

E. 在结间体间连续跳跃式进行

11. 周围神经系统有髓神经纤维的髓鞘形成细胞是

A. 星形胶质细胞   B. 施万细胞

C. 小胶质细胞   D. 卫星细胞

E. 少突胶质细胞

12. 髓鞘的本质是

A. 细胞核   B. 细胞质

C. 细胞膜   D. 树突

E. 树突棘

13. 中枢神经系统有髓神经纤维的髓鞘形成细胞是

A. 原浆性星形胶质细胞   B. 少突胶质细胞

C. 小胶质细胞   D. 施万细胞

E. 纤维性星形胶质细胞

14. 肌梭的主要功能是

A. 感受肌纤维的伸缩变化   B. 感受肌腱张力

C. 感受骨骼肌的压觉   D. 引起肌纤维的收缩

E. 感受骨骼肌的痛觉

15. 在轴突运输中起重要作用的结构是

A. 滑面内质网   B. 高尔基复合体

C. 微丝   D. 突触小泡

E. 微管

【A$_2$ 型题】

1. 神经组织的细胞**不包括**

A. 感觉神经元   B. 中间神经元

C. 运动神经元   D. 小胶质细胞

E. 巨噬细胞

2. 尼氏体**不存在于**

A. 细胞质   B. 树突

C. 轴突   D. 核周体

E. 树突棘

3. 关于神经元的描述，**错误**的是

A. 细胞核大，染色浅，核仁明显

B. 可传递冲动

C. 细胞内含神经原纤维，后者具有嗜银性

D. 细胞质内含大量尼氏体，后者具有嗜酸性

E. 有轴突和树突

4. 关于神经元轴突的描述,**错误**的是
   A. 无尼氏体
   B. 含有微管
   C. 含有神经原纤维
   D. 呈树枝状分支
   E. 末端有轴突终末

5. 轴突与树突的相同点**不包括**
   A. 有分支
   B. 膜具有兴奋性
   C. 含有神经原纤维
   D. 含有微管
   E. 含有尼氏体

6. **不属于**化学突触特点的是
   A. 突触前后膜紧密相贴
   B. 突触前膜有离子通道
   C. 有突触间隙
   D. 突触后膜有受体
   E. 神经递质为化学信号

7. 关于化学突触的描述,**错误**的是
   A. 突触后成分含突触小泡
   B. 突触前、后膜间有间隙
   C. 突触后膜增厚
   D. 突触前膜增厚
   E. 突触小泡内含神经递质

8. 突触前成分内一般**无**
   A. 线粒体
   B. 受体
   C. 突触小泡
   D. 突触前膜增厚
   E. Ca^{2+}

9. 关于星形胶质细胞的描述,**错误**的是
   A. 主要起支持和分隔神经元的作用
   B. 突起少而短
   C. 胞质内含有大量胶质丝
   D. 位于中枢神经系统的灰质和白质
   E. 是体积最大的神经胶质细胞

10. 关于周围神经系统有髓神经纤维髓鞘的描述,**错误**的是
   A. 由施万细胞形成
   B. 较厚
   C. 位于神经胶质细胞的外周
   D. 为反复紧密卷绕的细胞膜
   E. 在 HE 染色的标本中因脂类溶解而呈网状

11. 关于有髓神经纤维的描述,**错误**的是
   A. 由施万细胞或少突胶质细胞形成髓鞘
   B. 内含轴突
   C. 结间体之间为郎飞结
   D. 髓鞘主要成分为髓磷脂
   E. 神经冲动经髓鞘传播

12. **不是**神经末梢特点的是
   A. 分为感觉神经末梢和运动神经末梢
   B. 是周围神经纤维的终末部分
   C. 遍布全身
   D. 神经末梢都有被囊包裹
   E. 形成各种末梢装置

【A₃型题】
(1~4题共用题干)
神经元胞膜具有接受刺激、处理信息、产生和传导神经冲动的功能,是神经组织的功

能细胞，约有 10^{12} 个。

1. 关于神经元光镜结构的描述，**错误**的是
   A. 可分为胞体、树突和轴突
   B. 细胞核小，着色深，核仁不明显
   C. 尼氏体呈强嗜碱性的斑块或颗粒
   D. 神经原纤维在镀银染色的标本中呈棕黑色交错排列的细丝
   E. 依据突起的数量可分为多极神经元、双极神经元和假单极神经元

2. 神经元胞体的胞质内**无**
   A. 横小管   B. 尼氏体
   C. 神经原纤维   D. 线粒体
   E. 高尔基复合体

3. 关于神经元树突的描述，正确的是
   A. 每个神经元只有 1 个树突   B. 大多数细长，末端分支较多
   C. 内无尼氏体   D. 内有神经原纤维
   E. 功能主要是将神经冲动传向其他神经元或效应细胞

4. 神经胶质细胞包裹其长突起形成
   A. 神经原纤维   B. 轴突
   C. 神经纤维   D. 神经束
   E. 神经

（5~7 题共用题干）

化学突触由突触前成分、突触间隙和突触后成分构成。突触前、后成分彼此相对的细胞膜分别称突触前膜和突触后膜。两者间有 15~30nm 的突触间隙。突触前成分内有许多含有神经递质的突触小泡，而突触后膜中有神经递质的特异性受体。

5. 突触前成分含有
   A. 尼氏体   B. 溶酶体
   C. 胶质细胞核   D. 突触小泡
   E. 特异性受体

6. 电突触的结构基础是
   A. 缝隙连接   B. 紧密连接
   C. 中间连接   D. 桥粒连接
   E. 突触小泡

7. **不属于**突触特点的是
   A. 缝隙连接是一种突触   B. 化学递质传递冲动
   C. 紧密连接是一种突触   D. 突触小泡位于轴突终末
   E. 有特异性受体

【问答题】
1. 简述多极神经元的形态结构。
2. 简述化学突触的超微结构及信息传递过程。
3. 简述周围神经系统有髓神经纤维的结构特点。

四、参考答案

【概念题】

1. 尼氏体具有强嗜碱性,呈斑块状或颗粒状,均匀分布于胞体和树突的胞质中;由发达的粗面内质网和游离核糖体构成,具有旺盛的蛋白质合成功能。

2. 神经原纤维在镀银染色的标本中为棕黑色细丝,交错排列成网,并伸入树突和轴突;神经原纤维由神经丝和微管等构成。除了对神经元起支架作用外,还参与神经元内物质的运输。

3. 轴丘是神经元胞体发出轴突的部位,呈圆锥状,无尼氏体,染色淡。

4. 突触为神经元与神经元之间,或神经元与效应细胞之间传递信息的结构,分化学突触和电突触。

5. 髓鞘是由施万细胞或少突胶质细胞的胞膜呈同心圆环绕轴突形成的,在电镜下呈明暗相间的板层状。髓鞘的主要成分为脂蛋白,在 HE 染色的标本中因脂类溶解而呈网状。

6. 周围神经系统的神经纤维聚集在一起,由结缔组织包绕而形成神经。

【A₁型题】

1. A	2. B	3. B	4. D	5. A	6. E	7. A	8. C
9. D	10. C	11. B	12. C	13. B	14. A	15. E	

【A₂型题】

1. E	2. C	3. D	4. D	5. E	6. A	7. A	8. B
9. B	10. C	11. E	12. D				

【A₃型题】

1. B	2. A	3. D	4. C	5. D	6. A	7. C

【问答题】

1. 神经元可分为胞体、树突和轴突 3 部分。

(1) 胞体:是神经元的代谢中心,核大而圆,着色浅,核仁明显;胞质的特征性结构为尼氏体和神经原纤维;细胞膜是可兴奋膜,具有接受刺激、处理信息、产生和传导神经冲动的功能。

(2) 树突:有 1 个或多个,每个树突干发出许多分支,在分支上有大量树突棘,主要功能是接受刺激。

(3) 轴突:每个神经元只有 1 个轴突,一般比树突细,直径较均一,有侧支呈直角分出,轴突末端的分支较多。胞体发出轴突的部位呈圆锥形,称轴丘。轴突主要是传导冲动。

2. 电镜下,化学突触由突触前成分、突触间隙和突触后成分构成。突触前、后成分彼此相对的细胞膜分别称突触前膜和突触后膜。两者间有 15~30nm 的突触间隙。突触前成分内有许多含有神经递质的突触小泡,而突触后膜中有神经递质的特异性受体。当信息传至突触前成分时,突触小泡移至突触前膜,并与之融合,以胞吐形式将神经递质释放至突触间隙;神经递质与突触后膜中相应的受体结合,将信息传递给突触后神经元或效应细胞。

3. 周围神经系统的有髓神经纤维由施万细胞形成髓鞘。施万细胞为长卷筒状,一个接一个地套在轴突外面;相邻的施万细胞不完全衔接,其间的轴索裸露,神经纤维的这一较狭窄部位称郎飞结。相邻郎飞结之间的一段神经纤维称结间体。

(王忠华)

第五章 | 骨与骨连结

一、实验指导

实验一 中轴骨及其连结

【实验目的】

1. 掌握骨的形态；关节的基本结构和辅助结构；椎骨的一般形态和各部椎骨的特点；椎骨的连结；胸廓的组成、胸骨的形态和分部、胸骨角的意义；颅骨的组成和分部；面颅和脑颅各骨的名称和位置、下颌骨的形态；颞下颌关节的组成、结构特点和功能。

2. 熟悉关节的运动形式；脊柱的组成、整体观和功能；胸廓的形态和功能；颅的整体观和主要孔、裂；新生儿颅的特点。

3. 了解骨连结的概念和分类；肋骨的一般形态结构；颅骨间的连结形式。

【实验内容与方法】

1. 选1名学生示范解剖学姿势。复习有关方位术语、轴和面的概念。

2. 在人体骨架（或骨分类标本）上，观察骨的4种形态及其分布部位、关节的基本结构和辅助结构。选1名学生或利用人体骨架示范关节的运动形式。

3. 利用骨架、脊柱标本、游离椎骨标本，依次观察组成脊柱的各部椎骨，要求学生从游离标本中根据椎骨特点分别找出颈椎、胸椎、腰椎、骶骨和尾骨，观察其形态结构。

4. 在骨架上观察12对肋的基本形态，区分真肋和假肋。观察胸骨的位置和分部。

5. 在脊柱、胸廓标本上，观察椎体间的连结、椎弓间的连结、胸廓上、下口的组成。

6. 利用整颅、水平切、矢状切标本或模型（彩颅）以及颅骨分离模型、分离颅骨标本，观察脑颅骨和面颅骨的位置和形态。观察下颌骨的基本形态。

7. 在整颅上观察颅顶的缝；颅侧面的形态结构、翼点的组成；颅前面的眶、骨性鼻腔的形态结构，鼻旁窦的位置以及开口。

8. 在颅骨水平切标本、模型上，观察颅底内面、颅底外面的主要孔、裂。

9. 在颞下颌关节标本上，观察关节盘、韧带，利用模型模拟下颌运动。

10. 在胎儿颅骨标本上，观察各颅囟的位置与形态。

11. 在整颅上识别和确认颅骨的骨性标志。

【思考题】

1. 骨按部位和形态各分为几类?

2. 简述关节的基本结构、辅助结构和基本运动形式。

3. 简述椎骨的基本形态。如何区分颈椎、胸椎和腰椎?

4. 简述胸骨的分部和胸骨角的意义。

5. 简述胸廓的形态及其运动。

6. 简述脑颅骨、面颅骨的组成(名称、位置)、下颌骨的形态结构。

7. 简述颅底内面颅前、中、后窝内的主要孔、裂。

8. 简述骨性鼻腔的构成、外侧壁的主要形态结构。鼻旁窦包括哪些?各开口于何处?

实验二　四肢骨及其连结

【实验目的】

1. 掌握上肢骨的组成及各骨的位置;锁骨、肩胛骨、肱骨、尺骨和桡骨的主要形态、结构;肩关节、肘关节和桡腕关节的组成、结构特点和运动;髋骨、股骨、胫骨和腓骨的形态结构;骨盆的组成、分部和女性骨盆的特点;髋关节、膝关节的组成、结构特点和运动;距小腿关节的组成和运动。

2. 熟悉腕骨、掌骨和指骨的形态。

3. 了解上肢带连结;髌骨、跟骨和距骨的形态。

【实验内容与方法】

1. 在骨架上依次确认上肢带骨和自由上肢骨。

2. 依次取上肢各骨,先对照骨架确定方位,然后按骨的结构特点观察其形态结构。取手骨标本或模型依次辨认腕骨、掌骨和指骨。

3. 在上肢带连结标本上,观察胸锁关节、肩锁关节的组成和喙肩韧带的附着。

4. 在肩关节标本上,观察关节囊的厚薄、盂唇和肱二头肌长头腱;在肘关节标本上观察肘关节的组成、副韧带和桡骨环状韧带;观察桡腕关节的组成。

5. 在骨架上依次确认下肢带骨和自由下肢骨。

6. 分别取下肢各骨,对照骨架确定方位,然后按照教材的描述依次观察其形态结构。在足骨标本或模型上区分跗骨、距骨和趾骨。

7. 在骨盆标本上,观察骶髂关节、骶结节韧带、骶棘韧带、耻骨间盘、耻骨联合等;界线、骨盆上口和下口的围成,注意观察男、女骨盆的性别差异。

8. 在骨架上先观察下肢各关节的组成,然后在关节标本上观察关节的基本结构、辅助结构等。注意膝关节内、外侧半月板的形态,前、后交叉韧带的附着。

9. 在骨架上辨认或在自身上摸认四肢骨的主要骨性标志。

【思考题】

1.简述上、下肢骨的组成。

2.简述肩胛骨、肱骨、股骨的主要形态结构。

3.简述肩关节和肘关节的组成、结构特点及运动。

4.试比较肱骨与股骨在形态上的异同点。

5.试比较足骨与手骨在形态、配布上的异同。

6.简述骨盆的组成、形态和界线、骨盆上口与下口的组成及性别差异。

7.试比较肘关节与膝关节在结构上的差别。

二、学习指导

骨的分类 { 长骨：多分布于四肢，呈长管状，如肱骨
短骨：呈短立方形，多成群分布，如腕骨
扁骨：呈板状，主要构成体腔的壁，起保护作用，如顶骨
不规则骨：形状不规则，如椎骨

骨连结 { 直接连结：分为纤维连结、软骨连结和骨性结合
间接连结 { 基本结构：关节面、关节囊、关节腔
辅助结构：韧带、关节盘、关节唇
运动形式：屈和伸、收和展、旋转、环转

躯干骨及其连结 {
脊柱 {
椎骨 { 一般形态：椎体、椎弓、椎孔、椎管、椎弓根、椎间孔、
椎骨椎弓板、棘突、横突、上下关节突
特征：颈椎（横突孔）、胸椎（肋凹）、腰椎（棘突板状）
椎骨连结 { 椎体间的连结：椎间盘、前纵韧带、后纵韧带
椎弓间的连结：黄韧带、棘间韧带、棘上韧带等
脊柱的侧面观：颈曲、腰曲凸向前，胸曲、骶曲凸向后。运动形式
包括屈、伸、侧屈、旋转、环转
}
胸廓 { 肋：肋骨和肋软骨
胸骨：胸骨角及意义
胸廓的整体观：胸廓上口、胸廓下口
}

颅骨及其连结
- 颅骨
  - 脑颅骨
    - 成对：顶骨和颞骨
    - 不成对：额骨、蝶骨、筛骨、枕骨
  - 面颅骨
    - 成对：泪骨、鼻骨、颧骨、腭骨、下鼻甲和上颌骨
    - 不成对：下颌骨、犁骨和舌骨
- 颅的整体观
  - 顶面观：冠状缝、矢状缝、人字缝
  - 侧面观
    - 颞窝：翼点——颞窝内侧壁，额骨、顶骨、颞骨和蝶骨4骨会合处，呈H形的缝，此处骨质最薄弱
    - 颞下窝：向内通翼腭窝→眶、鼻腔、口腔和颅腔
  - 前面观
    - 眶：四面锥体形，包括1个尖、1个底和4个壁
    - 骨性鼻腔：包括3个鼻甲、3个鼻道和1个隐窝
    - 鼻旁窦：4对
  - 颅底内面观
    - 颅前窝：筛孔、筛板、鸡冠
    - 颅中窝：垂体窝、视神经管、圆孔、卵圆孔、棘孔
    - 颅后窝：枕骨大孔、舌下神经管、颈静脉孔、内耳门
  - 颅底外面观：下颌窝、关节结节
- 连结：颞下颌关节
  - 组成：下颌头+下颌窝和关节结节
  - 特点：内有关节盘
  - 运动：上、下，前、后，侧方运动

上肢骨及其连结
- 上肢骨
  - 上肢带骨
    - 锁骨：胸骨端、肩峰端
    - 肩胛骨：肩胛下窝、肩胛冈、肩峰、冈上窝和冈下窝、上角、下角、关节盂、肩胛切迹、喙突、脊柱缘、腋缘
  - 自由上肢骨
    - 肱骨：肱骨头、大结节、三角肌粗隆、鹰嘴窝、尺神经沟
    - 桡骨：桡骨头、桡骨颈、骨间缘、桡骨茎突、尺切迹、腕关节面
    - 尺骨：滑车切迹、冠突、鹰嘴、桡切迹、骨间缘、尺骨头
    - 手骨：腕骨（8块）、掌骨（5块）、指骨（14块）
- 上肢骨的连结
  - 胸锁关节：由胸骨的锁切迹和锁骨的胸骨端组成
  - 肩关节
    - 组成：肩胛骨的关节盂+肱骨头
    - 结构特点：头大、盂浅、囊松弛
    - 运动形式：屈、伸、收、展、旋转及环转运动
  - 肘关节
    - 组成：肱尺关节、肱桡关节和桡尺近侧关节
    - 结构特点：3个关节包在一个关节囊内
    - 运动形式：屈、伸运动
  - 腕关节
    - 组成：桡骨腕关节面、关节盘+手舟骨、月骨、三角骨
    - 特点：关节囊松弛，周围有韧带加强
    - 运动形式：屈、伸、收、展和环转运动

下肢骨及其连结 {
　下肢骨 {
　　下肢带骨（髋骨）{
　　　髂骨：髂骨体、髂骨翼、髂嵴、髂前上棘、髂前下棘、髂后上棘、髂后下棘、髂结节、耳状面、弓状线
　　　坐骨：坐骨体、坐骨支、坐骨结节、坐骨棘、坐骨大、小切迹
　　　耻骨：耻骨体、耻骨联合面、耻骨梳、耻骨结节
　　}
　　自由下肢骨 {
　　　股骨：股骨头、股骨颈、大转子、小转子、臀肌粗隆和内、外侧髁
　　　髌骨：全身最大的籽骨
　　　胫骨：内侧髁、外侧髁、髁间隆起、胫骨粗隆、内踝
　　　腓骨：腓骨头、腓骨颈、外踝
　　　足骨：跗骨（7块）、跖骨（5块）、趾骨（14块）
　　}
　}
　下肢骨的连结 {
　　骨盆 {
　　　上口：界线：骶骨岬、弓状线、耻骨梳、耻骨结节、耻骨嵴、耻骨联合上缘
　　　下口：尾骨尖、骶结节韧带、坐骨结节、坐骨支、耻骨下支和耻骨联合下缘
　　}
　　髋关节 {
　　　组成：髋臼+股骨头
　　　结构特点：股骨头韧带、髋臼唇
　　　运动形式：屈、伸、收、展、旋内、旋外和环转
　　}
　　膝关节 {
　　　组成：股骨下端+胫骨上端+髌骨
　　　结构特点：前、后交叉韧带，内、外侧半月板
　　　运动形式：主要做屈、伸运动，半屈位时旋转
　　}
　　踝关节 {
　　　组成：胫、腓骨下端的关节面+距骨滑车
　　　结构特点：关节囊前、后壁松弛，两侧有韧带，内强外弱
　　　运动：足尖向上称伸（背屈），足尖向下称屈（跖屈）
　　}
　}
}

三、练习题

【概念题】

1. 胸骨角

2. 椎间盘

3. 翼点

4. 关节

5. 界线

6. 半月板

【A₁型题】

1. 位于肱骨体后面中份的斜行沟是

　A. 尺神经沟　　　　　　　　　B. 解剖颈

　C. 结节间沟　　　　　　　　　D. 外科颈

　E. 桡神经沟

2. 胸骨角平对
    A. 第 1 肋软骨
    B. 第 2 肋软骨
    C. 第 3 肋软骨
    D. 第 4 肋软骨
    E. 肋弓

3. 位于颅前窝的结构是
    A. 垂体窝
    B. 筛孔
    C. 眶上裂
    D. 圆孔
    E. 视神经管

4. 属于脑颅骨的是
    A. 下颌骨
    B. 上颌骨
    C. 鼻骨
    D. 顶骨
    E. 下鼻甲

5. 关于膝关节的描述, 正确的是
    A. 由股骨下端、胫骨上端和髌骨构成
    B. 内侧半月板呈 O 形
    C. 外侧半月板呈 C 形
    D. 关节囊外有前、后交叉韧带
    E. 关节腔内有滑膜襞

6. 关于颈椎的描述, 正确的是
    A. 均有椎体和椎弓
    B. 第 1~2 颈椎无横突孔
    C. 棘突末端都分叉
    D. 第 7 颈椎棘突特别长
    E. 第 1 颈椎又名枢椎

7. 属于胫骨结构的是
    A. 外踝
    B. 内上髁
    C. 内踝
    D. 髌面
    E. 粗线

8. 关于椎间盘的描述, 正确的是
    A. 位于脊柱各椎弓之间
    B. 髓核最易向前外方脱出
    C. 髓核最易向后方脱出
    D. 由纤维环和髓核构成
    E. 椎间盘突出症最易发生于胸椎

9. 位于眉弓深方的鼻旁窦有
    A. 上颌窦
    B. 蝶窦
    C. 额窦
    D. 前筛窦
    E. 中筛窦

10. 关于肋的描述, 正确的是
    A. 上 6 对肋称真肋
    B. 肋骨上缘内面有肋沟
    C. 由肋骨和肋软骨构成
    D. 肋的前端与胸椎体相连结
    E. 下 6 对肋称浮肋

11. 具有关节盘的关节是
    A. 颞下颌关节
    B. 肘关节

C. 髋关节   D. 肩关节

E. 踝关节

12. 属于面颅骨的是

    A. 额骨   B. 下颌骨

    C. 蝶骨   D. 颞骨

    E. 枕骨

13. 关于翼点构成的描述，正确的是

    A. 额骨、蝶骨小翼、枕骨和顶骨   B. 顶骨、蝶骨大翼、额骨和枕骨

    C. 颧骨、额骨、枕骨和颞骨   D. 额骨、顶骨、颞骨和蝶骨大翼

    E. 枕骨、顶骨、颞骨和蝶骨大翼

14. 属于长骨的是

    A. 腕骨   B. 跗骨

    C. 胸骨   D. 肋骨

    E. 跖骨

15. 关于踝关节的描述，正确的是

    A. 由胫骨下端与距骨构成   B. 由胫骨、腓骨下端与距骨构成

    C. 由胫骨下端与跟骨构成   D. 囊内有韧带

    E. 囊外无韧带

16. 关于肘关节的描述，正确的是

    A. 由肱尺关节和肱桡关节组成   B. 肱尺关节可进行屈伸运动

    C. 可作外展运动   D. 关节腔内有环状韧带

    E. 由肱尺关节、肱桡关节和桡尺近侧关节组成

17. 肩胛骨下角平对

    A. 第 7 肋   B. 第 6 肋

    C. 第 5 肋   D. 第 8 肋

    E. 第 8 肋间隙

18. 前囟闭合的时间是

    A. 出生前   B. 出生后 6 个月

    C. 出生后 1~2 岁   D. 出生后 3 岁

    E. 出生后 4 岁

【A₂ 型题】

1. 关于肩关节的描述，**错误**的是

    A. 关节盂小而浅   B. 易向前下方脱位

    C. 关节下方有韧带加强   D. 运动范围较大

    E. 关节囊较松弛

2. 关于膝关节的描述，**错误**的是

    A. 前交叉韧带能限制胫骨前移   B. 后交叉韧带能限制胫骨后移

    C. 内侧半月板呈 C 形   D. 外侧半月板呈 O 形

E. 髌韧带止于胫骨内上髁

3. 关于髋关节的描述，**错误**的是

    A. 由髋臼和股骨头构成　　　　　　　　B. 关节腔内有股骨头韧带

    C. 股骨颈全部位于关节囊内　　　　　　D. 脱位时股骨头易向后外下方脱出

    E. 关节囊前方有髂股韧带加强

4. 关于椎间盘的描述，**错误**的是

    A. 外周为纤维环　　　　　　　　　　　B. 内部为髓核

    C. 腰段椎间盘最厚　　　　　　　　　　D. 牢固连结椎骨，不能活动

    E. 外伤时髓核可脱出

5. **不属于**颅后窝结构的是

    A. 枕骨大孔　　　　　　　　　　　　　B. 舌下神经管内口

    C. 内耳门　　　　　　　　　　　　　　D. 外耳门

    E. 乙状窦沟

6. 关于下颌骨的描述，**错误**的是

    A. 分为下颌支和下颌体　　　　　　　　B. 于体表可明显触及下颌角

    C. 下颌体前外侧面有颏孔　　　　　　　D. 下颌支外面有下颌孔

    E. 髁突上方膨大的部分称下颌头

7. 关于骨盆的描述，**错误**的是

    A. 以界线为界分为大骨盆和小骨盆

    B. 男性耻骨下角大于女性

    C. 女性骨盆外形短而宽

    D. 女性盆腔入口呈椭圆形，男性盆腔入口呈心形

    E. 女性盆腔呈圆桶形

8. 关于桡腕关节运动的描述，**错误**的是

    A. 可做屈　　　　　　　　　　　　　　B. 可做伸

    C. 可做收　　　　　　　　　　　　　　D. 可做展

    E. 可旋前

9. **不属于**下肢骨体表标志的是

    A. 髂前上棘　　　　　　　　　　　　　B. 坐骨结节

    C. 股骨大转子　　　　　　　　　　　　D. 内踝

    E. 髂窝

10. 关于肩胛骨的描述，**错误**的是

    A. 肩胛骨下角平对第6肋　　　　　　　B. 肩胛骨上角平第2肋

    C. 关节盂位于肩胛骨外侧角　　　　　　D. 肩胛冈的外侧端构成肩峰

    E. 肩胛骨上缘有肩胛切迹

11. 骨的形态分类**不包括**

    A. 长骨　　　　　　　　　　　　　　　B. 不规则骨

    C. 扁骨　　　　　　　　　　　　　　　D. 短骨

E. 含气骨

12. 围成界线的结构**不包括**
    A. 骶结节韧带　　　　　　　　　　B. 骶骨岬
    C. 弓状线　　　　　　　　　　　　D. 耻骨联合上缘
    E. 耻骨梳

13. 关于椎骨的描述,**错误**的是
    A. 椎骨为不规则骨　　　　　　　　B. 相邻椎体间借椎间盘相连
    C. 相邻椎弓间构成椎间孔　　　　　D. 椎体与椎弓共同围成椎孔
    E. 所有的椎孔相连构成椎管

14. 颈椎的一般结构**不包括**
    A. 椎体较小　　　　　　　　　　　B. 横突上有肋凹
    C. 椎孔较大　　　　　　　　　　　D. 棘突分叉
    E. 横突上有横突孔

15. **不属于**颅中窝结构的是
    A. 内耳门　　　　　　　　　　　　B. 视神经孔
    C. 垂体窝　　　　　　　　　　　　D. 卵圆孔
    E. 棘孔

【A₃型题】

(1~3题共用题干)

滑膜关节由基本结构和辅助结构构成,因关节的形态各异,运动方向及范围不一。

1. 滑膜关节的基本结构是
    A. 关节面、关节囊、关节腔　　　　B. 关节面、关节囊、半月板
    C. 关节腔、关节囊、关节软骨　　　D. 关节面、关节囊、关节唇
    E. 关节面、关节腔、韧带

2. 滑膜关节的辅助结构是
    A. 关节囊、关节软骨、关节盘　　　B. 韧带、关节盘、关节唇
    C. 关节囊、韧带、关节盘　　　　　D. 关节软骨、关节盘、关节唇
    E. 关节面、关节唇、韧带

3. 既可加强关节的稳固性,又可增加关节灵活性的结构是
    A. 韧带　　　　　　　　　　　　　B. 关节唇
    C. 关节腔　　　　　　　　　　　　D. 关节盘
    E. 股骨头韧带

(4~6题共用题干)

脊柱由颈椎、胸椎、腰椎、骶骨和尾骨及其之间的连结构成,各椎骨既有共性,又有个性。

4. 关于椎骨的描述,**错误**的是
    A. 椎骨属于不规则骨　　　　　　　B. 相邻椎骨的上、下切迹围成椎间孔
    C. 胸腰椎的椎孔连成椎管　　　　　D. 椎体与椎弓共同围成椎孔
    E. 椎弓呈板状,由椎弓根和椎弓板构成

5. 关于颈椎的描述,正确的是
    A. 横突都有横突孔　　　　　　　　　B. 均有椎体及椎弓
    C. 所有的棘突均有分叉　　　　　　　D. 第 1 颈椎又称为枢椎
    E. 第 7 颈椎又名寰椎
6. 关于腰椎的描述,正确的是
    A. 椎体侧面有肋凹　　　　　　　　　B. 椎孔呈圆形
    C. 棘突间的间隙较宽　　　　　　　　D. 棘突细长斜向后下
    E. 棘突成叠瓦状排列

(7~9 题共用题干)

椎骨间的连结可分为椎体间的连结和椎弓间的连结,有间接连结又有直接连结,共同构成脊柱,除保护作用外,还可作各种运动。

7. 椎骨间的 3 种长连结是
    A. 椎间盘、前纵韧带和后纵韧带　　　B. 前纵韧带、后纵韧带和棘上韧带
    C. 黄韧带、棘间韧带和棘上韧带　　　D. 棘间韧带、前纵韧带和后纵韧带
    E. 椎间盘、黄韧带和棘间韧带
8. 可限制脊柱过度后伸的韧带是
    A. 棘上韧带　　　　　　　　　　　　B. 后纵韧带
    C. 棘间韧带　　　　　　　　　　　　D. 黄韧带
    E. 前纵韧带
9. 椎间盘突出症时,髓核突出的常见方位是
    A. 前　　　　　　　　　　　　　　　B. 后
    C. 前外侧　　　　　　　　　　　　　D. 后外侧
    E. 以上均不是

【问答题】
1. 简述全身的重要骨性标志。
2. 颈、胸、腰椎在形态上各有哪些特点?
3. 简述关节的基本结构和辅助结构。
4. 简述女性骨盆的特点。
5. 简述椎骨间的连结及作用。

四、参考答案

【概念题】

1. 胸骨柄与胸骨体连接处向前微凸,称胸骨角,两端与第 2 肋软骨相连,为计数肋的标志。

2. 椎间盘是连结相邻两椎体之间的纤维软骨盘,由周围的纤维环和中央部的髓核构成,具有缓冲振动(弹性垫)的作用。

3. 翼点位于颞窝内,是由额骨、顶骨、颞骨和蝶骨相接处形成的 H 形缝,此处骨质较薄弱,其内面有脑膜中动脉前支经过,骨折时脑膜中动脉前支易受损伤。

4.间接连结又称滑膜关节,简称关节,是骨连结的最高分化形式。

5.界线由骶骨岬、两侧弓状线、耻骨梳、耻骨结节、耻骨嵴和耻骨联合上缘连成,是大骨盆和小骨盆的分界线。

6.半月板是位于膝关节内、股骨下端和胫骨上端之间的纤维软骨板,有2块,分别称为内、外侧半月板,具有适应上、下关节面和缓冲振动的功能。

【A₁型题】

1. E	2. B	3. B	4. D	5. E	6. D	7. C	8. D
9. C	10. C	11. A	12. B	13. D	14. E	15. B	16. E
17. A	18. C						

【A₂型题】

1. C	2. E	3. C	4. D	5. D	6. D	7. B	8. E
9. E	10. A	11. E	12. A	13. C	14. B	15. A	

【A₃型题】

1. A	2. B	3. D	4. C	5. A	6. C	7. B	8. E
9. D							

【问答题】

1.全身重要的骨性标志:胸骨角、剑突、颈静脉切迹、肋弓、骶角、枕外隆凸、翼点、颧弓、颞骨乳突、下颌角、隆椎、锁骨、肩峰、肩胛冈、肩胛骨下角、肱骨内上髁、肱骨外上髁、尺骨茎突、桡骨茎突、尺骨鹰嘴、髂前上棘、髂嵴、坐骨结节、耻骨结节、股骨大转子、股骨内上髁、股骨外上髁、髌骨、胫骨粗隆、腓骨头、内踝、外踝和跟骨结节。

2.颈椎的椎体小、椎孔较大、横突均有孔、第2~6颈椎棘突末端分叉。胸椎椎体有肋凹,横突有横突肋凹,棘突较长,呈叠瓦状伸向后下方。腰椎椎体高大,棘突呈板状,水平向后伸。

3.关节的基本结构包括关节面、关节囊和关节腔,辅助结构包括韧带、关节盘和关节唇。

4.骨盆的主要功能是支撑体重、保护盆腔内脏器。女性骨盆的特点有:①骶骨宽而短,弯曲度小,骶岬突出较少;②骨盆外形短而宽,盆腔呈圆桶状;③骨盆上口为椭圆形,下口较宽大;④耻骨下角大于男性。

5.椎骨间的连结包括椎间盘和韧带。椎间盘由纤维环和髓核构成,位于相邻椎体之间,具有连结和缓冲作用,并使脊柱作各方向运动。前纵韧带位于椎体及椎间盘的前方,能防止脊柱过度后伸。后纵韧带贴于椎体和椎间盘后面,可防止脊柱过度前屈。棘上韧带附着于各椎骨棘突尖端,黄韧带连结于椎弓板之间,棘间韧带连于相邻各棘突之间,均有防止脊柱过度前屈的作用。

(张海钰)

第六章 | 骨 骼 肌

一、实验指导

实验一 骨骼肌概述、头颈肌和躯干肌

【实验目的】

1. 掌握骨骼肌形态和构造；胸锁乳突肌的位置和作用；斜角肌间隙的位置与通过的结构；斜方肌、背阔肌、竖脊肌、胸大肌和前锯肌的位置、形态和作用；腹肌前外侧群的位置、名称、形态和作用。

2. 熟悉肌的起止、配布与作用；咀嚼肌的位置、组成和作用；膈肌的位置、分部和3个裂孔的名称、位置与通过结构。

3. 了解肌的辅助装置；面肌、颈前肌、胸固有肌的位置、组成和作用。

【实验内容与方法】

1. 在全身肌标本或模型上，观察肌的形态、构造及其辅助装置。

2. 在头肌标本或模型上，观察枕额肌、帽状腱膜、眼轮匝肌、口轮匝肌和颊肌的位置；咬肌、颞肌的位置和起止点以及翼内肌和翼外肌的位置。

3. 在颈部层次解剖标本或模型上，观察胸锁乳突肌的位置和起止点、斜角肌间隙的组成及通过的结构。

4. 在背肌标本或模型上，观察背部浅、深层肌的分布、形态与起止点，主要观察斜方肌、背阔肌和竖脊肌。

5. 在胸肌标本或模型上，观察胸大肌、前锯肌的位置和起止点；肋间内、外肌的位置和肌纤维方向。

6. 在膈肌的标本或模型上，观察膈肌的形态、分部及各部附着情况、3个裂孔的位置及通过的结构。

7. 在腹前外侧壁层次标本或模型上，观察腹外斜肌、腹内斜肌、腹横肌和腹直肌的形态、位置、层次、肌纤维方向和起止点；观察腹直肌鞘的组成；观察腹股沟管的2个口和4个壁。

【思考题】

1. 简述头肌的分群及主要肌的名称、位置和作用。

2. 简述胸锁乳突肌的位置、起止点和作用。

3. 简述背肌、胸肌的分群及主要肌的名称、形态、位置和作用。

4. 简述膈肌的位置、分部、3个裂孔的名称及通过的结构。

5. 简述腹肌前外侧群各肌的名称、位置及层次关系。

6. 简述腹股沟管的形态结构及其内穿经结构。

实验二 四肢肌

【实验目的】

1. 掌握三角肌、肱二头肌、臀大肌和股四头肌的位置和作用。

2. 熟悉臂肌、大腿肌的分群及主要作用。

3. 了解前臂肌、手肌、小腿肌和足肌的分群及主要作用。

【实验内容与方法】

1. 在上肢肌标本上，观察上肢肌的分部、各部的分群、层次及主要肌的位置和形态。重点观察三角肌与肩关节的位置关系，并在体表上确认三角肌的轮廓，肱二头肌和肱三头肌的起止点。

2. 在前臂肌标本上，观察各肌群的位置关系和层次。对照标本，在活体上辨认掌长肌腱、桡侧腕屈肌腱和尺侧腕屈肌腱在腕部的轮廓与位置关系。

3. 在手肌标本或模型上，观察外侧群（鱼际）、内侧群（小鱼际）和中间群。

4. 在下肢肌标本上，观察下肢肌的分部、各部的分群、层次及主要肌的位置和形态。注意观察髂腰肌的位置和起止点；臀大肌、臀中肌、臀小肌、梨状肌的起止点；缝匠肌和股四头肌的起止点，重点观察股四头肌的4个头；股二头肌、半腱肌和半膜肌的起止点；大腿肌内侧群的排列；小腿肌各群的配布，重点观察小腿三头肌的位置及组成、跟腱的形成和附着部位。

【思考题】

1. 简述肩肌的位置、组成和作用。

2. 简述臂肌的位置、分群及主要肌的名称和作用。

3. 简述前臂肌的位置、分群及主要肌的名称和作用。

4. 简述髋肌的位置、分群及主要肌的名称和作用。

5. 简述大腿肌的分群及主要肌的名称和作用。

6. 简述小腿肌的分群及主要肌的名称和作用。

二、学习指导

肌的概述 {
分类：长肌、短肌、扁肌和轮匝肌
构造：肌腹和肌腱（腱膜）
辅助装置：筋膜、滑膜囊和腱鞘
}

肌的分部 {
头颈肌：分为头肌和颈肌
躯干肌：分为背肌、胸肌、膈肌和腹肌
四肢肌：分为上肢肌和下肢肌
}

$$
头肌
\begin{cases}
面肌：枕额肌、眼轮匝肌、口轮匝肌、颊肌 \\
咀嚼肌：咬肌、颞肌、翼内肌、翼外肌
\end{cases}
$$

$$
颈肌
\begin{cases}
颈浅肌和颈外侧肌 \begin{cases} 颈阔肌：收缩时可紧张颈部皮肤，并降口角 \\ 胸锁乳突肌 \begin{cases} 双侧收缩使头后仰 \\ 单侧收缩使头颈向同侧屈，面部转向对侧 \end{cases} \end{cases} \\
颈前肌 \begin{cases} 舌骨上肌群：二腹肌、茎突舌骨肌、下颌舌骨肌和颏舌骨肌 \\ 舌骨下肌群：胸骨舌骨肌、肩胛舌骨肌、胸骨甲状肌和甲状舌骨肌 \end{cases} \\
颈深肌 \begin{cases} 前斜角肌、中斜角肌、后斜角肌 \\ 斜角肌间隙：前、中斜角肌与第1肋围成的三角形间隙，有锁骨下 \\ \qquad\qquad 动脉和臂丛通过 \end{cases}
\end{cases}
$$

$$
背肌
\begin{cases}
浅群 \begin{cases} 斜方肌：双侧收缩使肩胛骨向脊柱靠拢并仰头；上、下部肌束可分别 \\ \qquad\quad 上提和下降肩胛骨，上部肌束收缩可完成"耸肩"动作 \\ 背阔肌：使肩关节内收、后伸和旋内，完成"背手"姿势 \end{cases} \\
深群——竖脊肌：双侧收缩使脊柱后伸和仰头；单侧收缩使脊柱侧屈。竖脊肌 \\ \qquad\qquad\qquad 是维持人体直立姿势的重要肌
\end{cases}
$$

$$
胸肌
\begin{cases}
胸上肢肌 \begin{cases} 胸大肌：收缩时使肩关节内收、旋内和前屈；上肢上举固定时， \\ \qquad\quad 可上提躯干，并可提肋助深吸气 \\ 前锯肌：牵拉肩胛骨向前紧贴胸廓，以助臂上举，完成梳头动作； \\ \qquad\quad 若肩胛骨固定，可提肋助吸气 \end{cases} \\
胸固有肌 \begin{cases} 肋间外肌：提肋助吸气 \\ 肋间内肌：降肋助呼气 \end{cases}
\end{cases}
$$

$$
膈
\begin{cases}
位置：位于胸、腹腔之间，为一膨隆向上的穹窿状宽阔扁肌，封闭胸廓下口 \\
分部：周围为肌性部，各部肌束向中央集中移行为腱性部，称中心腱 \\
3大裂孔 \begin{cases} 主动脉裂孔：位于第12胸椎前方，有降主动脉和胸导管通过 \\ 食管裂孔：平第10胸椎，有食管和迷走神经前、后干通过 \\ 腔静脉孔：平第8胸椎，有下腔静脉通过 \end{cases}
\end{cases}
$$

$$
腹肌
\begin{cases}
前外侧群 \begin{cases} 腹直肌：位于腹前壁正中线两侧，上宽下窄 \\ 腹外斜肌：位于最浅层，为宽阔扁肌，肌束斜向前内下方 \\ 腹内斜肌：位于腹外斜肌深面，肌束斜向内上方 \\ 腹横肌：位于腹内斜肌深面，肌束横行走向 \end{cases} \\
后群：腰方肌、腰大肌 \\
肌间结构 \begin{cases} 腹直肌鞘：前层由腹外斜肌腱膜与腹内斜肌腱膜前层构成， \\ \qquad\qquad 后层由腹内斜肌腱膜后层与腹横肌腱膜构成 \\ 腹股沟管：男性有精索通过，女性有子宫圆韧带通过 \end{cases}
\end{cases}
$$

上肢肌
- 肩肌：三角肌、冈上肌、冈下肌、小圆肌、大圆肌和肩胛下肌
- 臂肌
  - 前群
    - 肱二头肌：屈肘关节、屈肩关节
    - 喙肱肌：屈肩关节
    - 肱肌：屈肘关节
  - 后群：肱三头肌：收缩时伸肘关节、肩关节
- 前臂肌
  - 前群
    - 第1层：肱桡肌、旋前圆肌、桡侧腕屈肌、掌长肌、尺侧腕屈肌
    - 第2层：指浅屈肌
    - 第3层：拇长屈肌、指深屈肌
    - 第4层：旋前方肌
  - 后群
    - 浅层：由桡侧向尺侧依次为桡侧腕长伸肌、桡侧腕短伸肌、指伸肌、小指伸肌和尺侧腕伸肌
    - 深层：有5块肌
- 手肌
  - 外侧群：又称鱼际
  - 中间群：蚓状肌、骨间肌
  - 内侧群：又称小鱼际

下肢肌
- 髋肌
  - 前群：阔筋膜张肌、髂腰肌（由髂肌和腰大肌组成）
  - 后群
    - 臀大肌：收缩时伸髋关节并旋外
    - 臀中肌和臀小肌：收缩时外展髋关节
    - 梨状肌：收缩时使髋关节外展与旋外
- 大腿肌
  - 前群
    - 缝匠肌：收缩时屈髋关节和膝关节
    - 股四头肌：收缩时伸膝关节
  - 内侧群：股薄肌、耻骨肌、长收肌、短收肌和大收肌
  - 后群：股二头肌、半腱肌和半膜肌，收缩时主要伸髋关节、屈膝关节
- 小腿肌
  - 前群：由胫侧向腓侧依次为胫骨前肌、姆长伸肌和趾长伸肌
  - 外侧群：腓骨长肌和腓骨短肌
  - 后群
    - 浅层：小腿三头肌由腓肠肌和比目鱼肌合成
    - 深层：由胫侧向腓侧依次为趾长屈肌、胫骨后肌和姆长屈肌
- 足肌：足背肌、足底肌

三、练习题

【概念题】

1. 斜角肌间隙

2. 腹股沟韧带

【A₁ 型题】

1. 左侧胸锁乳突肌收缩时

    A. 颈椎充分伸   B. 颈椎充分屈

C.头向左侧倾斜,面转向右侧   D.头向左侧倾斜,面转向左侧

E.头向右侧倾斜,面转向左侧

2. 斜方肌

  A.因单侧呈斜方形而得名   B.上起枕外隆凸和下项线

  C.项部仅起自项韧带   D.下部起自全部胸、腰椎棘突

  E.止于肩峰、肩胛冈和锁骨外侧 1/3

3. 背阔肌可使

  A.肩胛骨后移、旋外   B.肩关节旋外、后伸

  C.肩关节内收、后伸、旋内   D.肩关节内收、旋外

  E.脊柱向同侧屈

4. 胸大肌止于

  A.肱骨大结节   B.肱骨大结节嵴

  C.肱骨小结节   D.肱骨小结节嵴

  E.结节间沟

5. 腔静脉孔约平对

  A.第 8 胸椎   B.第 9 胸椎

  C.第 10 胸椎   D.第 11 胸椎

  E.第 12 胸椎

6. 食管裂孔约平对

  A.第 8 胸椎   B.第 9 胸椎

  C.第 10 胸椎   D.第 11 胸椎

  E.第 12 胸椎

7. 主动脉裂孔平对

  A.第 8 胸椎   B.第 9 胸椎

  C.第 10 胸椎   D.第 11 胸椎

  E.第 12 胸椎

8. 关于腹外斜肌的描述,正确的是

  A.起自上 8 位肋骨的外侧面   B.止于髂嵴和白线

  C.肌纤维斜向前下   D.在弓状线处移行为腱膜

  E.向内包裹腹直肌

9. 关于斜角肌间隙的描述,正确的是

  A.位于颈浅外侧肌群之间   B.前、后斜角肌与第 1 肋围成

  C.有锁骨下动脉和颈丛通过   D.呈四边形间隙

  E.前斜角肌肥厚或痉挛可产生前斜角肌综合征

10. 收缩时具有降肋助呼气作用的肌是

  A.肋间外肌和肋间内肌   B.肋间内肌和腹肌前外侧群

  C.肋间内肌和膈肌   D.膈肌和腹前外侧肌群

  E.肋间外肌和胸大肌

11. 关于三角肌的描述,正确的是
    A. 为胸上肢肌
    B. 起自锁骨全长、肩峰和肩胛冈
    C. 从四周包围肩关节
    D. 由桡神经支配
    E. 主要使肩关节外展
12. 关于肱三头肌的描述,正确的是
    A. 长头起自盂上结节
    B. 内、外侧头分别起自桡神经沟外上方和内下方
    C. 止于尺骨冠突
    D. 能伸肘、伸肩并内收
    E. 位于肱骨前方
13. 具有屈肘并使旋前的前臂旋后的肌是
    A. 旋前圆肌
    B. 肱二头肌
    C. 旋前方肌
    D. 旋后肌
    E. 肱三头肌
14. 伸髋关节的主要肌是
    A. 臀大肌
    B. 臀中肌
    C. 臀小肌
    D. 梨状肌
    E. 股四头肌
15. 既能屈髋又能屈膝的肌是
    A. 股直肌
    B. 股二头肌
    C. 缝匠肌
    D. 半腱肌
    E. 半膜肌
16. 既能伸踝又能使足内翻的肌是
    A. 胫骨前肌
    B. 胫骨后肌
    C. 腓骨长肌
    D. 腓骨短肌
    E. 小腿三头肌
17. 关于腹股沟管的描述,正确的是
    A. 位于腹前外侧壁下部、腹股沟韧带外侧半的上方
    B. 管有 2 口和 6 壁
    C. 管的内口为浅环(腹股沟管皮下环)
    D. 管的外口为深环(腹股沟管腹环)
    E. 男性有精索、女性有子宫圆韧带通过

【A₂ 型题】
1. 肌的形态分类**不包括**
    A. 长肌
    B. 短肌
    C. 扁肌
    D. 轮匝肌
    E. 开大肌
2. 关于咬肌的描述,**错误**的是

A. 起自颧弓 B. 止于下颌角外面

C. 收缩时上提下颌骨 D. 参与咀嚼运动

E. 由面神经支配

3. 关于胸锁乳突肌的描述，**错误**的是

A. 起自胸骨柄前面和锁骨的胸骨端，止于乳突

B. 受副神经支配

C. 两侧同时收缩可使头后仰

D. 一侧收缩可使头向对侧倾斜

E. 一侧病变引起肌挛缩时可引起斜颈

4. 舌骨下肌群**不包括**

A. 胸骨舌骨肌 B. 肩胛舌骨肌

C. 胸骨甲状肌 D. 茎突舌骨肌

E. 甲状舌骨肌

5. 舌骨上肌群**不包括**

A. 二腹肌 B. 茎突舌骨肌

C. 肩胛舌骨肌 D. 下颌舌骨肌

E. 颏舌骨肌

6. 斜方肌的作用**不包括**

A. 使肩胛骨向脊柱靠拢 B. 上提肩胛骨

C. 下降肩胛骨 D. 头向对侧倾斜，面转向对侧

E. 仰头

7. 关于竖脊肌的描述，**错误**的是

A. 位于脊柱棘突两侧的纵沟内 B. 起自骶骨背面和髂嵴后部

C. 止于肋骨、椎骨和颞骨乳突 D. 属于背肌浅群

E. 单侧收缩使脊柱侧凸

8. 关于胸大肌的描述，**错误**的是

A. 为胸固有肌

B. 起自锁骨内侧半、胸骨和第1~6肋软骨

C. 止于肱骨大结节嵴

D. 可使肩关节内收、旋内和前屈

E. 可上提躯干并可协助深吸气

9. 三角肌收缩**不能**使肩关节

A. 外展 B. 前屈

C. 后伸 D. 旋内

E. 内收

10. 关于肱二头肌的描述，**错误**的是

A. 长头起自盂上结节 B. 短头起自肱骨体

C. 止于桡骨粗隆 D. 可屈肘并使前臂旋后

E. 协助屈肩关节

11. **不参与**前臂旋转的肌是

    A. 肱二头肌
                B. 旋前圆肌

    C. 旋前方肌
                D. 旋后肌

    E. 肱肌

12. 关于臀大肌的描述，**错误**的是

    A. 起自髂骨翼外侧面
           B. 止于股骨大转子

    C. 深面有坐骨神经
           D. 下肢固定时可伸躯干

    E. 伸髋并旋外

13. 关于髂腰肌的描述，**错误**的是

    A. 由腰方肌和髂肌组成
           B. 穿过腹股沟韧带深面入股部

    C. 止于股骨小转子
           D. 屈髋关节

    E. 外旋髋关节

14. 关于缝匠肌的描述，**错误**的是

    A. 是全身最长的肌
           B. 起自髂前下棘

    C. 止于胫骨上端内侧面
        D. 屈髋屈膝

    E. 可使已屈的膝关节旋内

15. 关于股四头肌的描述，**错误**的是

    A. 为全身体积最大的肌

    B. 起自髂前下棘、股骨粗线内、外侧缘和股骨前面

    C. 肌腱包绕髌骨

    D. 止于胫骨粗隆

    E. 作用是伸膝伸髋

16. **无**屈膝作用的肌是

    A. 比目鱼肌
           B. 半腱肌

    C. 半膜肌
           D. 腓肠肌

    E. 缝匠肌

17. 关于前锯肌的描述，**错误**的是

    A. 位于胸廓外侧
          B. 起自上 8 肋外面

    C. 止于肩胛骨内侧缘和下角
    D. 收缩时助臂上举完成"梳头"动作

    E. 此肌瘫痪时称"方肩"

【A₃ 型题】

（1~3题共用题干）

肩关节是人体内活动范围最大、运动最灵活的关节，可作屈、伸、收、展、旋内、旋外和环转运动。运动肩关节的肌较多，既包括背肌、胸上肢肌，又包括肩肌和臂肌。有些肌的作用比较简单，而有些肌的作用较复杂。

1. 既能使肩关节前屈、又能使其后伸的肌是

    A. 胸大肌
          B. 背阔肌

C. 大圆肌   D. 小圆肌

    E. 三角肌

2. 使肩关节内收、后伸并旋内的一组肌是

    A. 背阔肌和大圆肌   B. 胸大肌和大圆肌

    C. 冈下肌和肩胛下肌   D. 背阔肌和小圆肌

    E. 三角肌和肱三头肌

3. 可使肩关节旋外的肌是

    A. 三角肌和胸大肌   B. 冈上肌和冈下肌

    C. 冈下肌和小圆肌   D. 胸大肌和小圆肌

    E. 大圆肌和肩胛下肌

(4~6 题共用题干)

    髋关节由髋臼和股骨头构成,运动幅度虽不及肩关节,但具有较大的稳固性以适应行走和负重的功能需要。运动该关节的肌包括髋肌和部分大腿肌,分别使其做屈、伸、收、展、旋内、旋外和环转运动。

4. 能屈髋关节并使之旋外的肌是

    A. 臀大肌   B. 臀中肌

    C. 臀小肌   D. 髂腰肌

    E. 阔筋膜张肌

5. **不能**使髋关节内收的肌是

    A. 耻骨肌   B. 长收肌

    C. 股薄肌   D. 大收肌

    E. 股内侧肌

6. **不能**伸髋关节的肌是

    A. 梨状肌   B. 臀大肌

    C. 半腱肌   D. 半膜肌

    E. 股二头肌

(7~9 题共用题干)

    膝关节是人体内最大最复杂的关节,主要运动为屈和伸,在半屈膝时可使小腿作旋内和旋外的运动。

7. **不能**屈膝关节的肌是

    A. 缝匠肌   B. 半腱肌

    C. 半膜肌   D. 比目鱼肌

    E. 股二头肌

8. 具有伸膝关节的肌是

    A. 缝匠肌   B. 股四头肌

    C. 阔筋膜张肌   D. 大收肌

    E. 股二头肌

9. **不参与**膝关节半屈曲位时旋转小腿的肌是

A.半腱肌   B.半膜肌

C.股二头肌   D.缝匠肌

E.小腿三头肌

（10~12题共用题干）

上肢肌按位置可分为肩肌、臂肌、前臂肌和手肌，数量较多，功能复杂，使上肢的运动复杂多样。

10. 与肩关节运动**无关**的肌是

    A.肱二头肌   B.肱三头肌

    C.肱肌   D.喙肱肌

    E.胸大肌

11. 伸肘关节的肌是

    A.肱二头肌   B.肱三头肌

    C.肱肌   D.旋前圆肌

    E.掌长肌

12. 既能运动肩关节又能运动肘关节的肌组合是

    A.肱二头肌和旋前圆肌   B.肱肌和胸大肌

    C.肱三头肌和喙肱肌   D.肱二头肌和肱三头肌

    E.背阔肌和大圆肌

【问答题】

1. 咀嚼肌有哪些？各有何作用？

2. 参与呼吸运动的肌有哪些？各有何作用？

3. 简述背肌的分群和主要功能。

4. 使肘关节屈、伸和前臂旋前、旋后的肌各有哪些？

5. 运动髋关节的肌有哪些？

6. 简述膈肌的形态、分部、裂孔及通过的结构。

四、参考答案

【概念题】

1. 斜角肌间隙位于颈根部，由前斜角肌、中斜角肌和第 1 肋围成，有锁骨下动脉和臂丛通过。

2. 腹股沟韧带为连于髂前上棘与耻骨结节之间的腱性结构，由腹外斜肌腱膜的下缘卷曲增厚形成，构成腹股沟管的下壁。

【A₁ 型题】

1. C	2. E	3. C	4. B	5. A	6. C	7. E	8. B
9. E	10. B	11. E	12. D	13. B	14. A	15. C	16. A

17. E

【A₂ 型题】

1. E	2. E	3. D	4. D	5. C	6. D	7. D	8. A

9. E   10. B   11. E   12. B   13. A   14. B   15. E   16. A

17. E

【A₃型题】

1. E   2. A   3. C   4. D   5. E   6. A   7. D   8. B

9. E   10. C   11. B   12. D

【问答题】

1. 咀嚼肌包括咬肌、颞肌、翼内肌和翼外肌。其中咬肌、颞肌、翼内肌都可上提下颌骨(闭口);两侧翼外肌同时收缩可协助张口;一侧翼外肌和翼内肌同时收缩,可使下颌骨作侧方运动。

2. 参与呼吸运动的肌主要包括肋间外肌、肋间内肌与膈肌。其中肋间外肌可提肋助吸气,肋间内肌可降肋助呼气。膈肌是最重要的呼吸肌,收缩时膈穹窿下降,胸腔容积增大,助吸气;舒张时膈穹窿上升,恢复原位,胸腔容积减小,可助呼气。此外,胸大肌、胸小肌和前、中、后斜角肌均可提肋助深吸气;腹肌前外侧群可降肋助呼气。

3. 背肌位于躯干后面,分浅、深两群。①浅群,多为宽大的扁肌,主要有斜方肌和背阔肌。斜方肌位于项、背部浅层,呈三角形,双侧收缩使肩胛骨向脊柱靠拢并仰头,上部、下部肌束收缩可分别上提和下降肩胛骨。背阔肌位于背下部和胸后外侧,为全身最大的扁肌,呈三角形,收缩时使肩关节内收、后伸和旋内,如"背手"姿势;上肢上举固定时可引体向上。②深群,主要有竖脊肌。竖脊肌又称骶棘肌,为背肌中最长最大的肌,纵列于棘突两侧,此肌对维持人体直立姿势起重要作用。双侧收缩使脊柱后伸和仰头,单侧收缩使脊柱侧凸。

4. 屈肘:肱二头肌、肱肌、肱桡肌、旋前圆肌、桡侧腕屈肌、尺侧腕屈肌和指浅屈肌;伸肘:肱三头肌;旋前:旋前圆肌和旋前方肌;旋后:旋后肌和肱二头肌。

5. 屈:髂腰肌、阔筋膜张肌、缝匠肌、股直肌;伸:臀大肌、股二头肌、半腱肌和半膜肌;展:臀中肌和臀小肌;收:大腿肌内侧群;旋内:臀中肌和臀小肌(前部肌束);旋外:髂腰肌、臀大肌、臀中肌和臀小肌(后部肌束)、梨状肌、大腿肌内侧群。

6. 膈肌位于胸、腹腔之间,是一个膨隆向上的穹窿状宽阔扁肌,封闭胸廓下口。其周围为肌性部,起自胸廓下口的周缘和腰椎前面,按附着位置分为胸骨部、肋部和腰部,各部肌束向中央集中,移行为腱性部,称为中心腱。膈肌上有3个裂孔:①主动脉裂孔,位于第12胸椎前方,有降主动脉和胸导管通过。②食管裂孔,位于主动脉裂孔的左前上方,约平第10胸椎,有食管和迷走神经通过。③腔静脉孔,位于食管裂孔的右前上方的中心腱内,约平第8胸椎,有下腔静脉通过。

(王锦绣)

第七章 ｜ 内脏学概述

一、实验指导

【实验目的】

1. 掌握内脏的概念和组成；胸部的标志线和腹部分区。
2. 了解中空性器官和实质性器官的结构特点。

【实验内容与方法】

1. 在躯干标本或模型上，确认胸部标志线、腹部标志线和分区。
2. 在打开胸、腹壁的标本或模型上，观察区分中空性器官和实质性器官。

【思考题】

简述胸部的标志线和腹部分区。

二、学习指导

内脏器官分类
- 中空性器官：内部有较大的腔，管或囊壁由数层结构构成
- 实质性器官：内部没有特定的腔，表面包以结缔组织被膜，血管神经出入处常凹陷，称为门

胸部标志线
- 前正中线：沿身体前面正中线所作的垂直线
- 胸 骨 线：沿胸骨最宽处外侧缘所作的垂直线
- 锁骨中线：经锁骨中点向下所作的垂直线
- 胸骨旁线：经胸骨线与锁骨中线之间连线中点所作的垂直线
- 腋 前 线：沿腋前襞向下所作的垂直线
- 腋 后 线：沿腋后襞向下所作的垂直线
- 腋 中 线：沿腋前线、腋后线之间连线中点所作的垂直线
- 肩 胛 线：经肩胛骨下角所作的垂直线
- 后正中线：经身体后面正中线（沿各椎骨棘突）所作的垂直线

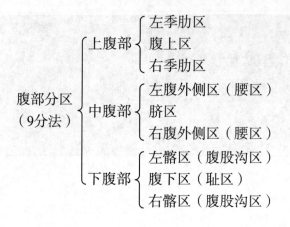

$$
\text{腹部分区（9分法）}\begin{cases}\text{上腹部}\begin{cases}\text{左季肋区}\\\text{腹上区}\\\text{右季肋区}\end{cases}\\\text{中腹部}\begin{cases}\text{左腹外侧区（腰区）}\\\text{脐区}\\\text{右腹外侧区（腰区）}\end{cases}\\\text{下腹部}\begin{cases}\text{左髂区（腹股沟区）}\\\text{腹下区（耻区）}\\\text{右髂区（腹股沟区）}\end{cases}\end{cases}
$$

$$
\text{腹部分区（4分法）}\begin{cases}\text{左上腹}\\\text{右上腹}\\\text{左下腹}\\\text{右下腹}\end{cases}
$$

三、练习题

【概念题】

1. 内脏
2. 锁骨中线
3. 肩胛线
4. 器官的"门"

【A₁型题】

1. 属于内脏的系统是
   A. 感官系统　　　　　　　　　B. 运动系统
   C. 神经系统　　　　　　　　　D. 脉管系统
   E. 消化系统

2. 属于内脏的实质性器官是
   A. 子宫　　　　　　　　　　　B. 脑
   C. 肾　　　　　　　　　　　　D. 脾
   E. 肾上腺

3. 属于内脏的中空性器官是
   A. 心　　　　　　　　　　　　B. 肺
   C. 输精管　　　　　　　　　　D. 胸导管
   E. 肝门静脉

4. 关于内脏的描述，正确的是
   A. 内脏只是参与新陈代谢的一组器官　　B. 内脏的实质性器官不与外界相通
   C. 脾为内脏的实质性器官　　　　　　　D. 内脏主要位于胸腔、腹腔

E. 输卵管为内脏的中空性器官

【A₂型题】

1. **不属于**内脏系统是

  A. 呼吸系统　　　　　　　　　　　B. 泌尿系统

  C. 内分泌系统　　　　　　　　　　D. 生殖系统

  E. 消化系统

2. **不属于**内脏器官的是

  A. 子宫　　　　　　　　　　　　　B. 肺

  C. 肾　　　　　　　　　　　　　　D. 脾

  E. 肝

3. 下列除何者外，**都不是**内脏器官

  A. 甲状腺　　　　　　　　　　　　B. 肺

  C. 脾　　　　　　　　　　　　　　D. 大脑

  E. 肾上腺

4. 关于内脏器官的描述，**错误**的是

  A. 消化管由4层结构构成

  B. 呼吸道、泌尿道和生殖管道由3层组织构成

  C. 实质性器官表面均包以结缔组织被膜或浆膜

  D. 结缔组织被膜深入器官实质内，将实质分隔成若干个小单位，称小叶

  E. 胸导管为中空性器官

【A₃型题】

（1~3题共用题干）

内脏是在功能上参与新陈代谢和生殖活动，在形态结构上借孔道直接或间接地与外界相通的一组器官系统，包括消化、呼吸、泌尿和生殖4个系统，主要位于胸腔、腹腔和盆腔。

1. 内脏的中空性器官是

  A. 肺　　　　　　　　　　　　　　B. 肾

  C. 膀胱　　　　　　　　　　　　　D. 卵巢

  E. 前列腺

2. 内脏的实质性器官是

  A. 胃　　　　　　　　　　　　　　B. 子宫

  C. 咽　　　　　　　　　　　　　　D. 肝

  E. 脾

3. 关于内脏器官的描述，正确的是

  A. 睾丸位于阴囊内，不是内脏器官　　B. 胰为内分泌器官，不是内脏器官

  C. 肾既是内脏器官又有内分泌功能　　D. 前列腺为内分泌器官，不是内脏器官

  E. 脾位于腹腔，为内脏器官

【问答题】

1. 何为中空性器官？其组织层次如何？

2. 何为实质性器官？其形态特点如何？

四、参考答案

【概念题】

1. 内脏是指消化、呼吸、泌尿和生殖 4 个系统，主要功能是参与新陈代谢和繁衍后代，在形态结构上借孔道直接或间接与外界相通的一组器官，主要位于胸腔、腹腔和盆腔。

2. 锁骨中线即经锁骨中点向下所作的垂直线。

3. 肩胛线即沿肩胛骨下角所作的垂直线。

4. 实质性器官的血管、神经、淋巴管以及该器官的导管出入的部位常凹陷，称为该器官的"门"，如肺门、肝门。

【A₁ 型题】

1. E 　　 2. C 　　 3. C 　　 4. E

【A₂ 型题】

1. C 　　 2. D 　　 3. B 　　 4. E

【A₃ 型题】

1. C 　　 2. D 　　 3. C

【问答题】

1. 中空性器官呈管状或囊状，内部有较大的空腔，管壁由数层结构构成，消化管各器官的壁一般由 4 层结构构成，而呼吸道、泌尿道和生殖道各器官的壁由 3 层结构构成。以消化管为例，由内向外依次为黏膜、黏膜下层、肌层和外膜。

2. 实质性器官内部没有特定的空腔，多属于腺组织，表面包以结缔组织被膜，被膜深入器官实质内，将器官的实质分隔成多个小叶状结构。实质性器官的血管、神经、淋巴管以及该器官的导管出入的部位常凹陷，称为该器官的"门"。

（张爱清）

第八章 ｜ 消化系统

一、实验指导

实验一 消化系统的大体结构

【实验目的】

1. 掌握口腔的分部,牙的形态构造,舌的形态和黏膜;咽的形态、位置和分部;食管的形态、位置和分部以及 3 个生理性狭窄;胃的位置、形态、分部;小肠的位置、分部,十二指肠的分部和形态结构特点;大肠的分部及其特征性结构,盲肠和阑尾的位置及阑尾根部的体表投影;3 对大唾液腺的位置、形态和腺管的开口;肝的形态和位置;胆囊的形态、位置及胆囊底的体表投影,输胆管道的组成,胆总管与胰管的汇合和开口部位;胰的形态、位置。

2. 熟悉空、回肠的区别;结肠的位置、分部,直肠和肛管的位置、形态结构;胆汁产生及其排出路径。

3. 了解唇、颊、腭的形态结构;舌肌的一般配布和功能;肝的分叶。

【实验内容与方法】

1. 在头颈部正中矢状切面标本上,对照活体(使用小圆镜)进行观察:口腔 4 壁与交通;舌的分部与形态结构;舌内肌的纤维走向。学生互相观察 4 种舌乳头的形态、界沟、舌系带、舌下阜和舌下襞等;牙冠的形态、牙龈等。

2. 在头颈部正中矢状切面标本和模型上,结合切开咽后壁的咽肌标本和模型观察:咽的位置、分部及各部的交通与形态特点。

3. 在示食管整体位置的标本上,观察食管的走行、分部及 3 处狭窄所在。

4. 在打开腹腔的标本和模型上,观察胃的位置,并借助胃的实物标本和模型观察胃的形态、分部、胃黏膜皱襞、幽门瓣及幽门括约肌等;小肠的分部及各部特点;大肠的位置和分部,结肠和盲肠的 3 种特征性结构,阑尾根部的位置;打开网膜囊,将胃向上翻起,观察胰的位置、形态与分部。

5. 在大唾液腺标本上,观察腮腺、下颌下腺、舌下腺的位置、形态和导管开口部位。

6. 在打开腹腔的整体标本上,观察肝的位置、毗邻与韧带,并结合游离肝标本或模型观察肝的各面形态,特别是 H 形沟内的诸结构;胆囊的分部及输胆管道的组成和特点。

【思考题】

1. 咽分哪几部分? 其交通关系如何?

2. 食管有哪些生理性狭窄？有何临床意义？

3. 简述胃的位置、形态及分部。

4. 胆汁出肝后，如何排入十二指肠？

5. 胆囊底和阑尾根部的体表投影位于何处？

实验二　消化系统的微细结构

【实验目的】

1. 掌握胃、小肠和肝的光镜结构。

2. 熟悉食管、结肠和胰的光镜结构。

【实验内容与方法】

1. 食管

材料：食管。

染色：HE 染色。

肉眼观察：管腔呈星形，靠近管腔面的深蓝色部分为上皮，其外侧色稍淡的部分为黏膜下层，再向外一层较厚的着粉红色的部分为肌层。

低倍观察：先区分食管壁的4层结构，然后从管腔内面向外逐层观察。

(1) 黏膜：①上皮为未角化的复层扁平上皮；②固有层由细密结缔组织构成，可见淋巴组织、小血管及食管腺导管；③黏膜肌层为纵行平滑肌束的横断面。

(2) 黏膜下层：由结缔组织构成，可见较大的血管、神经和黏液性的食管腺。

(3) 肌层：由内环、外纵两层肌构成。因取材部位不同可为骨骼肌、平滑肌或两者兼有。

(4) 外膜：为疏松结缔组织构成的纤维膜。

2. 胃

材料：胃底部。

染色：HE 染色。

肉眼观察：标本呈长条状，着紫红色、有皱襞的一侧为黏膜层，另一侧染成粉红色者为胃壁的其他部分。

低倍观察：分清胃壁4层结构，然后重点观察黏膜。

(1) 黏膜

1) 上皮：为单层柱状上皮，可见上皮形成许多凹陷，即胃小凹。

2) 固有层：此层中充满胃底腺，腺体之间仅有少量结缔组织，腺体被切成各种断面。选择一个与胃小凹底相通且比较完整的腺纵切面，大致区分出腺的颈部、体部和底部。

3) 黏膜肌层：为薄平滑肌，可分为内环、外纵2层。

(2) 黏膜下层：由较致密的结缔组织构成，可见较大的血管、淋巴管和神经等。

(3) 肌层：较厚，可分为内斜、中环和外纵3层平滑肌，但层次不易分清。

(4) 外膜：为结缔组织和间皮构成的浆膜。

高倍观察：

(1) 上皮：为单层柱状上皮，柱状细胞顶部的胞质内充满黏原颗粒，着色浅，呈透明状；细胞核椭圆形，位于细胞基部。

（2）胃底腺

1）壁细胞：数量较少，主要分布于腺体的颈部和体部。细胞较大，多呈圆锥形；胞质嗜酸性，染成红色；核圆形，位于细胞中央，有时可见双核。

2）主细胞：数量最多，主要分布于腺体的体部和底部。细胞呈柱状，核圆形，位于基底部；基部胞质呈嗜碱性，顶部胞质有许多酶原颗粒。

3）颈黏液细胞：数量较少，位于胃底腺的颈部，常夹在壁细胞之间。细胞呈柱状或烧瓶状，胞质着色浅；细胞核扁圆，位于细胞基底。

3. 小肠

材料：空肠。

染色：HE 染色。

肉眼观察：可见数个较高的突起，是小肠环行皱襞的切面；在皱襞的表面可见许多细小的突起，即肠绒毛；皱襞中央呈粉红色的部分为黏膜下层。

低倍观察：首先分清小肠壁 4 层结构，然后逐层观察。

（1）黏膜：表面纵切的绒毛呈指状，横切的绒毛呈圆形；固有层中可见许多不同断面的小肠腺，有时可见孤立淋巴小结；黏膜肌为薄层的平滑肌。

（2）黏膜下层：由较致密的结缔组织构成，有丰富的血管，有时可见黏膜下神经丛。

（3）肌层：由内环、外纵两层平滑肌组成，肌层之间可见肌间神经丛。

（4）外膜：为结缔组织和间皮组成的浆膜。

高倍观察：

（1）肠绒毛

1）上皮：为单层柱状上皮，表面可见一条染成深粉色的细线，即纹状缘；其间夹有杯状细胞，胞质中的黏原颗粒在制片时被溶解而呈空泡状。

2）绒毛中轴：为黏膜固有层的结缔组织，可见丰富的毛细血管和散在纵行的平滑肌纤维，有时见中央乳糜管。

（2）小肠腺：为单管状腺，镜下可见各种断面。从相邻的绒毛根部找到肠腺的纵切面，注意观察肠腺的各种细胞。①吸收细胞和杯状细胞，与肠绒毛上皮相同；②帕内特细胞，常成群位于小肠腺的基部，细胞呈锥体形，胞质内含有粗大的嗜酸性颗粒。

十二指肠和回肠的微细结构基本同空肠，主要特点为十二指肠的黏膜下层内有十二指肠腺；回肠的固有层内淋巴组织丰富，可见集合淋巴小结，穿过黏膜肌层到黏膜下层，并向肠腔隆起，隆起表面肠绒毛少而短。

4. 结肠

材料：结肠。

染色：HE 染色。

肉眼观察：一侧可见数个皱襞，但无绒毛结构。

低倍观察：首先区分肠壁的 4 层结构，注意黏膜不形成肠绒毛。

（1）黏膜：①上皮，为单层柱状上皮，杯状细胞较多；②固有层，有许多密集排列的单管状结肠腺，腺上皮内有许多杯状细胞；③黏膜肌层，为薄层平滑肌。

（2）黏膜下层：由结缔组织构成，其中有较多的脂肪细胞。

（3）肌层：由内环、外纵两层平滑肌构成。

（4）外膜：为浆膜。

5. 肝

材料：肝。

染色：HE 染色。

低倍观察：

（1）被膜：标本一侧可见由粉红色的致密结缔组织构成的被膜，其表面覆盖间皮。

（2）肝小叶：边界不明显，可见到许多圆形小腔，称为中央静脉，其周围有许多粉色条索向四周呈辐射状排列为肝索，肝索之间的间隙为肝血窦。

（3）门管区：为几个相邻肝小叶之间的结缔组织部分，内有小叶间动脉、小叶间静脉和小叶间胆管。

高倍观察：

（1）肝小叶：①中央静脉，管壁薄，仅由一层内皮细胞及少量结缔组织围成，壁上有肝血窦的开口。②肝索，互相吻合成网，由多边形肝细胞构成。肝细胞胞质嗜酸性，含有粒状或小块状嗜碱性物质；核圆形，位于细胞中央，多数肝细胞有 1 个核，部分肝细胞可有 2 个核。③肝血窦，窦壁由内皮细胞组成；窦腔不规则，内有肝巨噬细胞，该细胞形状不规则，核染色深，胞质嗜酸性。

（2）门管区：①小叶间胆管，管壁由单层立方上皮或低柱状上皮组成；②小叶间动脉，腔小而圆，壁较厚，内皮外有环行平滑肌；③小叶间静脉，管腔大而不规则，壁薄。

6. 胰

材料：胰。

染色：HE 染色。

低倍观察：胰表面的结缔组织被膜较薄，实质由外分泌部和内分泌部组成。

（1）外分泌部

1）腺泡：小叶内大部分为外分泌部的腺泡，呈蓝紫色。

2）导管：包括闰管、小叶内导管和小叶间导管。闰管较长，位于腺泡之间；小叶内导管位于小叶内，管壁由单层立方上皮组成；小叶间导管位于小叶间的结缔组织内，管壁由单层柱状上皮组成。

（2）内分泌部：即胰岛，是散在于外分泌部之间、大小不等、染色较淡的细胞团。

高倍观察：

（1）腺泡：为浆液性。腺细胞基部胞质呈强嗜碱性，顶部胞质含有嗜酸性的酶原颗粒；细胞核圆形，位于近细胞基底部。腺泡腔中央有泡心细胞，该细胞胞质染色淡，故细胞边界不清，核呈圆形或椭圆形。

（2）闰管：很长，故在腺泡间容易找到，由单层扁平上皮构成，染色较淡。

（3）胰岛：构成胰岛的细胞染色较淡，呈团、索状分布，其间有丰富的毛细血管。HE 染色标本中不易区分各种细胞。

【思考题】

1. 消化管壁由内向外依次分为几层？各段消化管区别最大的是哪层？

2. 简述胃黏膜的结构特点。胃底腺由哪些细胞组成？

3. 光镜下如何分辨小肠的3个部分？

4. 肝小叶由哪几部分构成？

5. 简述胰的光镜结构特点。

二、学习指导

消化系统
- 消化管
  - 上消化道：口腔、咽、食管、胃、十二指肠
  - 下消化道：空肠、回肠、大肠（盲肠、阑尾、结肠、直肠、肛管）
- 消化腺
  - 大消化腺：大唾液腺、肝、胰
  - 小消化腺：消化管壁内的小腺体，如胃腺

口腔
- 分部
  - 口腔前庭
  - 固有口腔
- 腭
  - 分部
    - 硬腭：前2/3，以骨腭为基础，被覆黏膜
    - 软腭：后1/3，由骨骼肌和黏膜构成
  - 结构：腭垂、腭舌弓、腭咽弓
  - 咽峡：由腭垂、腭帆游离缘、两侧的腭舌弓、舌根共同围成，是口腔和咽的分界
- 牙
  - 形态：分为牙冠、牙颈和牙根
  - 构造：分为牙质、釉质、牙骨质和牙髓
  - 种类和排列：乳牙（罗马数字表示）和恒牙（阿拉伯数字表示）
  - 牙周组织：牙槽骨、牙周膜、牙龈
- 舌
  - 形态
    - 上面（舌背）：前2/3为舌体，后1/3为舌根
    - 下面：舌系带、舌下阜、舌下襞等结构
  - 舌黏膜：有丝状乳头、菌状乳头、轮廓乳头和叶状乳头
  - 舌肌：分为舌内肌和舌外肌，重要的舌外肌为颏舌肌

咽
- 位置：为呼吸道、消化管的共同通道，位于颈椎前方，上端附于颅底，下端在第6颈椎体下缘平面与食管相续
- 分部
  - 鼻咽：侧壁有咽鼓管咽口，其后上方有咽隐窝，为鼻咽癌好发部位
  - 口咽：腭舌弓与腭咽弓之间的扁桃体窝内有腭扁桃体
  - 喉咽：喉口两侧各有一个梨状隐窝，为异物易滞留处
- 交通：咽前方分别通鼻腔、口腔和喉腔，下通食管腔、两侧借咽鼓管咽口通中耳

食管
- 位置：上端自第6颈椎体下缘接咽，下端于第11胸椎体左侧与胃相连
- 分部：分为颈、胸、腹3部分
- 生理性狭窄
  - 第1狭窄：位于起始处，距中切牙约15cm
  - 第2狭窄：与左主支气管交叉处，距中切牙约25cm
  - 第3狭窄：穿膈肌食管裂孔处，距中切牙约40cm

胃 ┬ 容积：成人为1 000~2 000ml
　├ 位置：中等充盈程度时，大部分位于左季肋区，小部分位于腹上区
　├ 形态与毗邻 ┬ 两口 ┬ 入口：贲门，上接食管
　│　　　　　　│　　　└ 出口：幽门，后续十二指肠
　│　　　　　　├ 两缘 ┬ 上缘：胃小弯，最低处称角切迹
　│　　　　　　│　　　└ 下缘：胃大弯，凸向左下
　│　　　　　　└ 两壁 ┬ 前壁：与肝左叶、腹前壁和膈肌相邻
　│　　　　　　　　　　└ 后壁：邻膈肌、左肾、左肾上腺、胰、脾等
　└ 分部 ┬ 贲门部：靠近贲门的部分
　　　　　├ 胃　底：高出贲门平面以上的部分
　　　　　├ 胃　体：胃底与角切迹之间的部分
　　　　　└ 幽门部 ┬ 幽门管：位右侧，长管状
　　　　　　　　　　└ 幽门窦：位左侧，较膨大，是胃溃疡和胃癌好发部位

小肠 ┬ 十二指肠 ┬ 上　部：起始处称十二指肠球部，是十二指肠溃疡的好发部位
　　　│　　　　　├ 降　部：后内侧壁有十二指肠大乳头，为胆总管和胰管的共同开口
　　　│　　　　　├ 水平部：又称为下部
　　　│　　　　　└ 升　部：附有十二指肠悬肌，为手术识别空肠起始部的标志
　　　├ 空肠：位于左上腹，约占空肠与回肠的2/5
　　　└ 回肠：位于右下腹，约占空肠与回肠的3/5

大肠 ┬ 特征性结构：结肠带、结肠袋和肠脂垂（盲肠、结肠）
　　　├ 盲肠：右髂窝内，结构：回盲口和回盲瓣
　　　├ 阑尾：盲肠后内侧壁上的一蚓状盲管，根部体表投影在McBurney点
　　　├ 结肠：分为升结肠、横结肠、降结肠和乙状结肠
　　　├ 直肠 ┬ 位置：位于小骨盆腔内，骶骨前方，长10~14cm
　　　│　　　├ 矢状面上2个弯曲 ┬ 骶曲：位于上部，凸向后
　　　│　　　│　　　　　　　　　└ 会阴曲：位于下部，凸向前
　　　│　　　└ 直肠壶腹：是直肠下端的膨大部，内有直肠横襞
　　　└ 肛管内结构 ┬ 肛柱、肛瓣、肛窦
　　　　　　　　　　├ 齿状线（肛皮线）：由肛柱下端与肛瓣的边缘连结而成
　　　　　　　　　　└ 肛梳（痔环）：在齿状线宽约1cm的环形区

大唾液腺 ┬ 腮腺：位于耳郭前下方，腮腺管开口于平对上颌第二磨牙牙冠的颊黏膜处
　　　　　├ 下颌下腺：位于下颌下腺窝内，导管开口于舌下阜
　　　　　└ 舌下腺：位于舌下襞深面，小管开口于舌下襞，大管开口于舌下阜

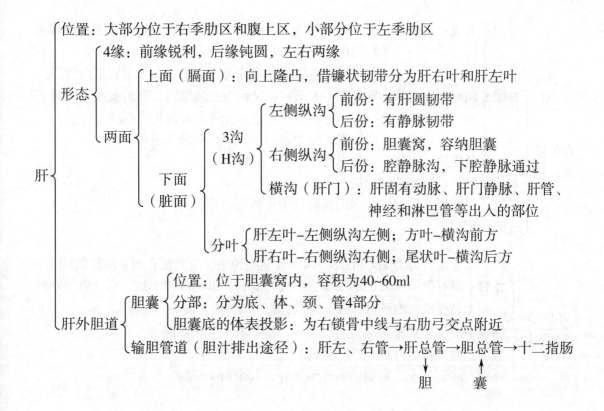

肝
├ 形态
│ ├ 位置：大部分位于右季肋区和腹上区，小部分位于左季肋区
│ ├ 4缘：前缘锐利，后缘钝圆，左右两缘
│ └ 两面
│   ├ 上面（膈面）：向上隆凸，借镰状韧带分为肝右叶和肝左叶
│   └ 下面（脏面）
│   ├ 3沟（H沟）
│   │ ├ 左侧纵沟
│   │ │ ├ 前份：有肝圆韧带
│   │ │ └ 后份：有静脉韧带
│   │ ├ 右侧纵沟
│   │ │ ├ 前份：胆囊窝，容纳胆囊
│   │ │ └ 后份：腔静脉沟，下腔静脉通过
│   │ └ 横沟（肝门）：肝固有动脉、肝门静脉、肝管、神经和淋巴管等出入的部位
│   └ 分叶
│   ├ 肝左叶-左侧纵沟左侧；方叶-横沟前方
│   └ 肝右叶-右侧纵沟右侧；尾状叶-横沟后方
└ 肝外胆道
  ├ 胆囊
  │ ├ 位置：位于胆囊窝内，容积为40~60ml
  │ ├ 分部：分为底、体、颈、管4部分
  │ └ 胆囊底的体表投影：为右锁骨中线与右肋弓交点附近
  └ 输胆管道（胆汁排出途径）：肝左、右管→肝总管→胆总管→十二指肠
                                              ↓   ↑
                                            胆   囊

胰
├ 位置：位于腹后壁，平对第1~2腰椎椎体
├ 分部：分为头、颈、体、尾4部分
└ 胰管：位于胰实质内，纵贯全长，与胆总管汇合，开口于十二指肠大乳头

消化管壁一般结构
├ 黏膜层
│ ├ 上皮：口腔、咽、食管及肛门为复层扁平上皮，其余为单层柱状上皮
│ ├ 固有层：为疏松结缔组织，内含腺体、血管、淋巴管和神经等
│ └ 黏膜肌层：薄层平滑肌
├ 黏膜下层：由较致密的结缔组织构成，含有血管、淋巴管和黏膜下神经丛
│   食管和十二指肠分别含有食管腺和十二指肠腺
├ 肌层：口腔、咽、食管上段和肛门由骨骼肌构成，其余均为平滑肌
└ 外膜：食管和大肠末段等为纤维膜，其余为浆膜

食管的微细结构
├ 黏膜
│ ├ 上皮：未角化的复层扁平上皮
│ ├ 固有层：细密结缔组织
│ └ 黏膜肌：薄层纵行平滑肌
├ 黏膜下层：为结缔组织，含有食管腺
├ 肌层：上段为骨骼肌，中段兼具骨骼肌和平滑肌，下段为平滑肌
└ 外膜：纤维膜

$$\text{胃的微细结构}\begin{cases}\text{黏膜}\begin{cases}\text{上皮：单层柱状上皮，又称为表面黏液细胞，分泌黏液，形成黏膜屏障}\\\text{固有层：胃腺}\begin{cases}\text{贲门腺：位于贲门部，分泌黏液和溶菌酶等}\\\text{胃底腺}\begin{cases}\text{主细胞：又称为胃酶细胞，分泌胃蛋白酶原}\\\text{壁细胞：又称为盐酸细胞，分泌盐酸和内因子}\\\text{颈黏液细胞：分泌黏液保护胃黏膜}\end{cases}\\\text{幽门腺：位于幽门部，分泌黏液和溶菌酶等}\end{cases}\\\text{黏膜肌：内环行、外纵行2层薄层平滑肌}\end{cases}\\\text{黏膜下层：较致密的结缔组织}\\\text{肌层：平滑肌，较厚，分为内斜行、中环行和外纵行3层}\\\text{外膜：浆膜}\end{cases}$$

$$\text{小肠的微细结构}\begin{cases}\text{黏膜}\begin{cases}\text{上皮：单层柱状上皮，以吸收细胞为主，游离面有明显的纹状缘}\\\text{固有层：有大量小肠腺、中央乳糜管，淋巴细胞丰富，形成淋巴小结}\\\text{黏膜肌：内环行、外纵行2层薄平滑肌}\end{cases}\\\text{黏膜下层：较致密的结缔组织，十二指肠有十二指肠腺}\\\text{肌层：内环行、外纵行2层平滑肌}\\\text{外膜：除部分十二指肠壁为纤维膜外，其余均为浆膜}\end{cases}$$

$$\text{肝的微细结构}\begin{cases}\text{肝小叶}\atop\text{（多面棱柱体）}\begin{cases}\text{中央静脉：位于中央}\\\text{肝板：以中央静脉为中心，向四周呈放射状排列，切面称肝索}\\\qquad\quad\text{由单行肝细胞排列而成}\\\text{胆小管：相邻肝细胞质膜内陷形成的微细管道，相互吻合成网}\\\text{肝血窦：肝板之间的不规则腔隙，内有肝巨噬细胞}\\\text{窦周隙：肝血窦内皮细胞与肝细胞之间的狭小间隙，内有贮脂}\\\qquad\quad\text{细胞，是肝细胞与血液间物质交换的场所}\end{cases}\\\text{门管区}\begin{cases}\text{小叶间动脉：肝固有动脉的分支}\\\text{小叶间静脉：肝门静脉的分支}\\\text{小叶间胆管：由胆小管出肝小叶后汇集而成}\end{cases}\end{cases}$$

$$\text{胰的微细结构}\begin{cases}\text{外分泌部}\atop\text{（复管泡状腺）}\begin{cases}\text{腺泡：浆液性腺泡，中央有泡心细胞，分泌胰液}\\\text{导管：闰管→小叶内导管→小叶间导管→主导管（胰管）}\end{cases}\\\text{内分泌部}\atop\text{（胰岛）}\begin{cases}\text{A细胞：占20\%，位于胰岛外周，分泌胰高血糖素，使血糖浓度升高}\\\text{B细胞：占70\%，位于胰岛中央，分泌胰岛素，降低血糖浓度}\\\text{D细胞：占5\%，分泌生长抑素，抑制A、B细胞的分泌活动}\end{cases}\end{cases}$$

三、练习题

【概念题】

1. 上消化道

2. 咽峡

3. 十二指肠悬韧带（Treitz 韧带）

4. 麦氏点

5. 齿状线

6. 肝门

7. 肠绒毛

8. 肝小叶

9. 窦周隙

10. 胰岛

【A₁ 型题】

1. 下列消化管中，属于上消化道的是

 A. 空肠   B. 回肠

 C. 食管   D. 盲肠

 E. 直肠

2. 关于口腔的描述，正确的是

 A. 由上、下牙龈分为前外侧部和后内侧部

 B. 为牙与唇、颊之间的空隙

 C. 为牙与腭之间的空隙

 D. 上、下牙咬合时，口腔前庭与固有口腔不相通

 E. 借咽峡与口咽相通

3. 关于牙的描述，正确的是

 A. 牙包括牙冠、牙颈、牙根和牙龈   B. 牙由釉质和骨质构成

 C. 牙内的腔隙称牙腔，内有牙髓   D. 人一生只有 1 套牙

 E. 第二磨牙萌出晚，故又称为迟牙或智牙

4. Ⅳ 表示

 A. 右上颌第一前磨牙   B. 右上颌第一乳磨牙

 C. 左上颌第一乳磨牙   D. 左上颌第一前磨牙

 E. 左上颌第二乳磨牙

5. 关于腮腺管的描述，正确的是

 A. 发自腮腺的前缘

 B. 在颧弓下 2 横指处越过咬肌表面

 C. 穿咬肌开口于腮腺管乳头

 D. 开口于上颌第二前磨牙相对的颊黏膜处

 E. 开口于上颌第一磨牙相对的颊黏膜处

6. 关于咽的描述，正确的是

 A. 咽的前壁完整   B. 上达颅底

 C. 后壁上有咽鼓管咽口连鼓室   D. 咽鼓管圆枕与下鼻甲续连

 E. 咽隐窝是蝶窦的开口

7. 咽腔异物易滞留的部位是
   A. 咽隐窝   B. 扁桃体窝
   C. 梨状隐窝   D. 蝶筛隐窝
   E. 咽鼓管圆枕

8. 关于食管的描述,正确的是
   A. 位于气管与甲状腺峡部之间   B. 上端在第 6 颈椎下缘处与咽相续
   C. 下端在第 9 胸椎处接胃   D. 第 1 狭窄距咽峡约 25cm
   E. 第 3 狭窄为食管与胃连接处

9. 关于食管位置及狭窄的描述,正确的是
   A. 全长约 40cm
   B. 行于脊柱与气管之间
   C. 颈段最长
   D. 第 2 狭窄位于右主支气管跨越食管前方处
   E. 与胸导管共同穿过膈的食管裂孔入腹腔

10. 肝细胞具有解毒功能的细胞器是
    A. 粗面内质网   B. 高尔基复合体
    C. 线粒体   D. 滑面内质网
    E. 溶酶体

11. 关于十二指肠的描述,正确的是
    A. 为腹膜外位器官   B. 全部由腹腔干分支供血
    C. 只接受胃液和胆汁注入   D. 呈"C"形包绕胰头
    E. 属于下消化道

12. 阑尾根部的体表投影是
    A. 脐与右髂前上棘连线的中、外 1/3 交点处
    B. 脐与右髂前上棘连线的中、内 1/3 交点处
    C. 脐与右髂前下棘连线的中、外 1/3 交点处
    D. 两侧髂前上棘连线中点处
    E. 两侧髂结节连线的中、右 1/3 交点处

13. 临床上判断空肠起点的主要依据是
    A. 十二指肠悬韧带   B. 有肠系膜
    C. 血液供应充分   D. 管壁厚、管腔粗
    E. 末端连于盲肠

14. 关于阑尾的描述,正确的是
    A. 是腹膜间位器官   B. 没有系膜
    C. 以回肠后位多见   D. 结肠带是手术中寻找阑尾的标志
    E. 由腹腔干供血

15. 关于直肠的描述,正确的是
    A. 分为盆部和会阴部   B. 有凸向前的骶曲

C.有凹向前的会阴曲　　　　　　　　　　D.在第1骶椎平面与乙状结肠相续

E.中间的直肠横襞最大且恒定

16.区分内痔和外痔的标志是

　　A.肛直肠环　　　　　　　　　　　　　B.齿状线

　　C.白线　　　　　　　　　　　　　　　D.肛梳

　　E.肛柱

17.肝血窦的特征是

　　A.内皮细胞有孔无基膜　　　　　　　　B.内皮细胞有孔和基膜

　　C.内皮细胞无孔有基膜　　　　　　　　D.内皮细胞的孔上有隔膜

　　E.内皮细胞无孔和基膜

18.关于肝形态的描述,正确的是

　　A.肝的膈面被冠状韧带分为左、右两叶　B.肝裸区由两层腹膜形成

　　C.左冠状韧带位于左纵沟前部　　　　　D.静脉韧带位于右纵沟后方

　　E.肝下面横沟的前方是方叶

19.关于胆总管的描述,正确的是

　　A.由肝左、右管汇合而成　　　　　　　B.位于肝门静脉后方

　　C.位于肝胃韧带内　　　　　　　　　　D.位于十二指肠降部的前面

　　E.与胰管汇合后共同开口于十二指肠大乳头

20.关于胆囊的描述,正确的是

　　A.位于肝下面右纵沟的胆囊窝内　　　　B.呈圆形

　　C.胆囊体可突出到肋弓的下缘　　　　　D.有分泌胆汁的功能

　　E.胆囊分为底、体、管3部分

21.关于胰的描述,正确的是

　　A.是人体内最大的腺体　　　　　　　　B.胰头在胃底后方

　　C.胰体上缘有胰管向右走行　　　　　　D.胰尾在脾的后方

　　E.横卧于腹后壁,平第1、2腰椎

22.复层扁平上皮分布于

　　A.胃　　　　　　　　　　　　　　　　B.小肠

　　C.咽　　　　　　　　　　　　　　　　D.结肠

　　E.空肠

23.形成皱襞的是

　　A.上皮、固有层　　　　　　　　　　　B.黏膜下层

　　C.黏膜和部分黏膜下层　　　　　　　　D.黏膜下层和肌层

　　E.上皮和肌层

24.外膜为浆膜的是

　　A.咽　　　　　　　　　　　　　　　　B.食管

　　C.直肠下部　　　　　　　　　　　　　D.胃

　　E.肛管

25. 分泌溶菌酶的细胞是
    A. 帕内特细胞
    B. 主细胞
    C. 杯状细胞
    D. 颈黏液细胞
    E. 壁细胞

26. 分泌盐酸的细胞是
    A. 贲门腺细胞
    B. 帕内特细胞
    C. 主细胞
    D. 杯状细胞
    E. 壁细胞

27. 胰岛内分泌胰岛素的细胞是
    A. A 细胞
    B. B 细胞
    C. C 细胞
    D. D 细胞
    E. A 细胞和 D 细胞

28. 消化管壁分为
    A. 内膜、中膜、外膜
    B. 内膜、中膜、浆膜
    C. 内膜、中膜、纤维膜
    D. 内皮、肌层、纤维膜
    E. 黏膜、黏膜下层、肌层、外膜

29. 胃黏膜之所以能抵御胃液侵蚀,主要是因为
    A. 胃液中有消化酶
    B. 上皮细胞分泌酸性黏液,具有保护作用
    C. 杯状细胞分泌保护性黏液
    D. 微绒毛屏障
    E. 表面存在黏液屏障

30. 消化管壁的神经丛可位于
    A. 上皮层
    B. 黏膜下层
    C. 固有层
    D. 黏膜肌层
    E. 外膜

31. 盐酸的主要作用是
    A. 促进内因子吸收
    B. 稀释毒物
    C. 消化脂肪
    D. 激活胃蛋白酶原
    E. 消化淀粉

32. 壁细胞主要分布于
    A. 胃底腺底部
    B. 胃底腺的底部和颈部
    C. 胃底腺的底部和体部
    D. 胃底腺的颈部和体部
    E. 胃底腺的颈部

33. 关于小肠环行皱襞构成的描述,正确的是
    A. 上皮和固有层向肠腔内突起形成
    B. 上皮、固有层和黏膜肌层向肠腔内突起形成
    C. 黏膜、黏膜下层和肌层共同向肠腔内突起形成

D.黏膜和部分黏膜下层共同向肠腔内突起形成

E.黏膜和肌层共同向肠腔内突起形成

34.关于小肠绒毛的描述,正确的是

A.由单层柱状上皮组成

B.由单层柱状上皮和固有层向肠腔突起形成

C.由黏膜和黏膜下层向肠腔突起形成

D.由黏膜下层向肠腔突起形成

E.与水电解质转运相关

35.组成小肠腺的主要细胞有

A.吸收细胞、扁平细胞、帕内特细胞　　B.吸收细胞、帕内特细胞、壁细胞

C.吸收细胞、壁细胞、主细胞　　　　　D.吸收细胞、主细胞、颈黏液细胞

E.吸收细胞、杯状细胞、帕内特细胞

36.存在于消化管固有层内的腺体有

A.食管腺、贲门腺和胃底腺　　　　　　B.食管腺、幽门腺和胃底腺

C.贲门腺、胃底腺和十二指肠腺　　　　D.贲门腺、幽门腺、胃底腺和肠腺

E.食管腺和十二指肠腺

【A₂型题】

1.关于口腔的描述,**错误**的是

A.是消化管起始部,借口裂与外界相通

B.可分为口腔前庭和固有口腔两部

C.上壁为腭

D.下壁为舌及封闭口腔底的软组织

E.牙关紧闭时口腔前庭与固有口腔不相通

2.关于口腔境界的描述,**错误**的是

A.顶全为硬腭　　　　　　　　　　　　B.两侧为颊

C.下为口腔底　　　　　　　　　　　　D.前为上、下唇

E.后界为咽峡

3.**不是**胰岛细胞分泌产物的是

A.生长抑素　　　　　　　　　　　　　B.胰高血糖素

C.胰岛素　　　　　　　　　　　　　　D.胰多肽

E.胰蛋白酶

4.关于舌的描述,**错误**的是

A.颏舌肌两侧收缩时,伸舌向前下

B.丝状乳头的黏膜上皮中有味蕾

C.舌根部黏膜内有舌扁桃体

D.舌下面中线上有舌系带,其两侧有舌下阜

E.舌下襞深面有舌下腺

5.关于肝小叶的描述,**错误**的是

A. 单层肝细胞排列成肝板

B. 胆小管位于肝板和血窦之间

C. 肝板以中央静脉为中心呈放射状排列

D. 相邻肝板之间为肝血窦

E. 肝细胞有3种不同的邻接面

6. 关于舌黏膜的描述, **错误**的是

A. 被覆于舌的上、下面

B. 舌黏膜正常呈淡红色

C. 舌根部黏膜内有舌扁桃体

D. 舌体黏膜上有舌乳头司味觉, 由舌神经管理

E. 舌下黏膜在中线上形成舌系带

7. **不属于**消化腺的是

A. 肝 B. 舌下腺

C. 胰 D. 甲状腺

E. 腮腺

8. 肝门管区**不存在**

A. 结缔组织 B. 小叶间胆管

C. 小叶下静脉 D. 小叶间静脉

E. 小叶间动脉

9. 关于食管的描述, **错误**的是

A. 全长约25cm B. 上端续咽, 下端于第11胸椎处接贲门

C. 分为颈、胸、腹3部分 D. 有3个生理狭窄, 常处于闭合状态

E. 心底扩大不会压迫食管

10. 关于结肠的描述, **错误**的是

A. 分为升结肠、横结肠、降结肠和乙状结肠

B. 有结肠带、结肠袋、肠脂垂

C. 属于腹膜内位器官

D. 由肠系膜上、下动脉供血

E. 迷走神经分布至结肠左曲以上的消化管

11. 关于齿状线的描述, **错误**的是

A. 是肛柱下缘锯齿状环行线 B. 是肛门内、外括约肌的分界线

C. 齿状线以下部分来源于外胚层 D. 齿状线以上部分来源于内胚层

E. 齿状线以下部分由躯体神经支配

12. 关于肝外胆道的描述, **错误**的是

A. 肝左、右管合成肝总管 B. 胆囊管与肝总管合成胆总管

C. 胆总管与副胰管汇合 D. 胆总管末端与胰管汇合成肝胰壶腹

E. 胆囊管内有螺旋襞

13. 关于胰的描述, **错误**的是

A. 是人体内大消化腺之一
B. 分头、颈、体、尾3部分
C. 可分泌胰液和胰岛素
D. 胰液和胰岛素经胰管入十二指肠降部
E. 位于腹后壁,平第1、2腰椎

14. 关于胆囊的描述,**错误**的是

A. 位于肝右叶下面的胆囊窝内
B. 是腹膜间位器官
C. 能贮存并浓缩胆汁
D. 分为底、体、颈、管4部分
E. 胆囊管与胆总管汇合成肝总管

15. 关于胆总管的描述,**错误**的是

A. 由胆囊管与肝总管合成

B. 经十二指肠上部后方下行

C. 开口于十二指肠大乳头

D. 在肝十二指肠韧带内,位于肝固有动脉的左侧

E. 下端与胰管汇合形成肝胰壶腹

16. 消化管壁分4层,**不包括**

A. 黏膜
B. 黏膜下层
C. 黏膜肌层
D. 外膜
E. 肌层

17. 关于胃黏膜的描述,**错误**的是

A. 为单层柱状上皮
B. 含少量杯状细胞
C. 细胞顶部含大量黏原颗粒
D. HE染色标本中着色较
E. 上皮细胞可分泌黏液

18. 关于胃酶细胞结构特点的描述,**错误**的是

A. 细胞呈柱状
B. 细胞质嗜酸性
C. 细胞质内含丰富的粗面内质网
D. 细胞质内含发达的高尔基复合体
E. 分泌胃蛋白酶原

19. 黏膜上皮内**不含有**杯状细胞的器官是

A. 胃
B. 空肠
C. 回肠
D. 结肠
E. 十二指肠

20. 与扩大小肠表面积**无关**的结构是

A. 肠绒毛
B. 微绒毛
C. 小肠腺
D. 吸收细胞
E. 环行皱襞

21. 关于胰外分泌部的描述,**错误**的是

A. 闰管长、纹状管短
B. 浆液性腺泡
C. 腺泡腔有泡心细胞
D. 腺泡无肌上皮细胞
E. 腺细胞顶部含嗜酸性的酶原颗粒

【A₃ 型题】

（1、2 题共用题干）

咽为前后略扁的漏斗状肌性管道，是消化管与呼吸道的共同通道，以软腭与会厌上缘为界，分为鼻咽、口咽和喉咽。

1. 关于咽交通关系的描述，**错误**的是
   A. 口咽经咽峡通口腔　　　　　　B. 喉咽经喉口通喉腔
   C. 鼻咽经鼻后孔通鼻腔　　　　　D. 经咽鼓管咽口通内耳
   E. 向下通食管

2. 关于咽的描述，正确的是
   A. 分为鼻咽和喉咽
   B. 咽壁肌层由平滑肌构成
   C. 喉咽兼有发音的功能
   D. 咽鼓管咽口位于咽鼓管圆枕的后方侧壁上
   E. 咽隐窝是鼻咽癌好发部位

（3~5 题共用题干）

肝呈不规则楔形，分为上、下 2 面，前、后、左、右 4 缘。肝的上面隆凸，与膈相邻。下面凹凸不平，与腹腔脏器相邻。脏面有一处近似 H 形的沟，即矢状位的左、右纵沟和冠状位的横沟。

3. 与肝的脏面**无关**的结构为
   A. 肝固有动脉　　　　　　　　　B. 肝圆韧带
   C. 下腔静脉　　　　　　　　　　D. 胆囊
   E. 镰状韧带

4. 关于肝形态和位置的描述，**错误**的是
   A. 呈不规则楔形　　　　　　　　B. 活体呈红褐色，质软而脆
   C. 膈面借冠状韧带分为右叶和左叶　D. 大部分位于右季肋区和腹上区
   E. 肝脏面的横沟为肝门

5. 关于肝的描述，**错误**的是
   A. 是人体最大的消化腺
   B. 具有合成和分泌胆汁的功能
   C. 脏面借 H 形沟分为肝右叶、肝左叶、方叶和尾状叶
   D. 正常情况下，剑突下 3cm 可触及肝的下缘
   E. 在右肋弓下缘一般可以触及肝

【问答题】

1. 简述大唾液腺的组成及其腺管的开口部位。
2. 简述咽的交通情况。
3. 食管有哪几处狭窄？各距中切牙距离如何？
4. 简述胃的形态和分部。
5. 阑尾切除术中如何寻找阑尾？

6. 简述肛管的形态结构特点。

7. 简述肝的位置。

8. 简述肝外胆道系统的组成。

9. 简述胆汁的产生及排出途径。

10. 简述胃底腺的位置、组成腺体的主要细胞以及各细胞的主要功能。

11. 扩大小肠吸收面积的结构有哪些？

12. 胰的内分泌部有哪些细胞？各细胞功能如何？

13. 简述肝小叶的结构。

四、参考答案

【概念题】

1. 临床上常把口腔至十二指肠的一段消化管称为上消化道。

2. 咽峡由腭垂、腭帆游离缘、左右腭舌弓及舌根共同围成，是口腔与咽的分界。

3. 十二指肠悬韧带（Treitz 韧带）由十二指肠悬肌和包裹其下段的腹膜皱襞构成，连于十二指肠空肠曲，是临床确认空肠起始的重要标志。

4. 麦氏点为阑尾根部的体表投影，在脐与右髂前上棘连线的中、外 1/3 交点处，急性阑尾炎时此处有明显的压痛和反跳痛。

5. 齿状线为肛柱下端与肛瓣连成的锯齿状环行线，是皮肤与黏膜的分界线。

6. 肝门即肝脏面中部 H 形沟的横沟，是肝固有动脉、肝门静脉和肝左、右管以及神经、淋巴管等出入的门户。

7. 肠绒毛为小肠黏膜上皮和固有层向肠腔突出形成的指状突起，扩大了小肠的吸收面积。

8. 肝小叶为多面棱柱体，是肝结构和功能的基本单位，由中央静脉、肝板、肝血窦、窦周隙及胆小管组成。

9. 窦周隙即肝血窦内皮细胞与肝细胞之间的窄小间隙，其内充满血浆，是肝细胞与血液之间进行物质交换的场所。

10. 胰岛为胰的内分泌部，散在于腺泡之间，由内分泌细胞组成球形细胞团，大小不等，多分布于胰尾，主要由 A 细胞、B 细胞和 D 细胞组成。

【A₁ 型题】

1. C	2. E	3. C	4. C	5. A	6. B	7. C	8. B
9. B	10. D	11. D	12. A	13. A	14. D	15. E	16. B
17. A	18. E	19. E	20. A	21. E	22. C	23. C	24. D
25. A	26. E	27. B	28. E	29. E	30. B	31. D	32. D
33. D	34. B	35. E	36. D				

【A₂ 型题】

1. E	2. A	3. E	4. B	5. B	6. D	7. D	8. C
9. E	10. C	11. B	12. C	13. D	14. E	15. D	16. C
17. B	18. B	19. A	20. C	21. A			

1. D　　2. E　　3. E　　4. C　　5. E

【问答题】

1. 大唾液腺包括腮腺、下颌下腺和舌下腺。腮腺管开口于平对上颌第二磨牙颊黏膜上的腮腺管乳头，下颌下腺借导管开口于舌下阜，舌下腺大管开口于舌下阜，舌下腺小管开口于舌下襞表面。

2. 咽分为鼻咽、口咽和喉咽3部分。鼻咽借鼻后孔与鼻腔相通，借咽鼓管与中耳鼓室相通；口咽借咽峡与口腔相通；喉咽借喉口与喉腔相通，向下与食管相续。

3. 食管有3处生理性狭窄，第1狭窄在食管的起始处，距中切牙15cm；第2狭窄在食管与左主支气管交叉处，距中切牙25cm；第3狭窄在食管通过膈肌的食管裂孔处，距中切牙40cm。3个狭窄处是异物容易滞留及食管癌的好发部位。

4. 按形态胃有前、后两壁，入、出两口和上、下两缘。胃的入口称为贲门，与食管相接；出口称幽门，下续十二指肠。上缘短而凹陷，朝向右上方，称胃小弯，最低处为角切迹；下缘长而凸，朝向左下方，称胃大弯。

胃分为贲门部、胃底、胃体和幽门部。位于贲门附近的部分称为贲门部，贲门平面以上、向左上方凸出的部分称为胃底，胃底与角切迹间的部分称为胃体，角切迹与幽门间的部分称为幽门部。幽门部包括左侧较膨大的幽门窦和右侧长管状的幽门管。幽门窦近胃小弯处是胃溃疡和胃癌好发的部位。

5. 阑尾常与盲肠一起位于右髂窝内，但位置变化较大。中国人阑尾的位置以回肠后位和盲肠后位多见。由于3条结肠带均在阑尾根部集中，故沿结肠带向下追踪，是手术中寻找阑尾的可靠方法。

6. 肛管上端在盆膈平面续于直肠，下端终于肛门，被肛门内、外括约肌所包绕，平时处于收缩状态，有控制排便的作用。肛管内有6~10条纵行的黏膜皱襞，称肛柱。各肛柱下端彼此借半月形黏膜皱襞相连。相邻两肛柱下端与肛瓣间围成的隐窝称肛窦，肛柱下端与各肛瓣边缘连成的锯齿状环行线称齿状线。齿状线以上为黏膜，以下为皮肤。

7. 肝大部分位于右季肋区和腹上区，小部分位于左季肋区。肝前面大部分被肋所覆盖，仅在腹上部左、右肋弓间的部分直接与腹前壁接触。肝上界与膈穹窿一致。肝的下界，右侧大致与右肋弓一致，故成人在右肋弓下不能触及肝，但在剑突下方约3cm处可触及。幼儿的肝下界位置较低，7岁前可低于肋弓下缘1~2cm。

8. 肝外胆道系统包括胆囊、肝左管、肝右管、肝总管和胆总管。胆总管由肝总管和胆囊管汇合而成，在肝十二指肠韧带内下行至胰头的后方，在十二指肠降部近内侧壁处与胰管汇合，形成肝胰壶腹，开口于十二指肠大乳头。

9. 胆汁由肝细胞产生后，经过胆小管、小叶间胆管、肝左管、肝右管、肝总管、胆囊管进入胆囊（贮存和浓缩）。进食后，尤其是进高脂肪食物后，在神经体液因素调节下，胆囊收缩，肝胰壶腹括约肌舒张，使胆汁自胆囊、胆囊管、胆总管、肝胰壶腹、十二指肠大乳头进入十二指肠腔内。

10. 胃底腺又称为泌酸腺，位于胃底部和胃体，是分泌胃液的主要腺体。组成腺体的细胞主要有主细胞、壁细胞和颈黏液细胞。主细胞分泌胃蛋白酶原，经盐酸作用后，激活成胃蛋白酶,可初步消化蛋白质。壁细胞可合成和分泌盐酸,具有激活胃蛋白酶原和杀菌的作用;壁细胞还分泌内因子,与维生素 B_{12} 结合成复合物,使维生素 B_{12} 免受破坏,促进回肠吸收维生素 B_{12}。颈黏液细胞分泌稀薄的可溶性酸性黏液,保护胃黏膜。

11. 小肠的黏膜和黏膜下层向肠腔突出,形成许多环行皱襞,黏膜上皮和固有层向肠腔内突出形成指状的肠绒毛,黏膜上皮细胞游离面有发达的微绒毛。皱襞、肠绒毛和微绒毛3种结构,使小肠的吸收面积增加了 600~750 倍。

12. 胰的内分泌部即胰岛,用特殊染色法染色,可见胰岛主要由 3 种细胞构成。①A细胞,分泌胰高血糖素,使血糖升高;②B 细胞,分泌胰岛素,使血糖降低;③D 细胞,分泌生长抑素,可抑制 A 细胞和 B 细胞的分泌活动。

13. 肝小叶为多面棱柱体,是肝结构和功能的基本单位,由中央静脉、肝板、胆小管、肝血窦及窦周隙组成。①中央静脉,位于肝小叶中央,接受肝血窦的血液。②肝板,是由单行肝细胞排列而成的板状结构,因切面上呈条索状,又称为肝索,以中央静脉为中心向四周呈放射状排列。③胆小管,是位于相邻肝细胞之间由细胞膜局部凹陷形成的微细管道,互相吻合成网。肝细胞分泌的胆汁直接进入胆小管,胆小管出肝小叶后汇合成小叶间胆管。④肝血窦,是位于相邻肝板间的不规则腔隙,其内的血液来自肝固有动脉和肝门静脉,经肝血窦由小叶周边汇入中央静脉。窦腔内有一种形状不规则的细胞,称肝巨噬细胞(库普弗细胞),有较强的吞噬功能。⑤窦周隙,又称 Disse 间隙,是血窦内皮细胞与肝细胞之间的狭小间隙。间隙内充满由肝血窦进入的血浆,故窦周隙是细胞与血液之间进行物质交换的场所;窦周隙内还有少量网状纤维和形态不规则的贮脂细胞。

(张爱清)

第九章 | 呼吸系统

一、实验指导

实验一 呼吸系统的大体结构

【实验目的】

1. 掌握呼吸系统的组成；鼻腔的分部及其形态结构；鼻旁窦的位置、开口及其形态特点；喉的位置、主要体表标志、喉腔的形态结构及分部；气管的位置和结构特点、左右主支气管的形态差别；肺的位置、形态和分叶；肺根的构成。

2. 熟悉胸膜和胸膜腔的概念；胸膜的分部及肋膈隐窝的位置；纵隔的概念和分区。

3. 了解呼吸系统的基本功能。

【实验内容与方法】

1. 在半身人体模型、头部正中矢状切面标本上，观察呼吸系统的组成，鼻腔的形态和分部，各鼻甲、鼻道、鼻旁窦及其开口。

2. 在喉标本和模型上，观察喉的位置与毗邻、喉软骨、喉的连结、喉肌及喉腔的形态、分部。注意在活体上触摸喉结、环状软骨弓等标志。

3. 在呼吸系统整体标本上，观察气管的行程和分部，左、右主支气管的形态差异；观察肺的位置、注意观察肺尖的位置及其毗邻。在离体标本上观察肺的形态、肺裂和分叶，比较左、右肺在形态上的异同点。

4. 在尸体上将胸前壁翻开，可看到薄层浆膜覆盖胸壁内面，称为壁胸膜，用镊子夹起紧贴于肺表面光滑的脏胸膜，它与壁胸膜间的间隙就是胸膜腔。观察胸膜的分部，用手从肋胸膜切口伸入，用手指轻轻顶向颈根部探查胸膜顶，注意其位置和毗邻，理解其临床意义。探查壁胸膜的其他部分及胸膜隐窝的范围。

5. 在纵隔标本和模型上，确认纵隔的构成、边界、分部及器官组成。

【思考题】

1. 鼻旁窦有几对？各开口于何处？上颌窦有何特点？

2. 左、右主支气管有何形态差异？气管异物容易坠入哪侧主支气管？

3. 左、右肺从形态上如何区别？

4. 壁胸膜分哪几部分？肋膈隐窝是如何形成的？有何临床意义？

实验二　呼吸系统的微细结构

【实验目的】

1. 掌握肺的光镜结构。
2. 了解气管的光镜结构。

【实验内容与方法】

1. 气管

材料：气管。

染色：HE 染色。

肉眼观察：标本为气管的横切面，呈环状；腔内面染蓝紫色的部位为黏膜层，外侧为外膜，主要由 C 形染蓝色的透明软骨组成。

低倍观察：管壁由内向外依次分为黏膜、黏膜下层和外膜。

高倍观察：

(1) 黏膜：上皮为假复层纤毛柱状上皮，基膜明显；固有层为结缔组织，富含大量纵行的弹性纤维、小血管、腺导管、淋巴细胞和浆细胞。

(2) 黏膜下层：为疏松结缔组织，内有浆液性腺泡和黏液性腺泡组成的混合腺（气管腺）。

(3) 外膜：较厚，主要由 C 形透明软骨构成，缺口处可看到平滑肌束及混合腺。

2. 肺

材料：肺。

染色：HE 染色。

肉眼观察：标本呈蜂窝状，网眼中有大小不等的管道断面。

低倍观察：肺组织主要由许多大小不等、形态不规则的管腔及空泡组成，为支气管树的各级分支及伴行的小动脉和小静脉，依次观察导气部和呼吸部。

(1) 导气部：①小支气管，管腔最大，管壁最厚。上皮为假复层纤毛柱状上皮，杯状细胞较少；黏膜下层腺体较少；外膜软骨呈片状。②细支气管，管腔较小，壁较薄；杯状细胞、混合腺及软骨片明显减少乃至消失，外周环行平滑肌束相对增多。③终末细支气管，管腔更小，壁更薄，黏膜常呈现许多皱襞；无杯状细胞、腺体和软骨片，但平滑肌增多，形成完整环行平滑肌层。

(2) 呼吸部：①呼吸性细支气管，管壁薄，由于有肺泡开口，故管腔不完整，管壁内衬有单层柱状或立方上皮，上皮深面结缔组织中可见薄层平滑肌环绕。②肺泡管，管壁上有许多肺泡的开口，故其自身管壁结构很少，只存在于相邻肺泡开口之间，此处呈结节状膨大，膨大表面覆有单层立方或扁平上皮，上皮下有少量结缔组织和平滑肌纤维。③肺泡囊，为数个肺泡共同开口的囊状腔隙。相邻肺泡开口之间无平滑肌，故无结节状膨大。④肺泡，切片中所见到的囊状结构均为肺泡；大小不等、形状不规则、壁很薄；相邻肺泡之间的结缔组织为肺泡隔。

高倍观察：重点观察肺泡的结构。肺泡为半球形小囊，可开口于呼吸性细支气管、肺泡管和肺泡囊。肺泡上皮由Ⅰ型肺泡细胞和Ⅱ型肺泡细胞组成，常不易区分，偶尔在肺泡壁上可见较大的立方细胞突向肺泡腔，为Ⅱ型肺泡细胞。肺泡隔内有丰富的毛细血管。在肺泡隔或肺泡内可见较大而形状不规则的肺巨噬细胞，胞质内有吞噬的黑色颗粒（即尘细胞）。

【思考题】

1. 简述肺导气部的结构变化特点。光镜下如何辨认各段管道？
2. 简述肺呼吸部各段在光镜下的结构特点。

二、学习指导

鼻
- 外鼻：分鼻根、鼻背和鼻尖，鼻尖两侧为鼻翼
- 鼻腔
  - 鼻前庭：生有鼻毛，可滤过空气和阻挡异物
  - 固有鼻腔：外侧壁有3个鼻甲、3个鼻道和蝶筛隐窝，黏膜分为呼吸区和嗅区
- 鼻旁窦
  - 额窦：开口于中鼻道
  - 上颌窦：开口于中鼻道，窦底低于开口
  - 蝶窦：开口于蝶筛隐窝
  - 筛窦：前、中群开口于中鼻道，后群开口于上鼻道

喉
- 位置：颈前部中份，第3~6颈椎前方，女性和小儿较高
- 构造
  - 喉软骨：甲状软骨、环状软骨、会厌软骨和杓状软骨（成对）
  - 喉的连结：环杓关节、环甲关节、弹性圆锥和甲状舌骨膜
  - 喉肌：调节声带的紧张程度和声门裂的大小，以控制发音
- 喉腔
  - 结构
    - 1对前庭襞：前庭裂
    - 1对声襞：声门裂，声门裂是喉腔最狭窄的部位
  - 分部
    - 喉前庭：喉口至前庭襞之间的部分
    - 喉中间腔：前庭襞至声襞间的部分，两侧有喉室
    - 声门下腔：声襞以下的部分，炎症时易发生水肿

气管
- 位置：喉与气管杈之间，上平第6颈椎体下缘，下至胸骨角平面
- 分部
  - 气管颈部：较短，第2~4气管软骨环的前面有甲状腺峡横过
    - 气管切开术常在第3~5气管软骨环处进行
  - 气管胸部：较长，有气管杈、气管隆嵴

主支气管
- 左主支气管：细长，走行较水平
- 右主支气管：粗短，走向较陡直

肺
- 位置：胸腔内，纵隔两侧
- 形态
  - 形态
    - 1尖：钝圆，突至颈根部，高出锁骨内侧1/3段上方2~3cm
    - 1底：位于膈上方，与膈穹窿相一致
    - 2面：肋面、纵隔面（肺门）
    - 3缘：前、后、下缘
  - 肺裂：右肺-斜裂、水平裂；左肺-斜裂
  - 分叶：右肺宽短，分上、中、下3叶；左肺狭长，分上、下2叶
  - 肺门：纵隔面中间凹陷，内有支气管、血管、神经和淋巴等出入（肺根）

$$胸膜 \begin{cases} 分部 \begin{cases} 壁胸膜 \begin{cases} 肋胸膜：衬覆于胸壁内面的部分 \\ 膈胸膜：覆盖于膈上面的部分 \\ 纵隔胸膜：贴覆于纵隔两侧的部分 \\ 胸膜顶：包围肺尖的部分，高出锁骨内侧1/3上方2\sim3cm \end{cases} \\ 脏胸膜（肺胸膜）：被覆在肺的表面 \end{cases} \\ 胸膜腔：脏、壁胸膜共同围成，密闭、负压 \end{cases}$$

$$纵隔 \begin{cases} 概念：左、右纵隔胸膜之间全部器官、结构与结缔组织的总称 \\ 分部（以胸骨角平面）\begin{cases} 上纵隔 \\ 下纵隔（以心包为界）：前纵隔、中纵隔、后纵隔 \end{cases} \end{cases}$$

$$气管的微细结构 \begin{cases} 黏膜 \begin{cases} 上皮：假复层纤毛柱状上皮 \\ 固有层：由富含弹性纤维的结缔组织构成 \end{cases} \\ 黏膜下层：疏松结缔组织，含血管、淋巴管、神经和混合性气管腺 \\ 外膜：由疏松结缔组织、C形透明软骨和平滑肌纤维构成 \end{cases}$$

$$肺的微细结构 \begin{cases} 导气部 \\ （传导气体）\begin{cases} 组成：叶支气管、段支气管、小支气管、细支气管和终末细支气管 \\ 特点 \begin{cases} 黏膜渐变薄，杯状细胞、腺体减少至消失 \\ 黏膜下层腺体渐减少，最后消失 \\ 软骨变为软骨碎片、减少至消失；平滑肌增多形成环形肌层 \end{cases} \end{cases} \\ 呼吸部 \\ （气体交换）\begin{cases} 呼吸性细支气管：管壁不完整，连有少量肺泡 \\ 肺泡管：管壁上有许多肺泡的开口 \\ 肺泡囊：为数个肺泡共同开口的囊状腔隙 \\ 肺泡 \begin{cases} 为半球形薄壁囊泡，由肺泡上皮和基膜构成 \\ 肺泡上皮 \begin{cases} Ⅰ型肺泡细胞：覆盖95\%表面积，负责气体交换 \\ Ⅱ型肺泡细胞：覆盖5\%表面积，可分泌肺泡表面 \\ \qquad\qquad\qquad 活性物质 \end{cases} \\ 气-血屏障：肺泡与血液间气体分子交换所通过的结构 \end{cases} \end{cases} \end{cases}$$

三、练习题

【概念题】

1. 上呼吸道

2. 易出血区（Little 区）

3. 鼻旁窦

4. 声门裂

5. 肺根

6. 胸膜腔

7. 肋膈隐窝

8. 纵隔

9. 肺小叶

10. 尘细胞

【A₁型题】

1. 上呼吸道是指
   - A. 喉至支气管
   - B. 鼻至主支气管
   - C. 鼻至支气管
   - D. 鼻、咽和喉
   - E. 鼻和咽

2. Little 区位于
   - A. 鼻中隔前下部
   - B. 鼻中隔后下部
   - C. 鼻中隔后上部
   - D. 上鼻甲
   - E. 鼻腔顶部

3. 站立时窦腔内分泌物最难流出的鼻旁窦是
   - A. 额窦
   - B. 筛窦
   - C. 蝶窦
   - D. 上颌窦
   - E. 以上均不是

4. 喉
   - A. 位于颅底与第6颈椎之间
   - B. 既是呼吸通道，又是发音器官
   - C. 喉软骨均不成对
   - D. 可分为喉前庭和固有喉腔两部
   - E. 甲状软骨上角的上端称喉结

5. 喉软骨中唯一完整的软骨环是
   - A. 甲状软骨
   - B. 杓状软骨
   - C. 环状软骨
   - D. 会厌软骨
   - E. 第1气管软骨环

6. 吞咽时可阻止异物进入喉腔的软骨是
   - A. 甲状软骨
   - B. 环状软骨
   - C. 会厌软骨
   - D. 杓状软骨
   - E. 小角软骨

7. 喉腔最狭窄的部位是
   - A. 喉前庭
   - B. 前庭裂
   - C. 喉口
   - D. 声门裂
   - E. 喉室

8. 婴幼儿急性喉炎最易发生水肿的部位是
   - A. 喉前庭
   - B. 喉中间腔
   - C. 声门下腔
   - D. 前庭裂
   - E. 喉口

9. 气管和主支气管
   - A. 气管位于食管后方

B. 气管在胸骨角平面分为左、右主支气管

C. 气管和支气管软骨环均呈 O 形

D. 左主支气管比右主支气管粗短

E. 右主支气管斜行

10. 气管切开术常在哪个部位进行

A. 第 1~4 气管软骨环处   B. 第 2~3 气管软骨环处

C. 第 3~5 气管软骨环处   D. 第 5~7 气管软骨环处

E. 气管颈段的任何部位

11. 分泌表面活性物质的细胞是

A. Ⅰ型肺泡细胞   B. Ⅱ型肺泡细胞

C. 尘细胞   D. 刷细胞

E. 杯状细胞

12. 肺

A. 肺位于胸膜腔内,纵隔两侧

B. 右肺较左肺宽而短

C. 深吸气时,肺下缘可伸入到肋膈隐窝内

D. 肺内侧面的上部有一处凹陷的肺门

E. 肺的前缘圆钝

13. 右肺

A. 分上、中、下 3 叶   B. 最高处不超过胸廓上口

C. 前缘有肺小舌   D. 比左肺狭长

E. 前缘有心切迹

14. 肺导气部起于肺叶支气管,终止于

A. 段支气管   B. 小支气管

C. 细支气管   D. 终末细支气管

E. 呼吸细支气管

15. 肺的呼吸部包括

A. 肺泡

B. 肺泡囊、肺泡

C. 肺泡管、肺泡囊、肺泡

D. 呼吸性细支气管、肺泡管、肺泡囊、肺泡

E. 以上都不是

16. 肺的结构单位是

A. 肺泡   B. 肺小叶

C. 肺叶   D. 肺呼吸部

E. 以上都不是

17. 胸膜腔

A. 由脏胸膜围成   B. 由壁胸膜围成

C. 左、右肺分别位于左、右胸膜腔内　　　　D. 左、右胸膜腔互不相通

E. 呼气时，腔内压力高于大气压

18. 胸膜顶的位置

A. 高于锁骨内 1/3 段上方 2~3cm　　　　B. 高于锁骨中点上方 2~3cm

C. 高于锁骨中 1/3 段上方 2~3cm　　　　D. 高于锁骨外 1/3 段上方 2~3cm

E. 高于第 1 肋上方 2~3cm

19. 关于呼吸系统的描述，正确的是

A. 呼吸系统的功能仅是进行气体交换　　　　B. 呼吸系统由呼吸道和肺组成

C. 鼻、咽、喉、气管属于上呼吸道　　　　D. 肺由肺泡组成

E. 主支气管以其在肺内的分支称下呼吸道

20. 气管镜检查时的重要标志是

A. 气管杈　　　　B. 气管隆嵴

C. 左主支气管　　　　D. 右主支气管

E. 声门裂

21. 关于气管壁组织结构的描述，正确的是

A. 由黏膜、肌层和外膜 3 层组成　　　　B. 黏膜分上皮、固有层和黏膜肌 3 层

C. 上皮为假复层纤毛柱状上皮　　　　D. 肌层内有少量骨骼肌

E. 外膜主要是致密结缔组织

22. 肺下界在锁骨中线相交于

A. 第 5 肋　　　　B. 第 6 肋

C. 第 7 肋　　　　D. 第 8 肋

E. 第 9 肋

23. 一个肺小叶的组成是

A. 细支气管与其下属分支和肺泡　　　　B. 终末细支气管与其下属分支和肺泡

C. 呼吸细支气管与其下属分支和肺泡　　　　D. 肺泡管与其下属分支和肺泡

E. 以上均不对

24. Ⅰ型肺泡细胞是

A. 肺泡上皮的次要细胞　　　　B. 数量较多

C. 进行气体交换的部位　　　　D. 增殖能力较强

E. 细胞多呈球形

25. 尘细胞是

A. 功能活跃的成纤维细胞　　　　B. 功能活跃的淋巴细胞

C. 吞噬细菌的中性粒细胞　　　　D. 吞噬红细胞的中性粒细胞

E. 吞噬大量尘粒的巨噬细胞

【A₂ 型题】

1. 关于鼻腔的描述，错误的是

A. 鼻腔被鼻中隔分为左、右两部分　　　　B. 每侧鼻腔又分鼻前庭和固有鼻腔两部

C. 鼻中隔的前下部有一处易出血区　　　　D. 鼻黏膜均含嗅细胞

E. 下鼻道前部有鼻泪管的开口

2. 鼻腔外侧壁的结构**不包括**

    A. 上鼻甲
    B. 蝶筛隐窝
    C. 中鼻甲
    D. 筛骨垂直板
    E. 下鼻甲

3. 鼻旁窦**不包括**

    A. 上颌窦
    B. 额窦
    C. 乳突窦
    D. 筛窦
    E. 蝶窦

4. 关于Ⅱ型肺泡细胞的描述,**错误**的是

    A. Ⅱ型肺泡细胞游离面有微绒毛
    B. Ⅱ型肺泡细胞内有嗜锇板层小体
    C. Ⅱ型肺泡细胞呈多边形
    D. Ⅱ型肺泡细胞内富含粗面内质网
    E. Ⅱ型肺泡细胞有增殖能力,对肺泡有修复作用

5. **不开口**于中鼻道的鼻旁窦是

    A. 后筛窦
    B. 中筛窦
    C. 前筛窦
    D. 上颌窦
    E. 额窦

6. 肺根内的结构**不包括**

    A. 主支气管
    B. 肺动脉
    C. 肺静脉
    D. 肺韧带
    E. 支气管动、静脉

7. 关于肺外形的描述,**错误**的是

    A. 右肺较宽短
    B. 左肺较狭长
    C. 分1尖1底(膈面)
    D. 有肋面和内侧面(纵隔面)
    E. 肺尖高度与锁骨一致

8. 关于肺的描述,**错误**的是

    A. 右肺较宽短,左肺较狭长
    B. 右肺的体积和重量均大于左肺
    C. 肺尖高出锁骨内侧1/3上方2~3cm
    D. 肺的表面包被脏胸膜
    E. 右肺心切迹下方有右肺小舌

9. 关于胸膜腔的描述,**错误**的是

    A. 由脏、壁两层胸膜围成
    B. 左右各一
    C. 左右相通
    D. 腔内呈负压
    E. 肋膈隐窝是其最低处

10. 关于肺泡上皮的描述,**错误**的是

    A. Ⅰ型肺泡细胞扁平形
    B. Ⅱ型肺泡细胞有嗜锇性板层小体
    C. Ⅰ型肺泡细胞数量多
    D. Ⅱ型肺泡细胞体积较小,数量多
    E. Ⅱ型肺泡细胞呈立方形或圆形

11. 关于终末细支气管结构的描述,**错误**的是

A. 上皮为单层柱状　　　　　　　　B. 上皮无杯状细胞

C. 腺体和软骨消失　　　　　　　　D. 平滑肌呈明显环行

E. 偶见肺泡开口

12. 肺呼吸部**不包括**

A. 终末细支气管　　　　　　　　　B. 呼吸性细支气管

C. 肺泡管　　　　　　　　　　　　D. 肺泡囊

E. 肺泡

13. 关于肺泡的描述，**错误**的是

A. 是进行气体交换的部位

B. 上皮为复层上皮

C. Ⅰ型肺泡细胞是肺泡上皮的主要细胞

D. Ⅰ型肺泡细胞无增殖能力

E. Ⅱ型肺泡细胞散在突起于Ⅰ型肺泡细胞之间

14. 肺泡隔中**不含有**

A. 丰富的毛细血管网　　　　　　　B. 弹性纤维、成纤维细胞

C. 肺巨噬细胞　　　　　　　　　　D. 嗜酸性粒细胞

E. 肥大细胞

【A₃ 型题】

（1、2题共用题干）

喉腔借前庭襞和声襞分为喉前庭、喉中间腔和声门下腔3部分。

1. 关于喉腔的描述，正确的是

A. 上经喉口与口咽相连通　　　　　B. 上皮与咽的上皮不连续

C. 前庭裂为喉腔最狭窄的部分　　　D. 声门裂以上的部分称喉前庭

E. 声襞及杓状软骨底之间的裂隙称声门裂

2. 关于喉中间腔的描述，正确的是

A. 又称为喉室　　　　　　　　　　B. 指声门裂以下的部分

C. 前庭裂与声门下腔为分界线　　　D. 是喉腔中容积最小的部分

E. 黏膜下组织比较疏松，炎症时易引起水肿

（3、4题共用题干）

肺的表面覆以浆膜，肺组织分实质和间质两部分，实质又分为导气部和呼吸部。

3. 肺实质是指

A. 小支气管的各级分支及肺泡　　　B. 细支气管的各级分支及肺泡

C. 肺内支气管的各级分支及肺泡　　D. 终末细支气管的各级分支及肺泡

E. 肺段支气管的各级分支及肺泡

4. 肺间质是指

A. 结缔组织　　　　　　　　　　　B. 血管和淋巴管

C. 结缔组织、血管和淋巴管　　　　D. 血管、淋巴管和神经

E. 结缔组织、血管、淋巴管和神经

（5~7题共用题干）

气管和主支气管是连接喉与肺之间的管道，以C形透明软骨环为支架，管壁一般分为黏膜、黏膜下层和外膜3层结构。

5.气管

  A.上端平第6颈椎上缘   B.在颈静脉切迹处分左、右主支气管

  C.气管隆嵴常略偏向右侧   D.颈部较细，位置表浅

  E.后方贴近食管

6.为何异物坠入时，多进入右侧

  A.右主支气管细而短   B.右主支气管粗而短

  C.右主支气管细而长   D.右主支气管粗而长

  E.右主支气管较倾斜

7.关于气管微细结构的描述，正确的是

  A.黏膜由上皮和固有层组成

  B.黏膜下层中有较多的弹性纤维

  C.外膜内无平滑肌纤维

  D.外膜较薄，由疏松结缔组织和透明软骨构成

  E.气管软骨环之间有平滑肌相连

（8、9题共用题干）

胸膜为被覆于胸腔内面和肺表面的浆膜，可分为脏、壁两层，脏、壁两层胸膜在肺根部互相移行，围成2个完全封闭的胸膜腔，每侧胸膜壁层互相移行之处，留有一个潜在间隙，称胸膜隐窝。

8.**不属于**壁胸膜的是

  A.胸膜顶   B.纵隔胸膜

  C.肺胸膜   D.肋胸膜

  E.膈胸膜

9.胸膜下界在腋中线相交于

  A.第6肋   B.第8肋

  C.第10肋   D.第11肋

  E.第12肋

【问答题】

1.简述鼻旁窦的位置和开口部位。

2.简述喉的位置和喉腔的分部。

3.何谓弹性圆锥？简述环甲正中韧带的位置及其临床意义。

4.简述气管的位置及分部。气管异物易坠入哪侧主支气管？

5.简述肺的位置、形态及分叶。

6.壁胸膜分哪几部分？肋膈隐窝是如何形成的？有何临床意义？

7.简述肺下界及胸膜下界的体表投影。

8.简述纵隔及其分部。

9. 表面活性物质是怎样形成的？在呼吸过程中怎样稳定肺泡大小？

10. 简述气 - 血屏障的结构。

四、参考答案

【概念题】

1. 临床上将鼻、咽、喉称上呼吸道。

2. 易出血区（Little 区）位于鼻中隔的前下份，此处血管丰富而表浅，是鼻出血好发部位。

3. 鼻旁窦由骨性鼻旁窦衬以黏膜而成，有额窦、筛窦、上颌窦、蝶窦 4 对。

4. 声门裂是位于两侧声襞及杓状软骨声带突之间的裂隙，是喉腔最狭窄的部位。

5. 主支气管、肺动脉、肺静脉、淋巴管和神经等进出肺门的结构被结缔组织包绕，构成肺根。

6. 脏、壁胸膜在肺根处相互移行，共同围成完全密闭的潜在性腔隙，称胸膜腔，腔内为负压，含少量浆液，左右各一，互不相通。

7. 肋膈隐窝是由肋胸膜与膈胸膜反折形成的半环形间隙，左右各一，是胸膜腔的最低部位，胸腔积液首先积于此处。

8. 纵隔是左、右纵隔胸膜之间的全部器官、结构与结缔组织的总称。

9. 每条细支气管连同它的分支和肺泡，组成 1 个肺小叶，呈锥形，尖朝向肺门，底朝向肺的表面。

10. 吞噬大量尘粒后的肺巨噬细胞称尘细胞。

【A₁ 型题】

1. D	2. A	3. D	4. B	5. C	6. C	7. D	8. C
9. B	10. C	11. B	12. B	13. A	14. D	15. D	16. B
17. D	18. A	19. B	20. B	21. C	22. B	23. A	24. C
25. E							

【A₂ 型题】

1. D	2. D	3. C	4. C	5. A	6. D	7. E	8. E
9. C	10. C	11. F	12. A	13. B	14. D		

【A₃ 型题】

1. E	2. D	3. C	4. E	5. E	6. B	7. A	8. C
9. C							

【问答题】

1. 鼻旁窦共 4 对，额窦位于额骨内、眉弓深面，开口于中鼻道；上颌窦位于上颌骨体内，开口于中鼻道；筛窦位于筛骨迷路内，前、中群开口于中鼻道，后群开口于上鼻道；蝶窦位于蝶骨体内，开口于蝶筛隐窝。

2. 喉位于颈前部中份、第 3~6 颈椎之间，上借喉口通喉咽，向下与气管相续。喉腔借前庭襞和声襞自上而下分为喉前庭、喉中间腔和声门下腔 3 部分。喉前庭为喉口至前庭襞平面之间的部分；喉中间腔为前庭襞与声襞平面之间的部分，容积最小，向侧方突出的隐窝称喉室；声门下腔为自声襞平面至环状软骨下缘的部分，此处黏膜下组织比较疏松，炎症时易引起水肿。

3. 弹性圆锥自甲状软骨前角后面，呈扇形向下、向后附于环状软骨上缘和杓状软骨声带突。上缘游离，张于甲状软骨与声带突之间，称声韧带，是构成声带的基础。弹性圆锥的前份中部增厚，称环甲正中韧带。当急性喉阻塞时，可在此穿刺或切开，以建立暂时的通气道。

4. 气管位于食管的前方，上接环状软骨下缘（平第 6 颈椎下缘），下至胸骨角平面（第 4 胸椎下缘平面）分为左、右主支气管。按行程和位置，可将气管分为颈部和胸部。因右主支气管比左主支气管粗短，走向较陡直，气管隆嵴偏左，气管内异物易坠入右主支气管。

5. 肺位于胸腔内，纵隔的两侧。肺呈圆锥形，分为 1 尖、1 底、2 面和 3 缘。肺尖钝圆，经胸廓上口伸入颈根部，高出锁骨内侧 1/3 段上方 2~3cm。肺底在膈肌上方，呈半月形凹陷。肋面与肋和肋间隙相贴；纵隔面中部有椭圆形凹陷的肺门。肺前缘锐利，左肺下部有心切迹和左肺小舌，后缘在脊柱两侧的肺沟中，下缘位于肋面与肺底交界处，位置可随呼吸运动而变化。左肺被斜裂分为上、下叶；右肺被斜裂和水平裂分为上、中、下叶。

6. 壁胸膜可以根据分布位置分为胸膜顶、肋胸膜、膈胸膜和纵隔胸膜。肋膈隐窝由每侧肋胸膜与膈胸膜反折形成，位置较低。临床意义：由于肋膈隐窝是胸膜腔的最低处，故胸膜炎症的渗出液常积聚在此处，肋膈隐窝也是胸膜腔穿刺、引流的部位。

7. 肺下界和胸膜下界的体表投影

边界	锁骨中线	腋中线	肩胛线	后正中线
肺下界	第 6 肋	第 8 肋	第 10 肋	第 10 胸椎棘突
胸膜下界	第 8 肋	第 10 肋	第 11 肋	第 12 胸椎棘突

8. 纵隔是左、右纵隔胸膜之间的全部器官、结构与结缔组织的总称。以胸骨角至第 4 胸椎下缘的平面，将纵隔分为上纵隔和下纵隔，下纵隔再以心包前、后壁为界，分为前、中、后纵隔。

9. Ⅱ型肺泡细胞胞质内有较多电子密度高的分泌颗粒，称嗜锇性板层小体，主要成分有磷脂、蛋白质和糖胺多糖。颗粒内容物以胞吐的方式释放后，分布于肺泡上皮表面，称肺表面活性物质，参与构成肺泡表面液体层。表面活性物质有降低肺泡表面张力，防止肺泡塌陷及肺泡过度扩张，稳定肺泡大小的作用。某些早产儿的Ⅱ型肺泡细胞尚未发育完善，不能产生肺表面活性物质，出生后肺泡不能扩张，导致呼吸困难，甚至死亡。

10. 气 - 血屏障是指肺泡与血液间进行气体交换所通过的结构，由肺泡表面液体层、Ⅰ型肺泡细胞与基膜、薄层结缔组织、毛细血管基膜与内皮组成。

（代世嗣）

第十章 | 泌尿系统

一、实验指导

实验一　泌尿系统的大体结构

【实验目的】

1. 掌握泌尿系统的组成；肾的位置、形态、被膜和大体结构；输尿管的位置、分部及其狭窄的位置；膀胱三角的特点及临床意义。

2. 熟悉膀胱的形态、位置及与腹膜的关系；女性尿道的形态特点和开口部位。

3. 了解泌尿系统的基本功能。

【实验内容与方法】

1. 在显示腹后壁结构的标本或半身人体模型上，观察泌尿系统的组成、肾的位置及其与第 12 肋的关系、肾的外形、肾门和肾蒂内的结构（注意肾动脉、肾静脉和肾盂的排列关系）。在肾被膜标本上，从不同切面观察肾的 3 层被膜；输尿管行程、分部及 3 个狭窄的位置；膀胱位置及分部。

2. 观察肾、输尿管、膀胱（女性保留子宫、阴道、尿道，男性保留阴茎）的离体标本。冠状切开的肾标本或模型，肉眼可见肾皮质、髓质及肾窦中各结构（肾盏、肾盂）的形态；在打开膀胱壁的标本上观察膀胱三角（由左、右输尿管口与尿道内口围成）；女性尿道的开口部位。

3. 在男、女性盆腔矢状切模型和标本上，观察膀胱位置、分部和膀胱毗邻结构的性别差异及其与腹膜的关系。在女性盆腔矢状切模型和标本上观察女性尿道的特点和开口部位。

【思考题】

1. 简述肾蒂的构成及主要结构的排列关系。

2. 在肾的冠状切面上可观察到哪些重要结构？

3. 简述输尿管的生理性狭窄及其临床意义。

4. 膀胱与腹膜的关系如何？简述膀胱三角的特点及临床意义。

实验二　泌尿系统的微细结构

【实验目的】

1. 掌握肾的光镜结构。

2. 了解膀胱的光镜结构。

【实验内容与方法】

1. 肾

材料：肾。

染色：HE 染色。

肉眼观察：标本呈楔形，表层深红色的部分是肾皮质，深部染色略浅的部分为肾髓质。

低倍观察：由浅表向深部依次观察。

（1）被膜：为致密结缔组织，有的切片被膜不完整甚至完全脱落。

（2）皮质

1）皮质迷路：含圆球形的肾小体、近曲小管及远曲小管。

2）髓放线：位于皮质迷路之间，含一些纵切或斜切管状结构的部位，这些管状结构主要为近端小管直部和远端小管直部。

（3）髓质：位于皮质深部，染色较皮质淡，可见各种管状结构的断面，这些管状结构主要为近端小管直部、远端小管直部、细段和集合管。

高倍观察：

（1）皮质

1）皮质迷路

①肾小体：断面呈圆形，由血管球和肾小囊组成。偶见有入球、出球微动脉出入的血管极或与近曲小管相连的尿极。肾小囊包绕于血管球外，位于肾小体外周的单层扁平上皮为肾小囊壁层，肾小囊壁层内呈环形或月牙形的空隙即肾小囊腔，肾小体中央部分主要由肾小囊脏层（足细胞）和血管球组成。

②近曲小管：位于肾小体周围，数目较多，管径较粗，管腔小而不规则。上皮细胞呈单层立方或锥体形，细胞边界不清；核圆形，位于近基底部；胞质嗜酸性强，细胞基部有纵纹，细胞游离面有刷状缘（因制片关系往往不易看清）。

③远曲小管：也位于肾小体周围，与近曲小管比较断面少，管腔大；细胞较小，呈立方形，边界清楚，着色浅；核圆形，位于中央；无刷状缘，纵纹较明显。

④致密斑：远曲小管的管壁靠近肾小体血管极的一侧，上皮细胞变成高柱状，密集排列，核呈椭圆形，靠近游离面。

2）髓放线

①近端小管直部：结构与近曲小管相似，腔面呈不规则状，有时呈一窄缝。

②远端小管直部：结构与远曲小管相似，但管腔较小。

（2）髓质

1）细段：管腔很小，管壁很薄，由单层扁平上皮组成，胞核常突向管腔。注意与毛细血管相区别。

2）集合管：管腔较大，管壁上皮由单层立方渐变为高柱状，胞质染色浅而透明；细胞分界清楚。在近皮质的髓质处，可见近端小管直部与远端小管直部。

2. 膀胱

材料：膀胱（空虚态）。

染色：HE 染色。

肉眼观察：标本为弓形条状，凹面为腔面，表面为黏膜，呈蓝紫色。

低倍观察：从黏膜面开始观察，区分膀胱壁的 3 层结构。

（1）黏膜：由上皮和固有层组成。上皮为变移上皮，由多层细胞组成，固有层含较多弹性纤维。

（2）肌层：由平滑肌组成，分为内纵、中环、外纵 3 层，各层肌纤维相互交错，分界不清。

（3）外膜：为浆膜。

【思考题】

1. 简述肾小体的光镜结构。

2. 在光镜下如何区分近曲小管和远曲小管？

二、学习指导

肾
- 形态
  - 两端
    - 上端：宽而薄
    - 下端：窄而厚
  - 两面
    - 前面：较隆凸，朝向前外侧
    - 后面：较平坦，紧贴膈和腹后壁
  - 两缘
    - 外侧缘：隆凸
    - 内侧缘：中部凹陷称肾门，是肾动脉、肾静脉、肾盂等出入部位
- 位置：腹膜后方脊柱的两侧
  - 左肾：上端平T_{11}下缘，下端平第L_2椎间盘间
  - 右肾：上端平T_{12}上缘，下端平第L_3上缘
- 被膜
  - 内层为纤维囊：手术时须缝合
  - 中层为脂肪囊：可作药物肾囊封闭
  - 外层为肾筋膜：固定作用
- 结构
  - 肾皮质：位于浅层，深入髓质部分称肾柱
  - 肾髓质：位于深层，由肾锥体组成，肾乳头→肾小盏→肾大盏→肾盂

输尿管
- 位置：附于腹后壁，为腹膜外位器官
- 分段
  - 腹部：肾盂下端至小骨盆入口处
  - 盆部：小骨盆入口处至膀胱底
  - 壁内部：斜穿膀胱壁的部分
- 狭窄
  - 上狭窄：肾盂与输尿管移行处
  - 中狭窄：小骨盆上口，与髂血管交叉处
  - 下狭窄：穿膀胱壁处

膀胱
　形态：充盈时呈卵圆形，空虚时呈三棱锥体形
　分部：分为尖、底、体、颈4部分
　位置
　　成人的膀胱位于盆腔的前部
　　空虚时膀胱尖不超过耻骨联合上缘
　　充盈时膀胱尖高出耻骨联合上缘，膀胱前下壁直接与腹前壁相贴
　毗邻
　　前方：耻骨联合
　　后方：男性为精囊、输精管壶腹和直肠；女性为子宫和阴道
　　下方：男性邻接前列腺；女性邻接尿生殖膈
　内部结构：膀胱三角即膀胱底内面，两输尿管口与尿道内口之间的三角形区域，无论膀胱处于空虚或充盈时，黏膜均保持平滑状态，是肿瘤、结核和炎症的好发部位

尿道
　女性尿道：较男性尿道宽、短、直，仅有排尿功能，易出现逆行感染
　男性尿道：排尿兼排精功能

肾的微细结构
　肾单位
　　肾小体
　　　血管球
　　　　入球微动脉：血管极进入，短而粗
　　　　出球微动脉：血管极离开，细而长
　　　　有孔毛细血管
　　　肾小囊
　　　　壁层：由单层扁平上皮构成
　　　　脏层：由多突起的足细胞构成肾小囊腔（滤过屏障）
　　肾小管
　　　近端小管：长且粗，分为曲部和直部，是重吸收的重要场所
　　　细段：细，有利于水和电解质透过
　　　远端小管：较粗，分为曲部和直部，是离子交换的重要部位
　集合管：分弓形集合小管、直集合管和乳头管，开口于肾小盏
　球旁复合体
　　球旁细胞：能分泌肾素，使血压升高
　　致密斑：能感受远端小管滤液内钠离子浓度的变化
　　球外系膜细胞：在球旁复合体功能活动中传递信息
　肾的血液循环：与肾功能密切相关

膀胱微细结构
　黏膜：上皮为变移上皮，固有层含较多弹性纤维
　肌层：由内纵行、中环行和外纵行3层平滑肌组成
　外膜：除膀胱顶部为浆膜外，多为疏松结缔组织

三、练习题

【概念题】

1. 肾门

2. 肾蒂

3. 肾窦

4. 肾区

5. 肾单位

6. 滤过膜

7. 致密斑

【A₁ 型题】

1. 肾结构和功能的基本单位是

    A. 肾小体   B. 血管球

    C. 肾小管   D. 肾单位

    E. 集合管

2. 关于肾的描述，正确的是

    A. 肾皮质表面均覆盖有腹膜   B. 肾大盏包绕肾乳头

    C. 肾柱属于肾髓质的结构   D. 肾被膜的最外层为肾筋膜

    E. 肾盂的尿液流入肾大盏

3. 肾门约平

    A. 第 11 胸椎平面   B. 第 12 胸椎平面

    C. 第 1 腰椎平面   D. 第 2 腰椎平面

    E. 第 3 腰椎平面

4. 肾锥体属于

    A. 肾皮质   B. 肾小盏

    C. 肾大盏   D. 肾髓质

    E. 肾窦

5. 移行为输尿管的是

    A. 肾小盏   B. 肾大盏

    C. 肾盂   D. 肾小管

    E. 肾乳头

6. 输尿管的第 1 处狭窄位于

    A. 髂内动脉分叉处   B. 穿膀胱壁处

    C. 小骨盆入口处   D. 起始处

    E. 以上皆错

7. 肾的被膜自内向外依次是

    A. 纤维囊、肾筋膜、脂肪囊   B. 纤维囊、脂肪囊、肾筋膜

    C. 脂肪囊、纤维囊、肾筋膜   D. 肾筋膜、脂肪囊、纤维囊

    E. 肾筋膜、纤维囊、脂肪囊

8. 关于肾位置的描述，正确的是

    A. 右肾比左肾高   B. 两肾均与第 12 肋有交叉关系

    C. 肾门约平第 2 腰椎椎体   D. 体表投影相当于肾区内

    E. 儿童肾的位置高于成人

9. 肾区

    A. 为肾实质所围成的腔

    B. 为肾下端的体表投影

    C. 为竖脊肌外侧缘与第 12 肋所形成的夹角

    D. 约平第 2 腰椎椎体高度

    E. 以上皆错

10. 形成尿液的器官是

    A. 肾   B. 输尿管

    C. 膀胱   D. 尿道

    E. 以上皆错

11. 关于女性尿道的描述，正确的是

    A. 起于膀胱的输尿管口   B. 穿过尿生殖膈

    C. 尿道内口有环行的尿道阴道括约肌   D. 末端开口于阴道前庭后部

    E. 尿道内腔短而窄

12. 肾小体是

    A. 由肾小管和血管球组成   B. 由肾小囊和血管球组成

    C. 由肾小囊和肾小管组成   D. 由肾小管和集合管组成

    E. 以上皆错

13. 肾滤过血液的部位是

    A. 近曲小管   B. 远曲小管

    C. 髓袢   D. 肾小体

    E. 集合管

14. 肾内可分泌肾素的细胞是

    A. 球内系膜细胞   B. 球外系膜细胞

    C. 球旁细胞   D. 间质细胞

    E. 足细胞

15. 髓袢包括

    A. 近端小管和远端小管   B. 近端小管和细段

    C. 近端小管、细段和远端小管   D. 近端小管直部、细段和远端小管

    E. 近端小管直部、细段和远端小管直部

16. 肾盂、肾盏腔面的上皮是

    A. 单层柱状上皮   B. 复层柱状上皮

    C. 变移上皮   D. 单层扁平上皮

    E. 复层扁平上皮

17. 球旁细胞由哪种细胞分化而成

    A. 小叶间动脉平滑肌细胞   B. 入球微动脉内皮细胞

    C. 入球微动脉平滑肌细胞   D. 出球微动脉平滑肌细胞

    E. 出球微动脉内皮细胞

18. 输尿管
    A. 按行径可分为腹部和盆部
    B. 沿腰大肌外侧下降
    C. 在小骨盆入口处,右侧输尿管跨越右髂内动脉前方
    D. 女性输尿管在子宫颈外侧 2.5cm 处,行经子宫动脉下方
    E. 在膀胱体后上方注入膀胱

19. 一般正常成人膀胱的容量约
    A. 500~700ml   B. 100~300ml
    C. 700~900ml   D. 350~500ml
    E. 900~1 200ml

20. 关于膀胱三角的描述,正确的是
    A. 位于膀胱体的内面   B. 膀胱壁缺少肌层
    C. 位于两侧输尿管口与尿道内口之间   D. 不是膀胱镜检查的主要部位
    E. 不是膀胱肿瘤和结核的好发部位

【A₂ 型题】

1. 关于泌尿系统的描述,**错误**的是
    A. 泌尿系统各器官的功能只是生成尿液并输送和排出尿液
    B. 左侧肾蒂较右侧肾蒂长
    C. 两肾上端比下端靠近脊柱
    D. 肾的上端较下端宽而薄
    E. 肾的上端附有肾上腺

2. 肾蒂内**不包括**
    A. 肾动脉   B. 肾静脉
    C. 肾窦   D. 肾盂
    E. 神经

3. 在肾的剖面上,**不能**用肉眼直接观察到的结构是
    A. 肾大盏   B. 肾乳头
    C. 肾小管   D. 肾柱
    E. 肾锥体

4. **不属于**肾窦内的结构是
    A. 肾大、小盏   B. 肾动脉分支
    C. 肾乳头   D. 脂肪组织
    E. 肾盂

5. 关于血管球结构的描述,**错误**的是
    A. 为有孔毛细血管   B. 含球内系膜细胞
    C. 毛细血管孔上多有隔膜   D. 基膜较厚
    E. 足细胞突起紧贴基膜外

6. 正常情况下尿液中**不应**出现的成分是

A. 水   B. 蛋白质

C. 钠离子   D. 红细胞

E. 尿素

7. **不属于**滤过屏障的组成结构的是

A. 毛细血管内皮   B. 基膜

C. 足细胞裂孔膜   D. 血管系膜

E. 以上都对

8. 关于输尿管狭窄的描述,**错误**的是

A. 共有 3 个狭窄部

B. 肾盂与输尿管移行处为一狭窄部

C. 与髂血管交叉处为一狭窄部

D. 末端开口于膀胱内面的输尿管口为一狭窄部

E. 输尿管结石常滞留于输尿管的狭窄部

9. 关于膀胱形态的描述,**错误**的是

A. 空虚时呈三棱锥体形   B. 顶端尖细,朝向前下方称膀胱尖

C. 底呈三角形,朝向后下方   D. 尖、底之间的部分称膀胱体

E. 颈在膀胱的下部

10. 关于膀胱结构的描述,**错误**的是

A. 黏膜形成许多皱襞   B. 膀胱顶部为浆膜

C. 空虚时上皮较厚   D. 充盈时上皮较薄

E. 固有层含较多的血管

【A$_3$ 型题】

(1~3 题共用题干)

肾是泌尿系统功能的主要执行者,位于腹膜后,周围有被膜保护,具有产生尿液的功能和分泌功能。

1. **不属于**维持肾正常位置的因素是

A. 肾被膜   B. 肾血管

C. 腹膜   D. 腹内压及邻近器官

E. 肾大盏

2. 关于肾结构的描述,**错误**的是

A. 肾大盏有 2~3 个

B. 肾盂由肾大盏汇合而成

C. 肾盂和输尿管的起始段位于肾窦内

D. 包绕在肾乳头周围的是肾小盏

E. 肾柱位于肾锥体间

3. 关于肾位置的描述,**错误**的是

A. 右肾上端平第 12 胸椎上缘   B. 右肾下端平第 3 腰椎上缘

C. 属于腹膜内位器官   D. 左肾比右肾高

E.位于腹膜后脊柱两侧

（4~6题共用题干）

肾单位是肾结构和功能的基本单位，人类每侧肾有100万~150万个肾单位。肾单位的分部和结构的差异，决定了功能的差别。

4.肾单位的组成是

A.肾小体、肾小囊和肾小管   B.肾小体和肾小管

C.肾小体、肾小管和集合管   D.肾小体、近端小管和远端小管

E.肾小管和集合管

5.浅表肾单位的特点是

A.肾小体较小，髓袢短   B.肾小体较大，髓袢短

C.肾小体较小，髓袢长   D.肾小体较大，髓袢长

E.以上皆错

6.关于肾小体的描述，**错误**的是

A.由血管球和肾小管组成   B.由血管球和肾小囊组成

C.有血管极和尿极   D.不同部位的肾小体大小不一

E.肾小体与肾小管相连

（7~9题共用题干）

输尿管是将肾产生的尿液输送至膀胱的肌性管道，行程长20~30cm，在腹膜后下行注入膀胱。在女性，输尿管与子宫动脉交叉。

7.输尿管的分部**不包括**

A.腹部   B.海绵体部

C.盆部   D.壁内部

E.以上都对

8.输尿管的中狭窄位于

A.输尿管起始处   B.小骨盆入口处

C.输尿管穿膀胱壁处   D.输尿管接尿道处

E.以上皆错

9.关于女性输尿管的描述，**错误**的是

A.沿腰大肌前面下行   B.行经子宫阔韧带基底的结缔组织内

C.通过尿生殖膈   D.行经子宫颈和阴道穹两侧

E.在膀胱底外上角处，斜穿膀胱壁，开口于膀胱

【问答题】

1.简述肾的位置和形态，在肾冠状切面上可以看到哪些重要结构？

2.列表概述泌尿小管的组成。

3.比较近曲小管与远曲小管结构的异同。

4.简述输尿管3个狭窄的位置。

5.简述膀胱三角的位置、特点和临床意义。

6.简述肾盂结石排出体外的途径，并说明结石易在何处滞留？

四、参考答案

【概念题】

1. 肾门为肾内侧缘中部的凹陷,是肾血管、肾盂、淋巴管和神经等出入的部位。

2. 出入肾门的结构被结缔组织包裹,称肾蒂。右侧肾蒂较左侧肾蒂短。

3. 肾窦为肾门向肾内凹陷并扩大所形成的腔隙,内含肾动脉分支、肾静脉属支、肾小盏、肾大盏、肾盂和脂肪组织等。

4. 肾区为肾门在腰背部的体表投影点,位于竖脊肌外侧缘与第12肋所形成的夹角处。肾病病人,叩击或触压此区可引起疼痛。

5. 肾单位是肾结构和功能的基本单位,由肾小体和肾小管组成。肾小体由血管球和肾小囊组成,根据结构和部位的不同,肾小管可分为近端小管、细段和远端小管。

6. 当血液流经肾血管球毛细血管时,血浆内小分子物质经有孔内皮、基膜和足细胞裂孔膜滤入肾小囊腔,这3层结构称滤过膜,又称滤过屏障。滤过膜对血浆成分具有选择性通透作用。

7. 致密斑是由远曲小管近血管极一侧的管壁上皮细胞特化形成的椭圆形斑,是一种离子感受器,能感受远端小管滤液内 Na^+ 浓度的变化,将信息传递给球旁细胞,促进其分泌肾素。

【A₁型题】

1. D	2. D	3. C	4. D	5. C	6. D	7. B	8. B
9. C	10. A	11. B	12. B	13. D	14. C	15. E	16. C
17. C	18. D	19. D	20. C				

【A₂型题】

1. A	2. C	3. C	4. C	5. C	6. D	7. D	8. D
9. B	10. E						

【A₃型题】

1. E	2. C	3. C	4. B	5. A	6. A	7. B	8. B
9. C							

【问答题】

1. 正常成人的肾位于脊柱的两侧、腹膜后方,紧贴腹后壁的上部,属于腹膜外位器官。左肾上端平第11胸椎体下缘,下端平第2腰椎椎间盘,第12肋斜过其后面的中部;右肾上端平第12胸椎体上缘,下端平第3腰椎椎体上缘,第12肋斜过其后面上部。肾门约平第1腰椎椎体平面。

肾呈蚕豆形,分上、下两端,前、后两面,内、外侧两缘。上端宽而薄,下端窄而厚。前面较凸,朝向前外侧;后面较平坦,贴腹后壁。外侧缘隆凸;内侧缘中部凹陷,有肾血管、肾盂、淋巴管和神经出入,称肾门。出入肾门的结构被结缔组织包裹在一起,合称肾蒂。

在肾冠状切面上可以看到:表面有肾被膜的部分为纤维囊;肾实质分为浅部的皮质和深部的髓质;中央为肾窦。肾髓质由15~20个肾锥体构成。肾锥体尖端钝圆,称肾乳头。肾锥体的底与皮质相连。位于肾锥体之间的皮质部分称肾柱。肾窦含有肾动脉分支、肾静脉属支、肾小盏、肾大盏、肾盂和脂肪组织。

2. 泌尿小管的组成

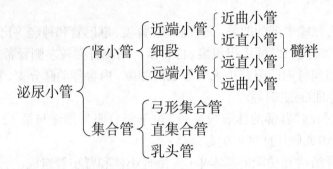

3. 近曲小管与远曲小管结构比较

结构	近曲小管	远曲小管
光镜结构		
管腔与管壁	腔小不规则, 壁厚	腔较大整齐, 壁较薄
上皮形态	单层立方形或锥体形	单层立方形
胞质嗜色性	嗜酸性强, 深红色	嗜酸性较弱, 浅红色
胞核	圆形, 近细胞基部	圆, 近中央
细胞边界	不清楚	较清楚
刷状缘	有	无
基底纵纹	较明显	明显
超微结构		
微绒毛	大量密集排列	短而少
细胞侧突	多	较少
质膜内褶	有	发达

4. 输尿管全程有 3 个生理性狭窄: 上狭窄位于输尿管与肾盂移行处(起始部), 中狭窄位于输尿管与髂血管交叉处(小骨盆上口处)、下狭窄位于输尿管斜穿过膀胱壁处(壁内部)。

5. 在膀胱底内面, 两侧输尿管口与尿道内口之间的三角形区域, 称膀胱三角。此处黏膜和肌层紧贴, 无论膀胱空虚或充盈, 都保持平滑状态, 是肿瘤、炎症和结核的好发部位。两输尿管口之间的横行皱襞称输尿管间襞, 是膀胱镜检查时, 寻找输尿管口的标志。

6. 肾盂结石排出体外的途径: 肾盂→输尿管→膀胱→尿道。结石易滞留在输尿管的 3 个狭窄处: 肾盂与输尿管移行处(起始处)、与髂血管交叉处(小骨盆上口处)和穿过膀胱壁处(壁内部)。在男性, 结石还易滞留在尿道的 3 个狭窄处, 即尿道内口、尿道膜部和尿道外口。

(宋 振)

第十一章 | 男性生殖系统

一、实验指导

实验一 男性生殖系统的大体结构

【实验目的】

1. 掌握男性生殖系统的组成；睾丸的位置和形态；输精管的行程和分部；精索的组成和位置；前列腺的位置和形态；男性尿道的分部及形态特点。

2. 熟悉附睾的形态和位置。

3. 了解射精管的合成及其开口部位；精囊和尿道球腺的位置及开口部位；阴囊的结构特点；阴茎的分部和构成。

【实验内容与方法】

1. 在男性盆腔正中矢状切标本或模型上，观察男性内、外生殖器的位置、形态及其相互位置关系。

2. 在剖开的睾丸新鲜标本上，用尖镊从睾丸小叶中，轻拉生精小管，观察其形态特点。

3. 在标本或模型上观察阴茎海绵体整体形态；在阴茎横切标本上，观察阴茎皮肤、筋膜和3条海绵体的相互关系，阴囊的构造。

4. 在男性生殖系统外观标本和男性盆腔正中矢状切标本上，逐层剖开精索，观察精索的组成和输精管的行程。观察男性尿道的狭窄、扩大和弯曲。

【思考题】

1. 简述精子的产生和排出途径。

2. 简述前列腺的位置和形态。前列腺增生时可产生什么后果？

3. 简述男性尿道的分部和结构特点。为男性导尿时应注意什么问题？

实验二 男性生殖系统的微细结构

【实验目的】

1. 掌握睾丸的光镜结构。

2. 了解附睾的光镜结构。

【实验内容与方法】

1. 睾丸

材料：睾丸。

染色：HE 染色。

低倍观察：分辨睾丸表面的被膜和深层的实质。

(1) 被膜：①鞘膜脏层为浆膜。②白膜较厚，由致密结缔组织构成，富含胶原纤维；白膜在睾丸后缘增厚形成睾丸纵隔，其内有不规则的腔隙。

(2) 实质：睾丸内部有大量横断或斜断的生精小管，上皮由多层细胞组成。生精小管之间有少量的结缔组织，为睾丸间质，其内有较大的细胞，为睾丸间质细胞。

高倍观察：

(1) 生精小管：管壁为生精上皮，由多层生精细胞和支持细胞组成，生精小管外周可见基膜。由外向内依次观察各级生精细胞和支持细胞的结构特点。

1) 生精细胞：①精原细胞，体积较小呈圆形或椭圆形，紧贴生精上皮基膜。②初级精母细胞，位于精原细胞近腔侧，体积较大，胞核大而圆；因分裂前期历时较长，故在生精小管的切面中常可见到处于不同增殖阶段的初级精母细胞。③次级精母细胞，位置靠近管腔，体积较小圆形，胞核染色较深；由于次级精母细胞存在时间短，故在生精小管切面中不易见到。④精子细胞，位于近管腔处，体积较小，数量多，胞核染色深。⑤精子，形似蝌蚪，分头和尾两部分。

2) 支持细胞：位于各级生精细胞之间，细胞轮廓不清，细胞核呈椭圆形、三角形或形状不规则，染色浅，核仁清楚。

(2) 睾丸间质细胞：成群分布，胞体较大，呈圆形或多边形，核圆居中，胞质嗜酸性。

2. 附睾

材料：附睾。

染色：HE 染色。

低倍观察：

(1) 被膜：由结缔组织构成。

(2) 实质：由输出小管和附睾管组成。输出小管管腔较小且不规则，小管间有少量疏松结缔组织；附睾管管腔较大而规则，腔内常见大量精子。

高倍观察：

(1) 输出小管：由高柱状纤毛细胞和低柱状细胞相间排列构成，管腔不规则。

(2) 附睾管：由高柱状上皮细胞和基细胞组成，管腔规则；腔内可见成群的精子头部，上皮外的结缔组织中含有较多的环行平滑肌。

【思考题】

1. 光镜下如何分辨各级生精细胞和支持细胞？

2. 简述睾丸间质细胞的结构特点及功能。

3. 光镜下如何分辨附睾的输出小管和附睾管？

二、学习指导

睾丸 ⎰ 位置：位于阴囊内，左右各一
　　　⎱ 形态 ⎰ 上、下两端
　　　　　　　⎨ 内、外两面
　　　　　　　⎩ 前、后两缘

输精管道 ⎧ 附睾：分为头、体、尾3部分
　　　　　⎪ 输精管：分为睾丸部、精索部、腹股沟管部和盆部4部分
　　　　　⎪ 　　　　其中精索部是行男性结扎术的部位
　　　　　⎨ 射精管：开口在尿道前列腺部
　　　　　⎪ 男性尿道 ⎧ 分部：前列腺部、膜部和海绵体部
　　　　　⎪ 　　　　　⎪ 3个狭窄：尿道内口、膜部和尿道外口，外口最狭窄
　　　　　⎩ 　　　　　⎨ 3个扩大：尿道前列腺部、尿道球部和舟状窝
　　　　　　　　　　　⎩ 2个弯曲：耻骨下弯和耻骨前弯

附属腺 ⎧ 精囊：1对，分泌物参与构成精液
　　　　⎨ 尿道球腺：1对，分泌物参与构成精液
　　　　⎩ 前列腺：分为前叶、中叶、后叶和2个侧叶，分泌物参与构成精液

外生殖器 ⎧ 阴囊：阴囊壁由皮肤和肉膜构成
　　　　　⎨ 阴茎 ⎰ 形态：分头、体、根3部分
　　　　　⎩ 　　　⎱ 结构：由1条尿道海绵体和2条阴茎海绵体构成

睾丸的微细结构 ⎧ 结构：白膜、睾丸纵隔、睾丸小隔、睾丸小叶、生精小管、直精小管、睾丸网
　　　　　　　　⎪ 生精小管 ⎧ 生精细胞：自生精上皮基底面至腔面，依次有精原细胞、初级
　　　　　　　　⎪ 　　　　　⎪ 　　　　　精母细胞、次级精母细胞、精子细胞和精子
　　　　　　　　⎨ 　　　　　⎨ 精子发生：精原细胞逐渐发育、分化为精子的过程
　　　　　　　　⎪ 　　　　　⎪ 精子形成：由精子细胞形成精子的过程
　　　　　　　　⎪ 　　　　　⎪ 支持细胞：呈不规则的长锥体形，基部附着在基膜上，顶部伸
　　　　　　　　⎪ 　　　　　⎩ 　　　　　至管腔面，其间的紧密连接参与构成血-睾屏障
　　　　　　　　⎩ 睾丸间质：含有睾丸间质细胞，可分泌雄激素

附睾的微细结构 ⎧ 输出小管：管壁上皮由高柱状纤毛细胞和低柱状细胞相间排列构成，
　　　　　　　　⎪ 　　　　　故管腔不规则
　　　　　　　　⎩ 附睾管：管壁由高柱状上皮细胞和基细胞组成，管腔规则

三、练习题

【概念题】

1. 精索

2. 射精管

3. 精原细胞

4. 血 - 睾屏障

5. 精子发生

6. 睾丸间质细胞

【A₁型题】

1. 男性的生殖腺是

A. 睾丸   B. 附睾

C. 尿道球腺   D. 前列腺

E. 精囊腺

2. 关于睾丸的描述,正确的是

A. 完全被鞘膜包裹   B. 直精小管形成睾丸纵隔

C. 生精小管的上皮能产生精子   D. 实质可分为皮质和髓质

E. 内侧面邻附睾

3. 人精子的发生过程约需

A. 7 天   B. 14 天

C. 28 天   D. 46 天 ±5 天

E. 64 天 ±4.5 天

4. 进行第 2 次减数分裂的生精细胞是

A. 初级精母细胞   B. 精原细胞

C. 次级精母细胞   D. 精子

E. 精子细胞

5. 关于附睾的描述,正确的是

A. 为男性生殖腺   B. 贴附于睾丸的前缘

C. 可分为头、体、尾 3 部分   D. 附睾头向上移行为输精管

E. 分泌的液体不参与组成精液

6. 输精管壶腹位于

A. 精索部   B. 睾丸部

C. 盆部   D. 腹股沟部

E. 射精管起始部

7. 关于射精管的描述,正确的是

A. 由左、右输精管末端汇合而成   B. 由左、右精囊排泄管汇合而成

C. 由输精管末端与精囊排泄管汇合而成   D. 开口于精囊

E. 以上皆错

8. 尿道膜部穿过

A. 盆膈   B. 尿生殖膈

C. 肛提肌   D. 提睾肌

E. 以上皆错

9. 关于精囊的描述，正确的是
    A. 可以贮存精子
    B. 位于输精管壶腹的外侧
    C. 是圆球形的囊状器官
    D. 排泄管开口于尿道球部
    E. 以上皆错

10. 关于精索的描述，正确的是
    A. 为坚硬的结缔组织索
    B. 自睾丸下端至腹股沟管皮下环
    C. 为柔软的肌性结构
    D. 主要成分为输精管、睾丸动脉、蔓状静脉丛
    E. 精索表面无被膜

11. 男性生殖器的附属腺是
    A. 睾丸
    B. 附睾
    C. 精索
    D. 阴囊
    E. 精囊

12. 关于前列腺的描述，正确的是
    A. 呈底向下的栗子形
    B. 内有尿道膜部通过
    C. 位于膀胱和尿生殖膈之间
    D. 前列腺体的前面有前列腺沟
    E. 活体在直肠不能触及

13. 结扎输精管的适宜部位是
    A. 睾丸部
    B. 精索部
    C. 腹股沟管部
    D. 盆部
    E. 以上都可以

14. 男性尿道最狭窄的部位是
    A. 前列腺部
    B. 膜部
    C. 尿道外口
    D. 尿道球
    E. 尿道内口

15. 关于阴茎的描述，正确的是
    A. 有 1 条阴茎海绵体和 2 条尿道海绵体
    B. 阴茎海绵体前端形成阴茎头
    C. 阴茎脚附着于耻骨和坐骨
    D. 尿道海绵体位于阴茎的背侧
    E. 尿道海绵体前端形成尿道球

16. 分泌雄激素的细胞位于
    A. 前列腺
    B. 尿道球腺
    C. 生精小管
    D. 附睾
    E. 睾丸间质

【A₂型题】

1. 男性内生殖器**不包括**
    A. 睾丸
    B. 前列腺
    C. 射精管
    D. 尿道球腺

E. 阴茎

2. 关于生精小管的描述, **错误**的是
A. 位于睾丸实质的锥形小叶内
B. 为细长而弯曲的小管
C. 为产生精子的场所
D. 进入睾丸纵隔, 互相吻合成睾丸网
E. 管壁上皮外有基膜

3. 睾丸支持细胞的功能**不包括**
A. 支持、营养和保护精子
B. 吞噬残余胞质
C. 分泌雄激素结合蛋白
D. 参与血-睾屏障的组成
E. 分泌少量雌激素

4. HE 染色的生精小管切片中, 下列哪种细胞**不易**看到
A. 精原细胞
B. 初级精母细胞
C. 次级精母细胞
D. 精子细胞
E. 精子

5. 关于生精细胞分裂的描述, **错误**的是
A. 精原细胞以有丝分裂的方式增殖
B. 精子细胞不能进行分裂
C. 1 个初级精母细胞经过 2 次减数分裂产生 4 个精子
D. 1 个 A 型精原细胞分裂为 2 个 B 型精原细胞
E. 经历 2 次减数分裂 DNA 仅复制 1 次

6. 关于精子细胞的描述, **错误**的是
A. 是单倍体细胞
B. 胞体小、核圆
C. 位于生精小管近腔面
D. 由次级精母细胞分裂形成
E. 经减数分裂后形成精子

7. 关于初级精母细胞的描述, **错误**的是
A. 位于精原细胞近腔侧
B. 细胞体积较大
C. 第 1 次减数分裂前期较短
D. 核大而圆
E. 染色体核型为 46, XY

8. 关于睾丸支持细胞结构特点的描述, **错误**的是
A. 单层柱状, 且轮廓清晰可辨
B. 核不规则, 着色浅
C. 基部紧贴基膜, 顶部深达管腔
D. 胞质内细胞器发达
E. 相邻支持细胞基底侧有紧密连接

9. 关于附睾的描述, **错误**的是
A. 贴于睾丸的上端及后缘
B. 分为头、体、尾 3 部分
C. 其末端续连于射精管
D. 可储存精子
E. 其分泌物供给精子营养

10. 关于输精管的描述, **错误**的是
A. 构成精索的主要成分
B. 经输尿管末端前上方至膀胱底后面
C. 末端至精囊外侧膨大为壶腹
D. 与精囊的排泄管汇合成射精管

E. 全长约 50cm

11. 关于前列腺的描述，**错误**的是

A. 不成对　　　　　　　　　　　　B. 属于实质性器官

C. 由腺组织和平滑肌组成　　　　　　D. 一般可分为 5 叶

E. 前面有前列腺沟

12. 关于睾丸的描述，**错误**的是

A. 位于阴囊内　　　　　　　　　　　B. 为成对的器官

C. 分泌雄激素　　　　　　　　　　　D. 产生精子

E. 睾丸动脉一般来自肾动脉

13. 精索内**不含有**

A. 输精管　　　　　　　　　　　　　B. 睾丸动脉

C. 射精管　　　　　　　　　　　　　D. 淋巴

E. 神经

14. 关于男性尿道耻骨前弯的描述，**错误**的是

A. 是阴茎根与体之间的弯曲　　　　　B. 此弯曲凹向下

C. 此弯曲位于耻骨联合的前下方　　　D. 由尿道膜部和尿道海绵体部构成

E. 向上提起阴茎时，此弯曲可变直

15. 关于男性尿道的描述，**错误**的是

A. 起自膀胱的尿道内口，止于尿道外口

B. 全长可分为前列腺部、膜部和海绵体部

C. 临床上称尿道海绵体部为后尿道

D. 全长有尿道内口、膜部和尿道外口 3 处狭窄

E. 行程中有耻骨下弯和耻骨前弯 2 个弯曲

【A₃ 型题】

（1~4 题共用题干）

睾丸是位于阴囊内、左右成对的扁椭圆形实质性器官，为男性生殖腺，可产生精子和雄激素。

1. 精子产生于

A. 附睾管　　　　　　　　　　　　　B. 精囊

C. 精直小管　　　　　　　　　　　　D. 生精小管

E. 睾丸输出小管

2. 睾丸的血管、神经位于

A. 睾丸上端　　　　　　　　　　　　B. 睾丸下端

C. 睾丸前缘　　　　　　　　　　　　D. 睾丸后缘

E. 睾丸内侧面

3. 睾丸的白膜

A. 是一层浆膜

B. 是一层疏松结缔组织膜

C. 是一层致密结缔组织膜

D. 沿睾丸后缘深入睾丸内形成许多结缔组织小隔,将睾丸分为许多小叶

E. 有分泌雄激素的作用

4. 关于睾丸的描述,**错误**的是

A. 表面的致密结缔组织膜称白膜　　　B. 白膜在睾丸后缘增厚形成睾丸纵隔

C. 睾丸纵隔内有睾丸网　　　　　　　D. 生精小管盘曲于睾丸小叶内

E. 精直小管上皮能生成精子

（5~8题共用题干）

精子发生过程中,伴随着细胞分裂、染色体数量的改变,出现结构的变化。

5. 生精上皮中进行第1次减数分裂的是

A. 初级精母细胞　　　　　　　　　　B. 次级精母细胞

C. 精子细胞　　　　　　　　　　　　D. 精原细胞

E. 精子

6. 生精上皮中进行第2次减数分裂的是

A. 精原细胞　　　　　　　　　　　　B. 初级精母细胞

C. 次级精母细胞　　　　　　　　　　D. 精子细胞

E. 精子

7. 关于细胞染色体组型的描述,**错误**的是

A. 受精卵为 46, XY 或 46, XX　　　　B. 成熟卵细胞为 23, X

C. 第 1 极体为 23, X　　　　　　　　D. 精原细胞为 23, XY

E. 精子细胞为 23, X 或 23, Y

8. 1个初级精母细胞最终可生成几个精子

A. 16 个　　　　　　　　　　　　　　B. 8 个

C. 4 个　　　　　　　　　　　　　　D. 32 个

E. 以上都不对

（9、10题共用题干）

睾丸可以分泌雄激素,分泌功能受其他激素的控制,了解调控机制将有助于理解男性生理和年龄特征。

9. 产生雄激素的细胞是

A. 精子细胞　　　　　　　　　　　　B. 支持细胞

C. 睾丸间质细胞　　　　　　　　　　D. 精原细胞

E. 精母细胞

10. 影响睾丸分泌雄激素的是

A. 黄体生成素　　　　　　　　　　　B. 卵泡刺激素

C. 孕激素　　　　　　　　　　　　　D. 雌激素

E. 以上都不是

（11~13题共用题干）

精子形成是精子发生的最后阶段,了解精子形成的过程、精子结构及其数量,有助于对生殖功能的理解。

11. 关于精子的描述，**错误**的是
    A. 形似蝌蚪
    B. 头部主要为浓缩的细胞核
    C. 头部有顶体覆盖
    D. 尾部为运动装置
    E. 分头、体、尾3部分

12. 正常一次射精量为2~5ml，含精子
    A. 400万个
    B. 1 000万个
    C. 3亿~5亿个
    D. 9亿~10亿个
    E. 6亿~8亿个

13. 关于顶体的描述，**错误**的是
    A. 高尔基复合体演变而成
    B. 呈双层帽状
    C. 覆盖核的前2/3
    D. 内含多种水解酶
    E. 为受精提供能量

（14~17题共用题干）

前列腺是呈前后略扁、栗子形的腺体，是重要的附属腺，男性尿道从其实质中穿过。

14. 关于前列腺位置与功能的描述，正确的是
    A. 为男性生殖腺
    B. 与膀胱底相邻
    C. 可分泌雄激素
    D. 左右各一
    E. 有尿道穿过

15. 关于前列腺形态的描述，正确的是
    A. 底向下，尖向上
    B. 位于盆膈之上
    C. 内有尿道膜部经过
    D. 可分为前、中、后3叶
    E. 发生增生时可引起排尿困难

16. 关于前列腺毗邻关系的描述，正确的是
    A. 位于膀胱与尿生殖膈之间
    B. 在盆膈与膀胱之间
    C. 导管开口于尿道膜部
    D. 经直肠不能触及
    E. 以上都不对

17. 关于前列腺结构与位置的描述，正确的是
    A. 为中空性器官
    B. 位于膀胱的后方
    C. 后面贴近直肠壶腹
    D. 分泌物不参与精液的组成
    E. 为成对的器官

【问答题】

1. 简述男性青春期后精子的发生过程以及排出途径。
2. 简述男性尿道的分部和形态特点。导尿时应注意哪些问题？

四、参考答案

【概念题】

1. 精索是位于睾丸上端与腹股沟管深环之间的一对质地柔软的圆索状结构，主要内容物有输精管、睾丸动脉、蔓状静脉丛、淋巴管、神经和鞘韧带。

2. 射精管由输精管末端与精囊排泄管汇合而成,斜穿前列腺实质,开口于尿道前列腺部。

3. 精原细胞紧贴在生精上皮基膜上,呈圆形或椭圆形,胞体较小,染色体核型为 46,XY。精原细胞分为 A 型和 B 型,A 型精原细胞是生精细胞的干细胞;B 型精原细胞由 A 型分裂产生,经过数次分裂后,B 型精原细胞分化成初级精母细胞。

4. 血 - 睾屏障是位于生精小管与血液之间的结构,由间质中的毛细血管内皮及其基膜、结缔组织、生精上皮基膜和支持细胞的紧密连接组成。血 - 睾屏障使精子发生的微环境保持稳定,防止精子抗原物质外逸而引起自身免疫反应。

5. 精子发生是精原细胞逐渐发育、分化为精子的过程,人类需要 64 天 ±4.5 天方可完成,包括精原细胞、初级精母细胞、次级精母细胞、精子细胞和精子 5 个发育阶段。

6. 睾丸间质细胞是位于睾丸间质即生精小管间结缔组织中的内分泌细胞,成群分布,胞体较大,呈圆形或多边形,核圆居中,胞质嗜酸性,可分泌雄激素。

【A₁ 型题】

1. A	2. C	3. E	4. C	5. C	6. C	7. C	8. B
9. B	10. D	11. E	12. C	13. B	14. C	15. C	16. E

【A₂ 型题】

1. E	2. D	3. E	4. C	5. D	6. E	7. E	8. A
9. C	10. C	11. E	12. E	13. C	14. D	15. C	

【A₃ 型题】

1. D	2. D	3. C	4. E	5. A	6. C	7. D	8. C
9. C	10. A	11. E	12. C	13. E	14. E	15. E	16. A
17. C							

【问答题】

1. 精子发生是精原细胞逐渐发育、分化为精子的过程,包括精原细胞、初级精母细胞、次级精母细胞、精子细胞和精子 5 个发育阶段。精原细胞是最原始的生精细胞,胞体较小,呈圆形或椭圆形,紧贴在生精小管的基膜上,逐渐增殖分化为初级精母细胞;初级精母细胞位于精原细胞近腔,体积较大,经过第 1 次减数分裂后形成 2 个次级精母细胞;次级精母细胞在短期完成第 2 次减数分裂后形成 2 个精子细胞;精子细胞位于近管腔面,体积更小,数量多,核染色深;精子细胞不再进行分裂,经过一系列的形态变化后形成精子。

睾丸生精小管产生的精子,经精直小管、睾丸网、输出小管、附睾管、输精管、射精管排入尿道的前列腺部,经男性尿道排出体外。

2. 男性尿道按行程可分为前列腺部、膜部和海绵体部 3 部分,临床上将海绵体部称前尿道,前列腺部和膜部合称后尿道。尿道全长有 3 个狭窄和 3 个扩大和 2 个弯曲。3 个狭窄分别为尿道内口、膜部和尿道外口,其中尿道外口最狭窄。3 个扩大分别为前列腺部、尿道球部和尿道舟状窝。2 个弯曲,位于耻骨联合下方、凸向后下方的耻骨下弯,此弯曲是恒定的;位于耻骨联合前下方、凸向前上方的耻骨前弯,若将阴茎向上提起,此弯曲可消失。

行男性导尿术时需要结合男性尿道的解剖学特点,操作时需提起阴茎使之与腹壁保持 60° 角,使耻骨前弯消失以便顺利插入导尿管,同时动作宜轻柔,否则会引起尿道损伤。

(王纯尧)

第十二章 | 女性生殖系统

一、实验指导

实验一 女性生殖系统的大体结构

【实验目的】

1. 掌握女性生殖系统的组成；卵巢的形态、位置和固定装置；输卵管的位置、形态和分部；子宫的位置、形态、分部及其固定装置。

2. 熟悉阴道的位置、毗邻关系和阴道穹的概念。

3. 了解女阴的组成；乳房的位置和形态特点；会阴境界和分部。

【实验内容与方法】

1. 在女性盆腔及正中矢状切标本或模型上，观察女性生殖系统的组成；卵巢的位置、与髂血管的关系及其固定装置；输卵管的位置、形态、分部以及输卵管伞的特征；子宫的形态、位置、分部以及子宫内腔的特点、分部、子宫的韧带；阴道的位置、毗邻、开口部位以及阴道穹后部与直肠子宫陷凹的关系。

2. 在离体卵巢、输卵管和子宫标本上，观察各器官的外形特点。

3. 在女阴标本上，观察女性外生殖器的各结构。

4. 在乳房标本或模型上，观察乳房的形态、输乳管的排列方向和乳房悬韧带的形态。

5. 在女性骨盆及盆底标本或模型上，观察广义会阴的境界和分区，狭义会阴的位置，盆底肌的组成、分层以及盆膈和尿生殖膈。

【思考题】

1. 简述输卵管的分部、受精和结扎部位。

2. 简述子宫的位置、正常姿势、固定装置以及子宫和子宫内腔的分部。

3. 女性尿道外口与阴道口有何关系？导尿时应注意什么事项？

4. 女性乳房的输乳管如何排列？手术时应采取何种切口？

5. 何为广义会阴？如何分区？各区分别有什么结构通过？

实验二 女性生殖系统的微细结构

【实验目的】

掌握卵巢和子宫光镜下的微细结构。

【实验内容与方法】

1. 卵巢

材料：卵巢。

染色：HE 染色。

肉眼观察：周边部较厚为皮质，可见空泡状的卵泡；中央部较疏松为髓质。

低倍观察：卵巢表面有一层扁平或立方形上皮，为表面上皮；上皮下方是白膜，为薄层致密结缔组织。卵巢实质外周部分为皮质，主要由不同发育阶段的卵泡和黄体构成；中央部是髓质，由含有血管、淋巴管和神经的疏松结缔组织构成。主要观察卵巢皮质。

（1）原始卵泡：位于卵巢皮质的浅层，贴近白膜，数量多，体积小。由一个初级卵母细胞和包绕在它周围的一层扁平卵泡细胞构成。初级卵母细胞大而圆，染色浅，核仁明显。

（2）初级卵泡：中央的初级卵母细胞增大，周围的卵泡细胞由扁平变为立方形或柱状，由单层增殖为多层；最里面的一层高柱状卵泡细胞呈放射状排列，为放射冠；在初级卵母细胞与放射冠之间出现透明带，为一层均质状、嗜酸性、折光性强的膜。

（3）次级卵泡：由初级卵泡发育而成，卵泡细胞层数进一步增多，细胞间出现小腔隙，进而融合成一个大腔，为卵泡腔。随着卵泡腔的逐渐扩大，初级卵母细胞、透明带、放射冠及其周围的卵泡细胞突入卵泡腔形成卵丘，卵泡腔周围的卵泡细胞形成颗粒层。卵泡膜分化为内、外两层。

（4）成熟卵泡：结构与晚期的次级卵泡相似，但体积更大，并向卵巢表面凸出。标本上很少见到。

（5）黄体：体积较大，为不规则的细胞索或细胞团，细胞排列密集，血管丰富。颗粒黄体细胞较大，呈多边形，染色较淡，位于中央；膜黄体细胞较小，染色较深，位于周边。

（6）闭锁卵泡：为退化的各级卵泡，退化可发生在各发育阶段，故形态各异。有些闭锁卵泡残存扭曲变形的红色透明带。

2. 子宫

材料：子宫（增生期）

染色：HE 染色。

肉眼观察：染成蓝紫色的部分为内膜，染成粉红色的部分为肌层。

低倍观察：由内膜向外膜逐层观察。

（1）内膜：由上皮和固有层组成。上皮为单层柱状上皮，染成蓝紫色；固有层较厚，为疏松结缔组织，其内的小动脉为螺旋动脉；可见到许多管状的子宫腺，形状较直，腺腔不大。

（2）肌层：很厚，由平滑肌束相互交织而成，没有明显的层次。

（3）外膜：为浆膜，由结缔组织和间皮构成。

【思考题】

1. 简述光镜下卵巢的一般结构。

2. 卵泡是如何构成的？光镜下如何分辨各级卵泡？

3. 简述子宫壁的光镜结构。

二、学习指导

卵巢 {
　位置：小骨盆侧壁、髂总动脉分叉处的卵巢窝内
　形态 {
　　两端 {
　　　上端：邻输卵管伞，连有卵巢悬韧带
　　　下端：连有卵巢固有韧带
　　}
　　两面 {
　　　内侧面：朝向盆腔，邻小肠
　　　外侧面：贴卵巢窝
　　}
　　两缘 {
　　　前缘：系膜缘，中部为卵巢门
　　　后缘：游离缘
　　}
　}
}

输卵管 {
　位置：子宫底两侧
　分部 {
　　输卵管漏斗：输卵管伞是确认输卵管的标志
　　输卵管壶腹：受精的部位
　　输卵管峡：输卵管结扎的部位
　　输卵管子宫部：穿子宫壁部分
　}
　两口 {
　　输卵管腹腔口：与腹膜腔相通
　　输卵管子宫口：与子宫腔相通
　}
}

子宫 {
　形态：前后略扁、倒置的梨形
　分部 {
　　子宫底
　　子宫体
　　子宫颈 {
　　　子宫颈阴道上部
　　　子宫颈阴道部
　　}
　}
　子宫内腔 {
　　子宫腔：位于子宫底、体部，呈倒置的三角形
　　子宫颈管：位于子宫颈，呈梭形
　}
　位置：盆腔中央，膀胱与直肠之间，多数呈前倾前屈位
　固定装置 {
　　盆底肌：起承托作用
　　韧带 {
　　　子宫阔韧带：限制子宫两侧移动
　　　子宫圆韧带：维持子宫前倾
　　　子宫主韧带：固定子宫颈，防止子宫下垂
　　　子宫骶韧带：维持子宫前屈
　　}
　}
}

阴道 {
　位置：盆腔中央
　毗邻 {
　　前方：膀胱和尿道
　　后方：直肠和肛管
　}
　开口：阴道前庭后部
　阴道穹：分为前、后和两侧部，后部与直肠子宫陷凹相邻，经此部穿刺或引流，协助诊断和治疗
}

卵巢的微细结构 {
　皮质：较厚，由不同发育阶段的卵泡、黄体、白体、闭锁卵泡和结缔组织构成
　髓质：范围较小，由结缔组织构成，含有较多的血管和淋巴管
　卵泡的发育成熟 {
　　原始卵泡：由初级卵母细胞和单层扁平的卵泡细胞组成
　　初级卵泡：卵泡细胞由扁平形变为立方形或柱状，由单层增殖为多层
　　次级卵泡：卵泡细胞间出现小腔隙，进而融合成一个大腔，为卵泡腔
　　成熟卵泡：卵泡腔变大，使卵泡体积显著增大，凸出卵巢表面
　}
　排卵：指次级卵母细胞连同放射冠、透明带随卵泡液由卵巢排出的过程
　黄体：内分泌细胞团，分泌雌、孕激素，分为月经黄体与妊娠黄体
}

子宫的微细结构 {
　内膜 {
　　上皮：单层柱状上皮
　　固有层：较厚，为疏松结缔组织，内含子宫腺、血管和基质细胞
　　分层 {
　　　浅层：为功能层，较厚，随性激素的变化而发生周期性变化（月经）
　　　深层：为基底层，不受性激素影响，在月经期后增生修复功能层
　　}
　}
　肌层：很厚，平滑肌纤维交错走行，分层不明显
　外膜：大部分为浆膜
}

月经周期 {
　月经期：第1~4d，子宫内膜功能层缺血、坏死、脱落，形成月经
　增生期：第5~14d，子宫内膜基底层增生修复，逐渐增厚
　分泌期：第15~28d，子宫内膜进一步增厚，子宫腺长而弯曲，充满分泌物
}

乳房 {
　位置：上起第2~3肋，下至第6~7肋，内侧至胸骨旁线，外侧可达腋中线
　形态：呈半球形，有乳头、乳晕、乳晕腺
　构造：皮肤、纤维组织、乳腺和脂肪，有乳腺叶、输乳管、输乳管窦
}

会阴 {
　概念 {
　　广义会阴：指封闭小骨盆下口的所有软组织，呈菱形
　　狭义会阴：指产科会阴，指肛门与外生殖器之间狭小区域
　}
　分区 {
　　尿生殖区（尿生殖三角）：肌和尿生殖膈
　　肛区（肛门三角）：肌和盆膈
　}
}

三、练习题

【概念题】

1. 阴道穹

2. 阴道前庭

3. 排卵

4. 黄体

5. 月经周期

6. 会阴

【A₁ 型题】

1. 排卵时排出的卵为

    A. 卵原细胞
    B. 初级卵母细胞
    C. 次级卵母细胞
    D. 第一极体
    E. 第二极体

2. 卵巢窝的位置是

    A. 腹主动脉分叉处
    B. 髂总动脉分叉处
    C. 髂外动脉分叉处
    D. 髂内动脉分叉处
    E. 髂总动、静脉之间

3. 寻找卵巢动、静脉的标志性结构是

    A. 卵巢系膜
    B. 输卵管系膜
    C. 子宫系膜
    D. 卵巢悬韧带
    E. 卵巢固有韧带

4. 卵巢皮质的主要结构是

    A. 卵泡
    B. 卵泡细胞
    C. 卵母细胞
    D. 黄体
    E. 白体

5. 卵巢髓质的主要结构是

    A. 卵泡
    B. 许多血管
    C. 许多淋巴管
    D. 疏松结缔组织
    E. 平滑肌

6. 妊娠黄体可以维持的时间是

    A. 14 天
    B. 28 天
    C. 2~3 个月
    D. 4~6 个月
    E. 7~8 个月

7. 卵巢排卵时的子宫内膜处于

    A. 月经期
    B. 增生早期
    C. 增生末期
    D. 分泌早期
    E. 分泌晚期

8. 月经规则、周期为 28 天的妇女,若本月 12 日月经来潮,排卵最有可能会在

    A. 本月 22 日
    B. 本月 26 日
    C. 次月 2 日
    D. 次月 7 日
    E. 次月 10 日

9. 原始卵泡的卵泡细胞的形态为

    A. 复层扁平
    B. 复层柱状
    C. 单层扁平
    D. 单层立方
    E. 单层柱状

10. 卵泡闭锁可发生在

A. 原始卵泡晚期   B. 初级卵泡早期

C. 次级卵泡早期   D. 次级卵泡晚期

E. 以上都可以

11. 关于子宫的描述,正确的是

    A. 属于腹膜内位器官   B. 子宫与阴道间呈前屈位

    C. 子宫体与子宫颈之间呈前倾位   D. 子宫圆韧带维持子宫呈前倾位

    E. 子宫主韧带维持子宫呈前屈位

12. 子宫腔的形状为

    A. 梭形   B. 菱形

    C. 卵圆形   D. 椭圆形

    E. 倒三角形

13. 维持子宫前倾的主要结构是

    A. 子宫阔韧带   B. 子宫圆韧带

    C. 子宫主韧带   D. 子宫骶韧带

    E. 盆底肌

14. 输卵管结扎常选择在

    A. 峡部   B. 子宫部

    C. 壶腹部   D. 漏斗部

    E. 伞部

15. 月经周期中最易受孕的时期是

    A. 第 5~7 天   B. 第 8~11 天

    C. 第 12~16 天   D. 第 17~21 天

    E. 第 22~26 天

16. 子宫内膜的上皮是

    A. 复层柱状上皮   B. 单层柱状上皮

    C. 单层立方上皮   D. 变移上皮

    E. 假复层纤毛柱状上皮

17. 子宫颈癌的好发部位是

    A. 子宫颈内口   B. 子宫峡

    C. 子宫颈单层柱状上皮处   D. 子宫颈鳞状上皮处

    E. 柱状上皮与鳞状上皮交界处

18. 子宫内膜增生早期,卵巢内开始发生的主要变化是

    A. 原始卵泡形成   B. 黄体发育

    C. 排卵完成   D. 卵泡发育

    E. 黄体退化

19. 月经的发生是由于

    A. 雌激素急剧减少   B. 雌激素和孕激素急剧减少

    C. 孕激素急剧减少   D. 雌激素急剧增加

E. 雌激素和孕激素急剧增加

20. 临床上识别输卵管的标志是

 A. 输卵管漏斗   B. 输卵管峡部

 C. 输卵管壶腹部   D. 输卵管膨大部

 E. 输卵管伞

【A₂型题】

1. 关于卵巢的描述，**错误**的是

 A. 卵巢是女性生殖腺   B. 卵巢固有韧带内含有卵巢动、静脉

 C. 卵巢被包于子宫阔韧带后层内   D. 卵巢呈卵圆形

 E. 卵巢后缘游离

2. 排卵与下列哪种激素**无关**

 A. 促性腺激素释放激素   B. 黄体生成素

 C. 卵泡刺激素   D. 雌激素和孕激素

 E. 缩宫素

3. 关于子宫位置的描述，**错误**的是

 A. 子宫位于盆腔中央   B. 子宫位于膀胱与直肠之间

 C. 子宫底可在骨盆上口平面以上   D. 子宫呈前倾前屈位

 E. 子宫位于左、右输卵管和卵巢之间

4. **不是**中空性器官的是

 A. 卵巢   B. 子宫

 C. 输卵管   D. 阴道

 E. 以上均不是

5. 关于子宫的描述，**错误**的是

 A. 子宫为腹膜间位器官   B. 子宫峡位于子宫底和子宫体之间

 C. 子宫可分为底、体、颈3部分   D. 子宫位于小骨盆中央

 E. 子宫肌层由平滑肌构成

6. 关于子宫内膜的描述，**错误**的是

 A. 月经期时出现浅层功能层剥脱

 B. 基底层可增生补充形成新的功能层

 C. 子宫内膜上皮由纤毛细胞和分泌细胞组成

 D. 子宫内膜螺旋动脉有周期性改变

 E. 子宫腺无周期性变化

7. **不属于**女阴的结构是

 A. 阴蒂   B. 大阴唇

 C. 小阴唇   D. 阴道

 E. 前庭球

8. 关于女性乳房的描述，**错误**的是

 A. 乳腺通过乳房悬韧带固定   B. 乳头多位于第4肋间或第5肋

C. 乳头周围有乳晕　　　　　　　　　D. 乳房为女性生殖器官

E. 输乳管以乳头为中心呈放射状排列

【A₃型题】

（1、2题共用题干）

卵巢为女性的生殖腺，位于盆腔侧壁，在女性生育期中发生一系列周期性的结构与功能变化。具有产生卵子和分泌女性激素的作用。

1. 关于卵巢位置的描述，正确的是

A. 卵巢位于髂内、外动脉之间的卵巢窝内

B. 卵巢借子宫阔韧带悬吊于骨盆侧壁上

C. 卵巢后缘为卵巢门

D. 卵巢被子宫阔韧带的前层所包裹

E. 卵巢以破溃的方式将卵细胞直接排入输卵管

2. 关于卵巢的描述，正确的是

A. 卵巢位于膀胱两侧

B. 卵巢前缘借卵巢系膜连于子宫阔韧带

C. 卵巢为腹膜间位器官

D. 卵巢后缘有血管、神经出入

E. 卵巢动脉来源于髂内动脉

（3、4题共用题干）

子宫属于肌性中空性器官，位于盆腔中央，在女性生育期中发生一系列周期性的结构与功能变化，具有产生月经和孕育胎儿的功能。

3. 关于子宫的描述，正确的是

A. 子宫位于膀胱和直肠之间　　　　　B. 子宫分为子宫体和子宫颈

C. 子宫为腹膜内位器官　　　　　　　D. 子宫与卵巢悬韧带相连

E. 子宫内腔即子宫腔

4. 未产妇子宫口的形状是

A. 横裂状　　　　　　　　　　　　　B. 纵裂状

C. 圆形　　　　　　　　　　　　　　D. 三角形

E. 不规则状

【问答题】

1. 卵巢位于何处？有哪些固定装置？

2. 简述黄体的形成与退化。

3. 简述输卵管的分部和常用结扎部位。

4. 简述子宫的位置、形态及其固定装置。

5. 简述子宫内膜的结构及其周期性变化。

6. 简述乳房的结构特点。乳腺手术应采用何种切口？

7. 简述广义会阴的概念及分部。

四、参考答案

【概念题】

1. 阴道上端与子宫颈阴道部两者之间的环形凹陷称阴道穹，可分为前部、后部和两侧部，其中后部最深，毗邻直肠子宫陷凹。

2. 两侧小阴唇之间的裂隙称阴道前庭，其前部有尿道外口，后部有阴道口。

3. 成熟卵泡破裂，次级卵母细胞和透明带、放射冠随卵泡液从卵巢表面排出的过程称排卵。正常情况下卵巢每28天排卵1次，排卵时间一般在月经周期的第14天。

4. 排卵后在黄体生成素的作用下，残留在卵巢内的卵泡壁和卵泡膜的细胞体积增大，并分化成富含血管的内分泌细胞团，新鲜时呈黄色，称黄体。黄体由两类细胞构成，可分泌雌激素和孕激素。

5. 自青春期开始，子宫内膜在卵巢分泌的雌激素和孕激素的作用下，出现周期性变化，称月经周期。1个周期一般为28天，分为月经期、增生期和分泌期。

6. 广义会阴指封闭小骨盆下口的所有软组织。狭义会阴即产科会阴，指肛门与外生殖器之间的狭小区域。

【A₁型题】

1. C	2. B	3. D	4. A	5. D	6. D	7. C	8. B
9. C	10. E	11. D	12. E	13. B	14. A	15. C	16. B
17. E	18. D	19. B	20. E				

【A₂型题】

1. B	2. E	3. C	4. A	5. B	6. E	7. D	8. D

【A₃型题】

1. A	2. B	3. A	4. C

【问答题】

1. 卵巢位于盆腔侧壁、髂总动脉分叉处的卵巢窝内。卵巢的位置主要靠卵巢悬韧带和卵巢固有韧带维持。

2. 排卵后，卵泡壁塌陷，卵泡膜随之伸入其内。在黄体生成素的作用下，卵泡壁和卵泡膜的细胞体积增大，并分化成富含血管的内分泌细胞团，新鲜时呈黄色，故名黄体。黄体由两类细胞构成，即由颗粒细胞分化来的颗粒黄体细胞和由膜细胞分化来的膜黄体细胞，两者分别分泌孕激素和雌激素。黄体的发育取决于卵细胞是否受精。若未受精，黄体仅维持2周即退化，称月经黄体；若受精，黄体在人绒毛膜促性腺激素的作用下，继续发育增大，可维持5~6个月，称妊娠黄体。无论何种黄体，最终均退化形成白体。

3. 输卵管由外侧向内侧可分为输卵管漏斗部、输卵管壶腹部、输卵管峡部和输卵管子宫部。输卵管峡部是输卵管结扎的常选部位。

4. 子宫位于骨盆腔的中央、膀胱与直肠之间，呈前倾前屈位。子宫呈前后略扁的倒置梨形，自上而下可分为子宫底、子宫体和子宫颈。子宫颈根据与阴道的位置关系分为子宫颈阴道上部和子宫颈阴道部。子宫颈与子宫体相连处较狭细的部分称子宫峡。子宫主要依靠盆底肌的承托和子宫韧带的牵拉固定：①子宫阔韧带，有限制子宫向两侧移动的作用；②子宫圆韧带，有维持子宫前倾的作用；③子宫主韧带，有固定子宫颈、防止子宫脱垂的作用；④子宫骶韧带，有维持子宫前屈的作用。

5. 子宫内膜由上皮和固有层组成。上皮为单层柱状上皮；固有层由疏松结缔组织构成，较厚，内含子宫腺、丰富的血管和大量基质细胞。子宫内膜可分为功能层和基底层两部分，功能层位置表浅，约占内膜厚度的 4/5，在月经周期中可发生脱落。基底层位于深部，较薄，约占内膜厚度的 1/5，不随月经周期发生周期性剥脱，可以对月经期脱落的功能层进行修复。

自青春期至绝经期，子宫内膜在卵巢分泌的雌激素和孕激素的作用下，每 28 天左右发生 1 次剥脱、出血、修复和增生的周期性变化，称月经周期。在典型的 28 天周期中，第 1~4 天为月经期，子宫内膜由于缺血发生坏死，然后螺旋动脉短暂扩张，破裂出血，冲破内膜表层流入宫腔，经阴道排出，即月经。第 5~14 天为增生期，上皮细胞与基质细胞不断分裂增生，使子宫内膜逐渐增厚。第 15~28 天为分泌期，子宫内膜继续增厚；子宫腺极度弯曲，腔内充满腺细胞的分泌物，内有大量糖原；基质细胞肥大，胞质内充满糖原、脂滴；螺旋动脉增长，更加弯曲。若未受精，则黄体退化，子宫内膜开始脱落，进入下一个月经周期。

6. 乳房由皮肤、纤维组织、乳腺和脂肪构成。纤维组织伸入乳腺内，将腺体分隔成 15~20 个乳腺叶。每个乳腺叶有一根排泄管，称输乳管，乳腺叶和输乳管均以乳头为中心呈放射状排列。乳腺周围的纤维组织还发出许多小的纤维束，称乳房悬韧带（Cooper 韧带），将腺组织向深层连于胸肌筋膜，向浅层连于皮肤，对乳房起支持和固定作用。乳腺手术时应作放射状切口，以减少对乳腺叶和输乳管的损伤。

7. 广义会阴指封闭小骨盆下口的所有软组织，呈菱形。以两侧坐骨结节连线为界，将会阴分为前、后两个三角形的区域。前方是尿生殖区，又称为尿生殖三角，男性有尿道通过，女性有尿道和阴道通过；后方是肛区，又称为肛门三角，中央有肛管通过。

（汪家龙）

第十三章 | 腹 膜

一、实验指导

【实验目的】

1. 掌握腹膜与腹、盆腔器官的关系；腹膜形成的主要结构（网膜、系膜与陷凹）。
2. 熟悉腹膜的分部与功能；腹腔与腹膜腔的区别；网膜囊的境界与交通。
3. 了解腹膜形成的韧带、皱襞和隐窝。

【实验内容与方法】

1. 在腹腔解剖标本上，观察腹膜的分部及腹膜与腹、盆腔器官的关系。
2. 在显示网膜的标本或模型上，观察小网膜的位置与分部、大网膜的层次与特点及胃结肠韧带，探查网膜孔、网膜囊的境界。
3. 在腹腔解剖标本上，观察并触摸肝和脾的韧带及其位置关系。
4. 在男、女性盆腔正中矢状切标本上，观察腹膜形成的陷凹、皱襞和隐窝，重点观察直肠膀胱陷凹（男）、直肠子宫陷凹（女）和肝肾隐窝的构成与毗邻。

【思考题】

1. 简述腹膜的功能。
2. 腹膜形成的结构主要包括哪些？

二、学习指导

腹膜 {
  分部 {
    壁腹膜：衬于腹、盆壁内表面的腹膜
    脏腹膜：贴覆于腹、盆腔器官表面的腹膜
  }
  腹膜腔：脏、壁腹膜之间相互延续和移行，共同围成不规则的潜在性腔隙
}

腹膜与腹、盆腔器官的关系 {
  腹膜内位器官：器官表面几乎全部被腹膜所覆盖，如胃、空回肠、阑尾、卵巢和输卵管等
  腹膜间位器官：器官表面大部分被腹膜所覆盖，如肝、胆囊、升降结肠、子宫和直肠上段等
  腹膜外位器官：器官仅有一面被腹膜所覆盖，如胰、肾、输尿管、直肠下段等
}

		小网膜：肝门与胃小弯及十二指肠上部间的双层腹膜结构，包括肝胃韧带和肝十二指肠韧带
	网膜	大网膜：连于胃大弯与横结肠之间的4层腹膜结构
		网膜囊：是小网膜和胃后方与腹后壁腹膜间的扁窄间隙，属于腹膜腔的一部分。开口：网膜孔

腹膜形成的结构

- **网膜**
  - 小网膜：肝门与胃小弯及十二指肠上部间的双层腹膜结构，包括肝胃韧带和肝十二指肠韧带
  - 大网膜：连于胃大弯与横结肠之间的4层腹膜结构
  - 网膜囊：是小网膜和胃后方与腹后壁腹膜间的扁窄间隙，属于腹膜腔的一部分。开口：网膜孔
- **系膜**
  - 肠系膜：是将空、回肠连于腹后壁的双层扇形腹膜结构
  - 阑尾系膜：是阑尾与回肠末端间的三角形双层腹膜结构
  - 横结肠系膜：是连于横结肠与腹后壁之间的双层腹膜结构
  - 乙状结肠系膜：是将乙状结肠系于左髂窝的双层腹膜结构
- **韧带**：镰状韧带、冠状韧带、左右三角韧带、胃脾韧带、脾肾韧带
- **隐窝与陷凹**
  - 肝肾隐窝：位于肝右叶与右肾之间，是仰卧位时腹膜腔的最低部位
  - 直肠膀胱陷凹：男性站立和半卧位时是腹膜腔的最低部位
  - 直肠子宫陷凹：又称Douglas腔，女性站立和半卧位时是腹膜腔的最低部位

三、练习题

【概念题】

1. 腹腔与腹膜腔
2. 大网膜
3. 网膜孔
4. 肠系膜
5. 镰状韧带
6. 直肠子宫陷凹
7. 直肠膀胱陷凹
8. 网膜囊

【A₁型题】

1. 属于腹膜外位器官的是

   A. 子宫　　　　　　　　　　　　　　B. 十二指肠上部

   C. 肾　　　　　　　　　　　　　　　D. 脾

   E. 阑尾

2. 属于腹膜内位器官的是

   A. 肝　　　　　　　　　　　　　　　B. 输尿管

   C. 胰头　　　　　　　　　　　　　　D. 升结肠

   E. 阑尾

3. 肝胃韧带含有的血管是

   A. 胃左、右血管　　　　　　　　　　B. 胃网膜左血管

   C. 肝固有血管　　　　　　　　　　　D. 胃短血管

E. 胃十二指肠血管

4. 属于腹膜间位器官的是
   A. 空肠、横结肠
   B. 阑尾、盲肠
   C. 输卵管、卵巢
   D. 胆囊、肝
   E. 十二指肠上部、回肠

5. 仰卧位时,腹膜腔的最低处在
   A. 十二指肠下隐窝
   B. 乙状结肠间隐窝
   C. 肝肾隐窝
   D. 直肠膀胱陷凹
   E. 盲肠后隐窝

6. 站立位时,男性腹膜腔的最低部位是
   A. 髂窝
   B. 膀胱子宫陷凹
   C. 坐骨肛门窝
   D. 直肠子宫陷凹
   E. 直肠膀胱陷凹

7. 下列结构内含有胰尾的是
   A. 脾肾韧带
   B. 肝胃韧带
   C. 胃脾韧带
   D. 膈脾韧带
   E. 胃结肠韧带

【A₂ 型题】

1. 关于腹膜腔的描述,**错误**的是
   A. 腹膜腔又称为腹腔
   B. 腹腔所有器官都位于腹膜腔外
   C. 女性腹膜腔可间接通外界
   D. 脏腹膜构成某些器官的外膜
   E. 腹膜腔内有少量液体

2. 临床手术切除器官,可**不经**腹膜腔的是
   A. 胃
   B. 阑尾
   C. 肾
   D. 脾
   E. 胆囊

3. 关于肝肾隐窝的描述,**错误**的是
   A. 位于肝右叶和右肾之间
   B. 居腹膜腔之外
   C. 仰卧位时是腹膜腔的最低部位
   D. 仰卧位时腹膜腔内的液体易积存于此
   E. 与右结肠旁沟相通

4. 关于镰状韧带的描述,**错误**的是
   A. 呈矢状位
   B. 由腹膜形成的双层结构
   C. 位于腹前正中线左侧
   D. 下缘游离并增厚
   E. 下缘内含肝圆韧带

5. **没有**系膜的器官是
   A. 空肠
   B. 阑尾
   C. 乙状结肠
   D. 升结肠
   E. 回肠

6. 关于直肠子宫陷凹的描述，**错误**的是

    A. 为腹膜在直肠与子宫之间移行反折形成

    B. 位置较深

    C. 凹底距肛门约 10cm

    D. 与阴道穹后部之间仅隔以阴道后壁和腹膜

    E. 站立时女性腹膜腔最低的部位

7. 腹膜形成的结构**不包括**

    A. 肝胃韧带　　　　　　　　　　B. 肝十二指肠韧带

    C. 肝圆韧带　　　　　　　　　　D. 肝冠状韧带

    E. 镰状韧带

【A$_3$型题】

（1~3题共用题干）

腹膜是全身面积最大、配布最复杂、薄而光滑、半透明状的浆膜。腹膜具有分泌、吸收、保护、支持、修复等功能。

1. 腹膜炎症或腹部手术后的病人为减缓腹膜对有害物质的吸收，多采取的体位是

    A. 平卧位　　　　　　　　　　　B. 半坐卧位

    C. 右侧卧位　　　　　　　　　　D. 左侧卧位

    E. 俯卧位

2. 关于网膜囊的描述，正确的是

    A. 位于肝的前方

    B. 位于小网膜和胃后壁与腹后壁的腹膜之间

    C. 下端有网膜孔

    D. 独立于腹膜腔之外

    E. 内含胃及胃床

3. 属于腹膜间位器官的是

    A. 充盈的膀胱　　　　　　　　　B. 卵巢

    C. 盲肠　　　　　　　　　　　　D. 乙状结肠

    E. 输卵管

【问答题】

在临床护理工作中，对腹膜炎或腹部手术后病人一般都采取半坐卧位。根据腹膜的特性和生理功能，分析这样做的根据。

四、参考答案

【概念题】

1. 腹腔与腹膜腔是不同的概念。腹腔是指小骨盆上口以上由腹壁和膈肌围成的腔。腹膜腔是脏、壁腹膜之间相互移行和延续共同围成的不规则潜在性腔隙，内含少量液体。

2. 大网膜是连于胃大弯与横结肠之间的 4 层腹膜结构，形似围裙，覆盖于横结肠和空、回肠的前面。

3. 网膜孔又称 Winslow 孔，位于小网膜右缘的后方，成人可容 1~2 指通过。其上界为肝尾状叶，下界为十二指肠上部，前界为肝十二指肠韧带，后界为覆盖在下腔静脉表面的腹膜。

4. 肠系膜是将空、回肠系连固定于腹后壁的双层腹膜结构，系膜内有肠系膜上血管及其分支和属支、淋巴管和神经等。

5. 镰状韧带是腹前壁上部与膈肌下面连于肝上面的双层腹膜结构，呈矢状位，其游离缘增厚，内含肝圆韧带。

6. 直肠子宫陷凹又称 Douglas 腔，由腹膜在直肠与子宫之间移行折返形成，是女性站立或半卧位时腹膜腔的最低部位，腹膜腔内的积液多聚积于此，临床上可进行阴道穹后部穿刺进行诊断和治疗。

7. 直肠膀胱陷凹，由腹膜在膀胱与直肠之间移行折返形成，是男性站立或半卧位时腹膜腔的最低部位，腹膜腔内的积液多聚积于此，临床上可进行直肠穿刺进行诊断和治疗。

8. 网膜囊是小网膜和胃后壁与腹后壁的腹膜之间的一个扁窄间隙，又称小腹膜腔。右侧借网膜孔通腹膜腔的其余部分。网膜囊位置较深，胃后壁穿孔时，胃内容物常积聚在囊内，给早期诊断带来一定困难。

【A₁ 型题】

1. C　　2. E　　3. A　　4. D　　5. C　　6. E　　7. A

【A₂ 型题】

1. A　　2. C　　3. B　　4. C　　5. D　　6. C　　7. C

【A₃ 型题】

1. B　　2. B　　3. A

【问答题】

因为上腹部的腹膜吸收力比下部强，盆腔腹膜面积较上腹部小，抵抗力较强，毒素吸收较慢，所以腹膜炎症或手术后的病人多采取半坐卧位，使有害液体流至下腹部，以减缓腹膜吸收有害物质，减轻临床反应。一旦形成脓肿，盆腔脓肿处理起来更加方便。

（马怡婷）

第十四章 | 心血管系统

一、实验指导

实验一　心的大体结构

【实验目的】

1. 掌握心血管系统的组成；血液循环；心的位置和外形、心腔结构、心传导系、冠状动脉及分支。

2. 熟悉心的构造；心包。

3. 了解心的体表投影；心的静脉。

【实验内容与方法】

1. 在打开胸前壁标本和离体心标本上，观察心的位置、外形及体表投影。

2. 在打开各心腔的标本上，观察心各腔的主要形态结构、出入口及其瓣膜等。

3. 在心剖面标本上，观察心外膜、心肌膜、心内膜。

4. 在心的血管标本和铸型标本上，观察左、右冠状动脉和主要分支及其分布范围，心大、中、小静脉的位置及注入冠状窦的位置。

5. 在心传导系标本或模型上，观察窦房结、房室结、房室束及左、右束支的位置。

6. 在心包标本上，观察纤维心包、浆膜心包、心包腔、心包横窦及心包斜窦。

【思考题】

1. 心的4个腔各有哪些出、入口？心腔内有哪些瓣膜，各有何作用？

2. 比较左心房与右心房、左心室与右心室在结构上的异同。

实验二　动脉和静脉的大体结构

【实验目的】

1. 掌握主动脉的起止、行程及分部；身体各部动脉主干的名称、位置、主要分支；上、下腔静脉系组成；全身主要浅静脉的位置和意义；肝门静脉系的组成及其属支，肝门静脉与上、下腔静脉的吻合。

2. 熟悉全身主要动、静脉的分布情况；静脉瓣；上、下肢深静脉。

3. 了解血管吻合；头颈部和四肢的动脉搏动点及常用止血点。

【实验内容与方法】

1. 在心、肺原位标本上，观察肺动脉干，左、右肺动脉，动脉韧带，4 条肺静脉。

2. 在打开胸、腹前壁的标本上，观察升主动脉、主动脉弓及其分支（头臂干、左颈总动脉、左锁骨下动脉）、胸主动脉、腹主动脉的位置和行程。

3. 在头颈部动脉标本上，观察颈总动脉、颈内动脉、颈外动脉的起止、行程及主要分支，颈动脉窦的位置，并在活体上触摸主要动脉搏动点。

4. 在上肢动脉标本上，观察锁骨下动脉、腋动脉、肱动脉、桡动脉、尺动脉的起止、行程及主要分支，掌浅弓、掌深弓的位置及其组成，并在活体上触摸主要动脉搏动点。

5. 在胸、腹主动脉标本及盆腔动脉标本上，观察胸主动脉、腹主动脉、髂总动脉、髂内动脉和髂外动脉的起止、行径及其主要分支。

6. 在下肢动脉标本上，观察股动脉、腘动脉、胫后动脉、胫前动脉和足背动脉的起止、行径及其主要分支，并在活体上触摸主要动脉搏动点。

7. 在上腔静脉标本上，观察上腔静脉、头臂静脉、颈内静脉、锁骨下静脉、腋静脉和奇静脉的起止、行程及主要属支。

8. 在全身浅静脉标本上，观察颈外静脉、头静脉、贵要静脉、肘正中静脉、大隐静脉和小隐静脉的起止、行程。

9. 在下腔静脉标本上，观察下腔静脉、髂总静脉、髂内静脉、髂外静脉、股静脉和腘静脉的起止、行程及主要属支。

10. 在肝门静脉标本上，观察肝门静脉的组成、行程、属支（主要观察脾静脉、肠系膜上静脉和肠系膜下静脉）。

【思考题】

1. 试述腹主动脉的不成对脏支及其分支分布。

2. 急性阑尾炎时，经手背静脉网输入抗生素，经何途径到达阑尾？

3. 肝门静脉压力升高导致肝门静脉内的血液反流时，血液通过哪些途径回到右心房？

实验三　心血管系统的微细结构

【实验目的】

1. 掌握心、大动脉和中动脉的光镜结构。

2. 熟悉小动脉和静脉的光镜结构。

【实验内容与方法】

1. 心

材料：心。

染色：HE 染色。

肉眼观察：标本中凹凸不平的一面为心内膜，相对较平的一面为心外膜，中间为心肌膜。

低倍观察：心壁分 3 层，由内向外依次观察。

（1）心内膜：较薄，靠近心腔内表面，由表面的内皮和深部的内皮下层构成。内皮下层由结缔组织构成,可分为内、外两层,外层较厚,又称心内膜下层,由疏松结缔组织构成。在心室的心内膜下层分布有浦肯野纤维。

(2)心肌膜:较厚,主要由心肌纤维组成。心肌纤维呈螺旋状排列,大致可分为内纵、中环、外斜三层,在切片中能见到各种心肌纤维的断面。心肌纤维间有少量结缔组织和丰富的毛细血管。

(3)心外膜:为浆膜。外表面为间皮,其深面为疏松结缔组织。

高倍观察:浦肯野纤维位于心内膜下层,比心肌纤维短而粗,肌质丰富,染色浅,核位于细胞中央,闰盘发达。

2. 大动脉

材料:大动脉。

染色:HE 染色。

肉眼观察:切片呈弧形,凹面为管腔面。

低倍观察:由腔面向外观察,分为3层。

(1)内膜:由内皮和内皮下层组成。内皮为单层扁平上皮;内皮下层为结缔组织。

(2)中膜:最厚,主要由数十层弹性膜组成,其间夹有大量弹性纤维、少量平滑肌和胶原纤维;弹性膜呈亮粉色波浪状,将光线调暗时可更清楚地显示出来。

(3)外膜:较薄,由结缔组织构成,其内可见营养血管。

3. 中动脉和中静脉

材料:中动脉、中静脉。

染色:HE 染色。

肉眼观察:标本中腔小而规整且壁厚的为中动脉,腔大而不规整且壁薄的为中静脉。

低倍观察:

(1)中动脉:先辨认内、外弹性膜,将3层膜分开,由腔内向外观察。

1)内膜:腔面有内皮附着,内皮外有薄层结缔组织构成内皮下层,其外有一层红而发亮呈波浪状的内弹性膜,它是内膜与中膜的分界。

2)中膜:最厚,主要由数十层平滑肌纤维组成,其间有少量弹性纤维和胶原纤维。

3)外膜:为疏松结缔组织,在中膜与外膜交界处有曲折走行的红色外弹性膜。

(2)中静脉:与中动脉相比,管壁较薄,3层膜分界不明显,无内弹性膜,中膜仅有几层平滑肌纤维,外膜最厚,内有营养血管和神经。

4. 小动脉和小静脉

材料:大动脉。

染色:HE 染色。

低倍观察:在大动脉的外膜处,可找到一伴行的小动脉和小静脉。小动脉腔小而圆,壁较厚,可见内弹性膜,中膜有数层环行平滑肌。小静脉腔大不规则,壁薄,主要由内皮和外方少量结缔组织构成,有的内皮外有1~2层平滑肌。

【思考题】

1. 在光镜下如何区分大动脉与中动脉?

2. 如何在光镜下识别浦肯野纤维?

二、学习指导

脉管系统
- 心血管系统
  - 组成：心、动脉、静脉和毛细血管
  - 血液循环
    - 体循环：左心室→全身→右心房
    - 肺循环：右心室→肺→左心房
  - 血管吻合：动脉间吻合、静脉间吻合
    - 动静脉吻合、侧支吻合
- 淋巴系统：淋巴管道、淋巴组织和淋巴器官

心
- 位置
  - 毗邻
  - 外形
    - 位置：胸腔中纵隔内，2/3居身体正中线左侧，1/3在右侧
    - 毗邻：前方对胸骨体及第2~6肋软骨，后方对第5~8胸椎，两侧邻肺和胸膜
    - 外形
      - 前后略扁倒置的圆锥体
      - 心尖：朝向左前下方
      - 心底：朝向右后上方
      - 2面：胸肋面和膈面
      - 3缘：左缘、右缘和下缘
      - 4沟：冠状沟、前室间沟、后室间沟和房间沟
- 心腔结构
  - 右心房
    - 结构：右心耳、卵圆窝
    - 入口：上腔静脉口、下腔静脉口及冠状窦口
    - 出口：右房室口
  - 右心室
    - 流入道：入口为右房室口，有三尖瓣环、三尖瓣、腱索和乳头肌
    - 流出道：出口为肺动脉口，有肺动脉瓣
  - 左心房：左心耳，入口：4个肺静脉口；出口：左房室口
  - 左心室
    - 流入道：入口为左房室口，有二尖瓣环、二尖瓣、腱索和乳头肌
    - 流出道：出口为主动脉口，有主动脉瓣
- 心的构造
  - 心壁：心内膜、心肌膜和心外膜
  - 心纤维支架：左、右纤维三角，4个瓣环
  - 心间隔
    - 房间隔：卵圆窝处最薄
    - 室间隔：分肌部和膜部，膜部是室间隔缺损好发部位
- 心传导系：窦房结、（结间束）、房室结、房室束、左右束支和Purkinje纤维网
- 心的血管
  - 动脉：左冠状动脉和右冠状动脉
  - 静脉：冠状窦开口于右心房，属支有心大静脉、心中静脉和心小静脉
- 心包
  - 纤维心包：最外层，厚而无伸缩性
  - 浆膜心包：分脏、壁两层，其间为心包腔：心包横窦和心包斜窦
- 体表投影
  - 左上点：左侧第2肋软骨下缘，距胸骨左缘约1.2cm
  - 右上点：右侧第3肋软骨上缘，距胸骨右缘约1cm
  - 右下点：右侧第7胸肋关节处
  - 左下点：左侧第5肋间隙，锁骨中线内侧1~2cm

体循环动脉的主要分支：

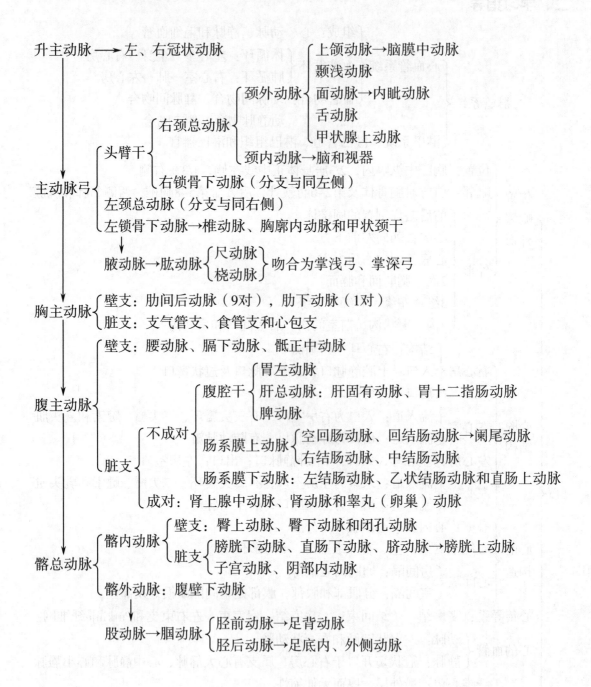

升主动脉 —→ 左、右冠状动脉

主动脉弓 {
　头臂干 {
　　右颈总动脉 {
　　　颈外动脉 {
　　　　上颌动脉→脑膜中动脉
　　　　颞浅动脉
　　　　面动脉→内眦动脉
　　　　舌动脉
　　　　甲状腺上动脉
　　　}
　　　颈内动脉→脑和视器
　　}
　　右锁骨下动脉（分支与同左侧）
　}
　左颈总动脉（分支与同右侧）
　左锁骨下动脉→椎动脉、胸廓内动脉和甲状颈干
}

腋动脉→肱动脉 { 尺动脉　桡动脉 } 吻合为掌浅弓、掌深弓

胸主动脉 {
　壁支：肋间后动脉（9对），肋下动脉（1对）
　脏支：支气管支、食管支和心包支
}

腹主动脉 {
　壁支：腰动脉、膈下动脉、骶正中动脉
　脏支 {
　　不成对 {
　　　腹腔干 {
　　　　胃左动脉
　　　　肝总动脉：肝固有动脉、胃十二指肠动脉
　　　　脾动脉
　　　}
　　　肠系膜上动脉 {
　　　　空回肠动脉、回结肠动脉→阑尾动脉
　　　　右结肠动脉、中结肠动脉
　　　}
　　　肠系膜下动脉：左结肠动脉、乙状结肠动脉和直肠上动脉
　　}
　　成对：肾上腺中动脉、肾动脉和睾丸（卵巢）动脉
　}
}

髂总动脉 {
　髂内动脉 {
　　壁支：臀上动脉、臀下动脉和闭孔动脉
　　脏支 {
　　　膀胱下动脉、直肠下动脉、脐动脉→膀胱上动脉
　　　子宫动脉、阴部内动脉
　　}
　}
　髂外动脉：腹壁下动脉
}

股动脉→腘动脉 {
　胫前动脉→足背动脉
　胫后动脉→足底内、外侧动脉
}

体循环静脉的主要属支与回流：

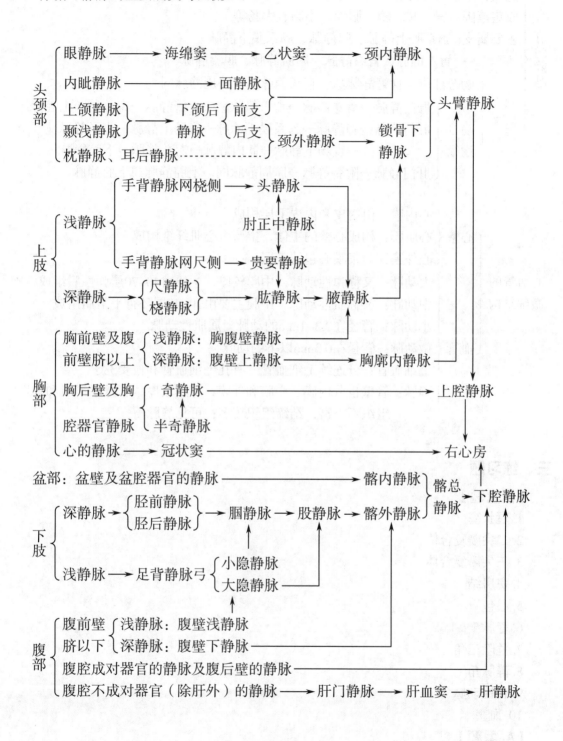

全身六大浅静脉 { 颈部：颈外静脉
上肢：头静脉、贵要静脉及肘正中静脉
下肢：大隐静脉、小隐静脉

$$肝门静脉 \begin{cases} 组成：肠系膜上静脉和脾静脉在胰颈后方汇合而成 \\ 收集范围：胃、脾、胰、胆囊、小肠、大肠等 \\ 主要属支：肠系膜上静脉、脾静脉、肠系膜下静脉 \\ \qquad\qquad 胃左静脉、胃右静脉、附脐静脉、胆囊静脉 \\ 侧支循环 \begin{cases} 吻合部位：食管静脉丛、直肠静脉丛、脐周静脉网 \\ 吻合途径 \end{cases} \end{cases}$$

侧支循环吻合途径：

肝门静脉→胃左静脉→食管静脉丛→食管静脉→奇静脉→上腔静脉

肝门静脉→脾静脉→肠系膜下静脉→直肠上静脉→直肠静脉丛
→直肠下静脉→髂内静脉→髂总静脉→下腔静脉

肝门静脉→附脐静脉→脐周静脉网→上腔静脉或下腔静脉

心血管的微细结构
- 心壁
  - 心内膜：由内皮和内皮下层构成
  - 心肌膜：构成心壁的主体，主要由心肌纤维构成
  - 心外膜：为浆膜心包的脏层
- 血管
  - 大动脉：又称弹性动脉，中膜较厚，主要由40~70层弹性膜组成
  - 中动脉：又称肌性动脉，中膜主要由10~40层环行平滑肌组成
  - 小动脉：管径在0.3~1mm的动脉，属肌性动脉
  - 微动脉：管径在0.3mm以下的动脉
  - 毛细血管：分连续毛细血管、有孔毛细血管和血窦3类
  - 静脉：管壁也分内膜、中膜和外膜，外膜较厚；管壁平滑肌和弹性组织不丰富，结缔组织较多；可见静脉瓣

三、练习题

【概念题】

1. 冠状窦

2. 二尖瓣复合体

3. 三尖瓣复合体

4. 窦房结

5. 心包

6. 静脉瓣

7. 危险三角

8. 静脉角

9. 弹性动脉

10. 血窦

【A₁型题】

1. 关于心室收缩时瓣膜变化规律的描述，正确的是
　　A. 主动脉瓣关闭、二尖瓣开放　　　　　B. 主动脉瓣关闭、肺动脉瓣开放
　　C. 主动脉瓣开放、二尖瓣关闭　　　　　D. 肺动脉瓣关闭、三尖瓣开放

  E. 肺动脉瓣开放、三尖瓣开放

2. 心尖的体表投影在
  A. 左第 4 肋间隙、锁骨中线内侧 3~4cm
  B. 左第 4 肋间隙、锁骨中线外侧 1~2cm
  C. 左第 5 肋间隙、锁骨中线内侧 1~2cm
  D. 左第 5 肋间隙、锁骨中线外侧 1~2cm
  E. 左第 6 胸肋关节

3. 关于心的静脉的描述,正确的是
  A. 全部直接开口于心腔   B. 全部直接开口于右心房
  C. 全部直接开口于左心房   D. 大部分先汇入冠状窦,再注入右心房
  E. 大部分先汇入冠状窦,再注入左心房

4. 体循环始于
  A. 右心房   B. 右心室
  C. 左心房   D. 左心室
  E. 升主动脉

5. 二尖瓣附于
  A. 右房室口   B. 冠状窦口
  C. 主动脉口   D. 肺动脉口
  E. 左房室口

6. 心的正常起搏点在
  A. 房室束   B. 房室结
  C. 窦房结   D. 结间束
  E. 浦肯野纤维

7. 关于右心室的描述,正确的是
  A. 构成心右缘的大部   B. 室壁比左心室厚
  C. 构成心下缘的大部   D. 腔面全部由肉柱形成嵴状
  E. 有冠状窦的开口

8. 关于卵圆窝的描述,正确的是
  A. 在左心房的后壁上   B. 在室间隔的左心室侧
  C. 在室间隔的右心室侧   D. 在右心房的前壁上
  E. 在房间隔的右心房侧

9. 关于下腔静脉的描述,正确的是
  A. 接收肝静脉的注入
  B. 只接收腹腔单一脏器的静脉血
  C. 由左、右髂总静脉在第 3 腰椎水平汇成
  D. 接收肝门静脉的注入
  E. 位于主动脉的左侧

10. 窦房结位于

A. 下腔静脉口的右侧　　　　　　　B. 房间隔内

C. 冠状窦口　　　　　　　　　　　D. 右肺上静脉入口处

E. 上腔静脉与右心房交界处的心外膜下

11. 大隐静脉经过

A. 内踝前方　　　　　　　　　　　B. 内踝后方

C. 外踝前方　　　　　　　　　　　D. 外踝后方

E. 内、外踝之间的后方

12. 关于肺动脉的描述，正确的是

A. 起于左心室

B. 其内流动着动脉血

C. 动脉韧带连于右肺动脉与主动脉弓之间

D. 属于营养性动脉

E. 左、右肺动脉位于主动脉弓的下方

13. 下肢的动脉主干是

A. 肱动脉　　　　　　　　　　　　B. 髂总动脉

C. 腹主动脉　　　　　　　　　　　D. 髂外动脉

E. 髂内动脉

14. 主动脉弓凸侧从右向左分别发出

A. 头臂干、左颈总动脉、左锁骨下动脉　　B. 头臂干、左锁骨下动脉、左颈总动脉

C. 头臂干、右颈总动脉、右锁骨下动脉　　D. 头臂干、右锁骨下动脉、右颈总动脉

E. 头臂干、右颈总动脉、左颈总动脉

15. 能在外耳门前方摸到搏动的动脉是

A. 上颌动脉　　　　　　　　　　　B. 颈外动脉

C. 面动脉　　　　　　　　　　　　D. 颞浅动脉

E. 脑膜中动脉

16. 小隐静脉注入

A. 股动脉　　　　　　　　　　　　B. 大隐静脉

C. 腘静脉　　　　　　　　　　　　D. 胫前静脉

E. 胫后静脉

17. 奇静脉注入

A. 右心房　　　　　　　　　　　　B. 头臂静脉

C. 上腔静脉　　　　　　　　　　　D. 下腔静脉

E. 锁骨下静脉

18. 关于肝门静脉的描述，正确的是

A. 多由肠系膜上、下静脉合成　　　B. 位于大网膜内

C. 只收集消化管的血液　　　　　　D. 多由肠系膜上静脉和脾静脉合成

E. 是肝供血的唯一来源

19. 静脉角是下述哪两条静脉汇合处的夹角

A. 左、右头臂静脉 B. 上、下腔静脉
C. 颈内、外静脉 D. 锁骨下静脉、颈内静脉
E. 颈外静脉、锁骨下静脉

20. 关于头静脉的描述,正确的是
A. 起于手背静脉网尺侧 B. 起于手背静脉网桡侧
C. 通过肘窝中央 D. 注入尺静脉
E. 注入肱静脉

21. 关于心腔结构的描述,正确的是
A. 下腔静脉开口于右心房 B. 冠状窦开口于左心房
C. 肺静脉开口于左心室 D. 主动脉起始于右心室
E. 肺动脉干起始于左心室

22. 右锁骨下动脉起于
A. 主动脉弓 B. 右颈总动脉
C. 头臂干 D. 胸主动脉
E. 升主动脉

23. 主动脉弓的分支是
A. 胸廓内动脉 B. 右锁骨下动脉
C. 右颈总动脉 D. 左锁骨下动脉
E. 椎动脉

24. 属于腹主动脉成对脏支的是
A. 膈下动脉 B. 肾动脉
C. 肠系膜上动脉 D. 腹腔干
E. 髂总动脉

25. 关于椎动脉的描述,正确的是
A. 起于头臂干 B. 起于颈总动脉
C. 起于锁骨下动脉 D. 穿所有颈椎的横突孔
E. 营养颈椎

26. 右心室有
A. 梳状肌 B. 冠状窦口
C. 卵圆窝 D. 三尖瓣
E. 下腔静脉开口

27. 关于心腔结构的描述,正确的是
A. 左心房有 5 个入口 B. 右心房有 2 个入口
C. 心房出口即心室入口 D. 所有心腔出、入口都有瓣膜附着
E. 室间隔仅分隔左、右心室

28. 关于冠状动脉的描述,正确的是
A. 起于冠状窦 B. 右冠状动脉分出后室间支
C. 左冠状动脉分出后室间支 D. 起于主动脉弓

E. 起于腹主动脉

29. 测量血压常选用的血管是

A. 肱动脉
B. 桡动脉

C. 尺动脉
D. 股动脉

E. 肘正中静脉

30. 关于右心房的描述,正确的是

A. 冠状窦口在上、下腔静脉口之间
B. 卵圆窝位于房间隔上

C. 有 2 个入口
D. 入口都有瓣膜

E. 房室结位于冠状窦口之后

31. 关于子宫动脉的描述,正确的是

A. 起于肠系膜下动脉
B. 起于髂总动脉

C. 通过输尿管后上方
D. 经过输尿管的前上方

E. 供应卵巢

32. 髂外动脉发自

A. 腹主动脉
B. 髂内动脉

C. 股动脉
D. 腹腔干

E. 髂总动脉

33. 左睾丸静脉通常注入

A. 左肾静脉
B. 下腔静脉

C. 脾静脉
D. 肝门静脉

E. 髂外静脉

34. 大动脉管壁的主要结构特点是

A. 弹性膜和弹性软骨多
B. 弹性纤维和胶原纤维多

C. 弹性纤维和平滑肌纤维多
D. 弹性膜和弹性纤维多

E. 胶原纤维和平滑肌纤维多

35. 肌性动脉中膜内产生纤维和基质的细胞是

A. 成纤维细胞
B. 间充质细胞

C. 平滑肌细胞
D. 纤维细胞

E. 巨噬细胞

36. 毛细血管内皮细胞吞饮小泡的主要作用是

A. 分泌产物
B. 贮存物质

C. 传递信息
D. 吞噬异物

E. 物质转运

37. 毛细血管的组成包括

A. 内膜、中膜和外膜
B. 内皮、基膜和平滑肌

C. 内皮和基膜
D. 内皮、基膜和周细胞

E. 内皮、基膜、周细胞和平滑肌

38. 中医切脉常选用的血管是

A. 桡动脉   B. 尺动脉

C. 肱动脉   D. 掌心动脉

E. 桡静脉

39. 有孔毛细血管存在于

  A. 肌组织   B. 中枢神经系统

  C. 肺   D. 骨髓

  E. 胃肠黏膜

【A₂型题】

1. **不是**颈外动脉分支的是

  A. 甲状腺上动脉   B. 甲状腺下动脉

  C. 面动脉   D. 颞浅动脉

  E. 上颌动脉

2. **不直接**注入下腔静脉的血管是

  A. 肾静脉   B. 右睾丸静脉

  C. 肝静脉   D. 胃左静脉

  E. 腰静脉

3. **不属于**浅静脉的是

  A. 股静脉   B. 阴部外静脉

  C. 小隐静脉   D. 肘正中静脉

  E. 贵要静脉

4. 关于血液循环的描述，**错误**的是

  A. 体循环起于左心室   B. 体循环终止于右心房

  C. 肺循环的动脉含有静脉血   D. 肺循环起于右心室

  E. 肺循环终止于左心室

5. 与右心房**无关**的是

  A. 上腔静脉口   B. 卵圆窝

  C. 冠状窦口   D. 二尖瓣

  E. 右心耳

6. 在活体体表可触摸到搏动的动脉，但**不包括**

  A. 肱动脉   B. 面动脉

  C. 桡动脉   D. 足背动脉

  E. 椎动脉

7. 关于各心腔附着结构的描述，**错误**的是

  A. 三尖瓣连于右房室口   B. 二尖瓣连于左房室口

  C. 上腔静脉开口于右心房   D. 左房室口连主动脉瓣

  E. 冠状窦开口于右心房

8. **不是**肝门静脉属支的是

  A. 附脐静脉   B. 脾静脉

C. 胃左静脉
          D. 直肠下静脉

E. 胆囊静脉

9. 右心室腔内**看不到**的结构是

 A. 乳头肌
         B. 肺动脉口

 C. 二尖瓣
         D. 肉柱

 E. 右房室口

10. 关于心腔结构的描述,**错误**的是

 A. 上腔静脉开口于右心房
    B. 冠状窦开口于左心房

 C. 肺静脉开口于左心房
    D. 主动脉开口于左心室

 E. 肺动脉干开口于右心室

11. **不属于**腹主动脉直接分支的是

 A. 腹腔干
         B. 肠系膜上动脉

 C. 肠系膜下动脉
      D. 肾动脉

 E. 脾动脉

12. 关于静脉特点的描述,**错误**的是

 A. 管壁薄
         B. 管腔内有静脉瓣

 C. 体循环静脉有深、浅二类
   D. 静脉之间有丰富的吻合

 E. 静脉管径小于伴行的动脉

13. 上肢浅静脉**不包括**

 A. 桡静脉
         B. 头静脉

 C. 贵要静脉
        D. 肘正中静脉

 E. 手背静脉网

14. 关于上腔静脉的描述,**错误**的是

 A. 由左、右头臂静脉汇合而成
  B. 注入右心房

 C. 收纳头、颈和上肢的静脉血
  D. 收纳胸腔内脏的静脉血

 E. 收纳胃肠道的静脉血

15. 关于静脉注入的描述,**错误**的是

 A. 小隐静脉注入股静脉
   B. 头静脉注入腋静脉

 C. 贵要静脉注入肱静脉
   D. 肘正中静脉注入贵要静脉

 E. 大隐静脉注入股静脉

16. 关于上腔静脉的描述,**错误**的是

 A. 由颈内静脉和锁骨下静脉汇合而成
 B. 注入右心房

 C. 收纳上肢、头颈和胸壁的静脉血
  D. 沿升主动脉右缘垂直下降

 E. 内含静脉血

17. 心肌膜的结构特征**不包括**

 A. 心房肌和心室肌不相连
   B. 大致分为内纵、中环、外斜3层

 C. 左心室心肌膜最厚
    D. 心肌纤维间有大量结缔组织

 E. 有丰富的毛细血管

18. 关于心壁结构的描述，**错误**的是
    A. 左心室壁最厚
    B. 心肌膜最薄
    C. 外表面覆有间皮
    D. 心肌膜毛细血管丰富
    E. 心内膜突出形成心瓣膜

19. 关于大动脉的描述，**错误**的是
    A. 中膜最厚
    B. 中膜弹性膜丰富
    C. 外膜表面无间皮
    D. 内膜表面为内皮
    E. 属于肌性动脉

20. 大动脉内膜**不含有**
    A. 平滑肌纤维
    B. 弹性膜
    C. 胶原纤维
    D. 结缔组织
    E. 内皮

21. 中动脉**不含有**
    A. 平滑肌纤维
    B. 内皮
    C. 大量弹性膜
    D. 结缔组织
    E. 血管

22. 无毛细血管分布的组织是
    A. 骨骼肌
    B. 软骨组织
    C. 肌腱
    D. 平滑肌
    E. 韧带

23. 关于颈总动脉的描述，**错误**的是
    A. 左颈总动脉发自主动脉弓
    B. 右颈总动脉发自头臂干
    C. 是头颈部的动脉主干
    D. 平甲状软骨上缘分为颈内、外动脉
    E. 左颈总动脉起始处位于左锁骨下动脉的左侧

24. 肝门静脉**不收纳**下列哪一器官的静脉血液
    A. 胃
    B. 脾
    C. 空肠
    D. 结肠
    E. 肝

【A$_3$ 型题】

（1、2题共用题干）

大动脉是指靠近心的动脉，其在结构和功能上有许多特征。

1. 关于大动脉的描述，**错误**的是
    A. 管壁弹性膜含量最多
    B. 外膜和内膜都含疏松结缔组织
    C. 外膜中有营养血管
    D. 靠近心的血管都是动脉
    E. 管壁可以被动扩张

2. 引起大动脉被动回缩的主要结构是
    A. 内皮下层
    B. 环行平滑肌
    C. 胶原纤维
    D. 弹性膜

E.基质

（3、4题共用题干）

中、小动脉在全身分布广泛，功能强大，在调节血压以及局部组织和器官血液供应等方面发挥着重要作用。

3.关于中动脉的描述，**错误**的是

    A.除大动脉外凡是解剖学上有名称的动脉都是中动脉

    B.管壁内平滑肌丰富

    C.内弹性膜显著

    D.平滑肌间彼此互不连接

    E.通过管壁中的平滑肌舒缩调节器官的血流量

4.关于小动脉的描述，**错误**的是

    A.一般管径小于1mm的动脉为小动脉   B.所有小动脉都有完整的弹性膜

    C.没有外弹性膜   D.中膜内均有平滑肌

    E.外膜与中膜厚度接近

（5、6题共用题干）

心位于胸腔内，与周围器官密切相关，是血液循环的核心器官。

5.关于心的位置和毗邻关系的描述，**错误**的是

    A.位于中纵隔内   B.2/3在身体正中面的左侧，1/3在右侧

    C.下面与膈肌相邻   D.前面全部被肺和胸膜覆盖

    E.后方平对第5~8胸椎

6.心内注射常选择的部位是

    A.右侧第3肋软骨上缘   B.左侧第2肋软骨下缘

    C.左侧第5肋间，锁骨中线内侧1~2cm   D.右侧第6胸肋关节处

    E.胸骨左缘第4肋间隙

（7~9题共用题干）

毛细血管在全身分布广泛，功能强大。毛细血管直径一般为6~8μm，表面积大、壁薄，是血液与组织间物质交换的主要血管。

7.关于毛细血管的描述，**错误**的是

    A.表面积大、壁薄   B.管壁由1~3个内皮细胞围成

    C.内皮细胞核常凸入腔内   D.内皮和基膜间有周细胞

    E.毛细血管基膜都是完整的

8.**不是**连续毛细血管特征的是

    A.由连续的内皮细胞围成

    B.基膜完整

    C.胞质中有许多吞饮小泡

    D.内皮细胞上有许多贯穿细胞的孔，且孔有隔膜封闭

    E.主要分布于肌组织和中枢神经系统等处

9.关于毛细血管的分布，**错误**的是

A. 机体任何部位都有分布　　　　　B. 胸腺内为连续毛细血管

C. 胃肠黏膜内为有孔毛细血管　　　D. 肝内为血窦

E. 脾内为血窦

【问答题】

1. 何谓体、肺循环？它们各自的循环路径如何？

2. 简述冠状动脉的行程及其分支、分布。

3. 颈外动脉有哪些主要分支？分布如何？

4. 全身从体表可以触摸到搏动的动脉有哪些？

5. 测血压时如何确定肱动脉的位置？

6. 上肢有哪些主要的浅静脉可以进行注射？怎样确定其位置？

7. 下肢有哪些主要的浅静脉可以进行注射？怎样确定其位置？

8. 简述肝门静脉的组成及其主要属支。

9. 口服黄连素后，病人尿液变黄。药物是怎样进入尿液的？叙述其途径。

10. 简述心壁的组织学结构。

11. 简述三类毛细血管的结构特点和分布。

四、参考答案

【概念题】

1. 冠状窦位于心膈面的冠状沟内，开口于右心房。心的静脉血绝大部分经冠状窦回流入右心房。

2. 二尖瓣环、二尖瓣、腱索和乳头肌在结构和功能上密切关联，合称二尖瓣复合体，保证血液由左心房向左心室单向流动。

3. 三尖瓣环、三尖瓣、腱索和乳头肌在结构和功能上密切关联，合称三尖瓣复合体，保证血液由右心房向右心室单向流动。

4. 窦房结位于上腔静脉与右心房交界处的心外膜深面，呈长椭圆形，是心的正常起搏点。

5. 心包为包裹心和出入心的大血管根部的锥形纤维浆膜囊，分内、外2层，外层称纤维心包，内层称浆膜心包。

6. 静脉瓣为附着于静脉腔内的半月形瓣，彼此相对，根部与内膜相连，游离缘朝向血流方向，由血管内膜凸入管腔折叠而成，表面覆以内皮，中间为含弹性纤维的结缔组织，其作用是防止血液逆流。

7. 危险三角即鼻根至两侧口角间的三角区。因面静脉在口角以上一般无瓣膜，当面部发生化脓感染处理不当时，细菌可上行导致颅内感染，故临床上把此三角区称"危险三角"。

8. 静脉角为颈内静脉与锁骨下静脉在胸锁关节后方汇合而形成的夹角，有淋巴导管注入。

9. 大动脉因其壁内含有大量弹性膜，又称弹性动脉，包括主动脉、肺动脉干、头臂干、颈总动脉、锁骨下动脉和髂总动脉等。

10. 血窦又称为窦状毛细血管,管腔大而不规则,内皮薄有孔,细胞间隙较大,无紧密连接,基膜不完整或缺如,通透性大,主要分布于肝、脾、骨髓和一些内分泌腺中。

【A₁ 型题】

1. C	2. C	3. D	4. D	5. E	6. C	7. C	8. E
9. A	10. E	11. A	12. E	13. D	14. A	15. D	16. C
17. C	18. D	19. D	20. B	21. A	22. C	23. D	24. B
25. C	26. D	27. C	28. B	29. A	30. B	31. D	32. E
33. A	34. D	35. B	36. E	37. D	38. A	39. E	

【A₂ 型题】

1. B	2. D	3. A	4. E	5. D	6. E	7. D	8. D
9. C	10. B	11. E	12. E	13. A	14. E	15. A	16. A
17. D	18. B	19. E	20. B	21. C	22. B	23. E	24. E

【A₃ 型题】

1. D	2. D	3. D	4. B	5. D	6. D	7. E	8. D
9. A							

【问答题】

1. 体循环指血液从左心室射出,经过主动脉及其各级分支到达组织、细胞代谢后,由各级静脉汇流入右心房的过程中所经历的路径。肺循环指血液从右心室射出,经肺动脉干及其分支入肺,进行气体交换后,由肺静脉引流入左心房过程中血液所经过的路径。

2. 心的动脉供应主要来自冠状动脉。右冠状动脉起于主动脉右窦,经冠状沟、后室间沟等处,借后室间支、左室后支等分布到右心房、右心室、室间隔后 1/3 部、部分左心室膈面、窦房结、房室结和左、右束支;左冠状动脉起于主动脉左窦,借前室间支及其分支分布于动脉圆锥、左心室前壁、部分右心室前壁和室间隔前 2/3 部,借旋支及其分支分布于左心房、左心室左侧面和膈面及窦房结。

3. 颈外动脉的主要分支有:①甲状腺上动脉,分布到甲状腺和喉;②舌动脉,分布到舌、口底结构和腭扁桃体等;③面动脉,分布于下颌下腺、面部和腭扁桃体等;④颞浅动脉,分布于腮腺和额、颞、顶部软组织;⑤上颌动脉,分支至外耳道、鼓室、牙及牙龈、鼻腔、腭、咀嚼肌等处,其重要分支脑膜中动脉分布于颅骨和硬脑膜。

4. 全身可以触摸到动脉搏动的动脉主要有:①颧弓根部、外耳门前方的颞浅动脉;②咬肌前缘与下颌底交界处的面动脉;③颈部喉外侧的颈总动脉;④肘窝处的肱动脉;⑤腕部桡骨茎突处的桡动脉;⑥腹股沟处的股动脉;⑦足部内、外踝之间前方的足背动脉等。

5. 屈肘时可触及肱二头肌肌腱,在肌腱的内侧即可触及肱动脉的搏动。

6. 上肢的浅静脉有头静脉、贵要静脉和肘正中静脉。头静脉起自手背静脉网的桡侧,向上逐渐转至前臂的外侧,在臂部沿肱二头肌外侧沟上行,经三角肌胸大肌间沟穿深筋膜注入腋静脉或锁骨下静脉。贵要静脉起自手背静脉网的尺侧,向上逐渐转到前臂前内侧上行,在肘窝处接受肘正中静脉后,沿肱二头肌内侧沟继续上行,达臂中部穿深筋膜注入腋静脉。肘正中静脉位于肘窝的前方,一般由头静脉发出斜向内上注入贵要静脉。

7. 下肢的浅静脉有小隐静脉和大隐静脉。小隐静脉起自足背静脉弓的外侧端,经外踝后方，沿小腿后面上行，至腘窝处穿深筋膜注入腘静脉。大隐静脉起自足背静脉弓的内侧端，经内踝前方，沿小腿和大腿的内侧上行，在耻骨结节外下方，穿隐静脉裂孔注入股静脉。

8. 肝门静脉在胰颈后方由肠系膜上静脉和脾静脉汇合而成。主要属支有肠系膜上静脉、肠系膜下静脉、脾静脉、胃左静脉、胃右静脉、胆囊静脉和附脐静脉。

9. 黄连素→口→咽→食管→胃→小肠→毛细血管→肝门静脉→肝血窦→肝静脉→下腔静脉→右心房→右心室→肺动脉→肺泡毛细血管→肺静脉→左心房→左心室→主动脉→肾动脉→肾→肾锥体→肾乳头→肾小盏→肾大盏→肾盂→输尿管→膀胱→尿道→体外。

10. 心壁从内向外依次为心内膜、心肌膜和心外膜。①心内膜，由内皮和内皮下层构成。内皮覆于腔面，内皮下层由结缔组织构成；内皮下层分内、外两层，其外层又称心内膜下层，在心室心内膜下层含有浦肯野纤维。②心肌膜，构成心壁的主体，主要由心肌纤维构成。心肌纤维呈螺旋状排列，心肌纤维间有少量结缔组织和丰富毛细血管。③心外膜，即浆膜心包的脏层；其表面被覆间皮，深面为疏松结缔组织。

11. 三类毛细血管分别为：①连续毛细血管，有连续的内皮细胞，细胞间有紧密连接，胞质含吞饮小泡，基膜完整；主要分布于结缔组织、肌组织、胸腺、肺和中枢神经系统等处。②有孔毛细血管，内皮细胞无核处极薄，有孔贯穿胞质，孔由隔膜封闭，细胞间有紧密连接，基膜完整；主要分布于胃肠黏膜、内分泌腺、肾血管球等处。③血窦，又称为窦状毛细血管，管腔大而不规则，内皮薄有孔，细胞间隙较大，无紧密连接，基膜不完整或缺如；主要分布于肝、脾、骨髓和一些内分泌腺中。

（何世洪　田荆华）

第十五章 | 淋巴系统

一、实验指导

实验一　淋巴系统的大体结构

【实验目的】

1. 掌握淋巴系统的组成；淋巴导管的起止、行程和收集范围；各淋巴干的收集范围；脾的位置和形态。

2. 熟悉全身主要部位淋巴结的位置和名称。

3. 了解淋巴系统的结构特点；胸腺的位置和形态。

【实验内容与方法】

1. 在全身淋巴系统的模型和标本上，观察全身主要淋巴结群。

2. 在注射亚甲蓝的四肢标本上，观察浅淋巴管和淋巴结。

3. 在打开胸、腹腔的标本上，观察淋巴导管的起止、行程和毗邻。

4. 在头颈部、四肢以及打开胸、腹腔的标本上，观察各部主要淋巴结群。

5. 在打开腹腔的标本和离体脾标本上，观察脾的位置和形态。

6. 在打开胸腔的儿童标本上，观察胸腺的位置和形态。

7. 在头颈部正中矢状切标本上，观察腭扁桃体、舌扁桃体、咽扁桃体的位置和形态。

【思考题】

1. 简述胸导管损伤导致乳糜胸的解剖学基础。

2. 简述左锁骨上淋巴结的位置和引流范围，并分析患胃癌时，此淋巴结为何会肿大？

实验二　淋巴系统的微细结构

【实验目的】

1. 掌握淋巴结和脾的光镜结构。

2. 熟悉胸腺的光镜结构。

【实验内容与方法】

1. 胸腺

材料：胸腺。

染色：HE 染色。

肉眼观察：表面薄层粉红色的部分为被膜，其内可见大小不等的块状结构，即胸腺小叶。

低倍观察：

(1) 被膜：为薄层结缔组织，伸入胸腺内形成小叶间隔，将实质分成许多胸腺小叶。

(2) 胸腺小叶：周边着色深的部分为皮质，中央着色浅的部分为髓质。各小叶皮质分开，髓质相互连续，髓质中可见大小不一，染成粉红色的圆形小体，即胸腺小体。

高倍观察：

(1) 皮质：由密集的胸腺细胞和少量的胸腺上皮细胞组成。胸腺细胞较小，核圆，着色深，胞质少，着蓝色；胸腺上皮细胞形状不规则，核大，染色浅，胞质较多，着粉色。

(2) 髓质：胸腺上皮细胞较皮质多，胸腺细胞较少。胸腺小体呈圆形或形状不规则，由胸腺上皮细胞呈同心圆排列而成；小体外周的细胞为扁平形，近小体中心的上皮细胞退化，核消失，呈嗜酸性。

2. 淋巴结

材料：淋巴结。

染色：HE 染色。

肉眼观察：淋巴结的纵切面呈椭圆形，表面染成粉红色的部分为被膜，被膜下着深蓝色的部分为皮质，中央着浅蓝色的部分为髓质。

低倍观察：

(1) 被膜和小梁：被膜位于淋巴结表面，由薄层结缔组织构成，有的部位可见输入淋巴管。被膜结缔组织伸入实质形成小梁，呈粉红色形状不规则。淋巴结一侧凹陷，称淋巴结门（有的切片未切到此部），有血管、神经和输出淋巴管出入。

(2) 皮质：位于被膜的下方，由浅层皮质、副皮质区和皮质淋巴窦构成。①浅层皮质，由淋巴小结及小结间的弥散淋巴组织组成，有的淋巴小结可见中央着色较浅的生发中心；②副皮质区，为成片的弥散淋巴组织，位于皮质深层，与周围组织无明显边界，其内可见毛细血管后微静脉；③皮质淋巴窦，包括被膜下窦和小梁周窦，分别分布于被膜与淋巴组织之间以及小梁与淋巴组织之间。

(3) 髓质：位于皮质的深层，由髓索和髓窦组成。①髓索，由相互连接呈索状的淋巴组织构成，粗细不等，染成深蓝紫色。②髓窦，分布于髓索与髓索之间以及髓索与小梁之间，结构与皮质淋巴窦相似。

高倍观察：

(1) 毛细血管后微静脉：内皮细胞呈立方形或柱状，核较大、椭圆形，胞质较多。

(2) 淋巴窦：窦壁由扁平的内皮细胞围成，窦内可见星状内皮细胞、淋巴细胞和巨噬细胞。

3. 脾

材料：脾。

染色：HE 染色。

肉眼观察：标本一侧表面染成粉红色的部分为被膜，被膜下呈深红色的部分为红髓，散在分布的蓝色点状结构为白髓。

低倍观察：

(1) 被膜和小梁：由较厚的致密结缔组织构成，内含平滑肌细胞，表面覆有间皮。被膜组织伸入实质形成小梁，其中可见小梁动脉和小梁静脉。

(2) 白髓：散在分布于红髓内，染成深蓝色，可分为 3 部分。①动脉周围淋巴鞘，为中央动脉周围的弥散淋巴组织；②淋巴小结，位于动脉周围淋巴鞘的一侧，中央可见着色浅的生发中心；③边缘区，为白髓与红髓交界处的狭窄区域，边界不明显。

（3）红髓：范围广，在被膜下和白髓之间的粉红色区域都是红髓，由脾索和脾血窦构成。①脾索，不规则条索状，互联成网，由含血细胞的淋巴组织构成；②脾血窦，即脾窦，是大小不一的不规则腔隙，腔内含血细胞。

高倍观察：

（1）脾索：红细胞与有核细胞聚集。脾索内含有淋巴细胞、浆细胞及巨噬细胞等。

（2）脾血窦：窦壁的长杆状内皮细胞多被横切，沿脾血窦壁呈点状排列，核圆、突向窦腔，细胞间可见间隙。

【思考题】

1. 请比较胸腺皮质与髓质光镜结构的异同。

2. 淋巴结和脾的光镜结构有何异同点？

二、学习指导

淋巴管道
- 毛细淋巴管：以膨大的盲端起自组织间隙
- 淋巴管：有浅、深之分，比静脉数量多，腔内有大量瓣膜
- 淋巴干：9条，成对的颈干、锁骨下干、支气管纵隔干和腰干以及单一的肠干
- 淋巴导管
  - 胸导管：由左、右腰干和肠干在第1腰椎体前方汇合而成，起始部膨大即乳糜池，注入前接受左锁骨下干、左颈干和左支气管纵隔干，注入左静脉角
  - 右淋巴导管：短干，由右颈干、右锁骨下干和右支气管纵隔干汇合而成，注入右静脉角

淋巴组织
- 弥散淋巴组织：无明确界限，其内主要含T细胞（分裂、分化部位）
- 淋巴小结：圆形或椭圆形，边界清楚，主要含B细胞，是体液免疫应答的重要标志

淋巴器官
- 胸腺
  - 位置形态：位于上纵隔前部，呈不对称左右两叶，有明显的年龄变化
  - 微细结构
    - 皮质：胸腺细胞多，胸腺上皮细胞少
    - 髓质：胸腺细胞少，胸腺上皮细胞多，可见胸腺小体
    - 血-胸腺屏障：阻挡血液中大分子物质进入胸腺的结构
- 淋巴结
  - 微细结构
    - 皮质：被膜下方，由皮质淋巴窦、浅层皮质及副皮质区构成
    - 髓质：位于淋巴结深部，由髓索及其间的髓窦组成
  - 功能：滤过淋巴和参与免疫应答
- 脾
  - 位置：左季肋区，第9~11肋深面，正常时在肋弓下不能触及
  - 形态：分膈、脏两面，前、后两端，上、下两缘（上缘有脾切迹）
  - 微细结构
    - 白髓：由动脉周围淋巴鞘、淋巴小结和边缘区构成
    - 红髓：由脾索和脾血窦组成
  - 功能：滤血、免疫应答和造血

全身主要部位的淋巴结

头部：枕淋巴结、乳突淋巴结、腮腺淋巴结、下颌下淋巴结和颏下淋巴结等

颈部：颈外侧浅淋巴结和颈外侧深淋巴结，形成颈干

上肢：最后注入腋淋巴结，按位置分为胸肌淋巴结、外侧淋巴结、肩胛下淋巴结、中央淋巴结和尖淋巴结5群，形成锁骨下干

躯干部
胸部：主要有胸骨旁淋巴结、肺门淋巴结和气管旁淋巴结，形成支气管纵隔干
腹部：主要有腰淋巴结（形成腰干）和腹腔器官的淋巴结（形成肠干）
盆部：包括髂内淋巴结、髂外淋巴结和髂总淋巴结等

下肢：腹股沟浅淋巴结和腹股沟深淋巴结，汇入髂外淋巴结

三、练习题

【概念题】

1. 淋巴管道

2. 淋巴干

3. 淋巴导管

4. 乳糜池

5. 弥散淋巴组织

6. 淋巴小结

7. 胸腺小体

8. 血 - 胸腺屏障

9. 副皮质区

10. 脾切迹

11. 脾小体

12. 边缘区

13. 局部淋巴结

【A$_1$型题】

1. 组成脾红髓的结构是

  A. 脾索和边缘区   B. 脾小体和脾索

  C. 边缘区和脾血窦   D. 脾血窦和脾小体

  E. 脾索和脾血窦

2. 关于胸导管的描述，正确的是

  A. 只接收5条淋巴干   B. 注入左静脉角

  C. 起始处由左、右颈干汇成   D. 注入右静脉角

  E. 收集下半身和右侧上半身的淋巴

3. 脾的边缘区位于

  A. 中央动脉周围   B. 白髓

  C. 红髓   D. 白髓与红髓交界处

E. 被膜下方

4. 组成脾小体的细胞主要是
   A. NK 细胞
   B. 浆细胞
   C. B 细胞
   D. K 细胞
   E. T 细胞

5. 胸导管的注入部位是
   A. 上腔静脉
   B. 头臂静脉
   C. 右颈内静脉
   D. 左静脉角
   E. 右静脉角

6. 关于淋巴管的描述, 正确的是
   A. 管腔内有大量瓣膜
   B. 均与血管伴行
   C. 起始端与毛细血管相连
   D. 存在于所有组织内
   E. 是淋巴的主要收集管

7. 右淋巴导管收集淋巴的范围是
   A. 右半身
   B. 右侧上半身
   C. 右侧下半身
   D. 下半身及右上半身
   E. 除左侧头部以外的其他部分

8. 解剖学将腋淋巴结分为
   A. 2 群
   B. 3 群
   C. 4 群
   D. 5 群
   E. 6 群

9. 尖淋巴结
   A. 位于腋窝中央
   B. 接受外侧淋巴结和胸肌淋巴结的输出管
   C. 接受肩胛下淋巴结的输出管
   D. 其输出管形成颈干
   E. 收纳中央淋巴结的输出管

10. 关于淋巴结的描述, 正确的是
    A. 凸侧与输出淋巴管相连
    B. 输出淋巴管数目较输入淋巴管数目多
    C. 多沿血管排列, 群居于身体较隐蔽处
    D. 凹侧与输入淋巴管相连
    E. 以上皆错

11. 右淋巴导管注入
    A. 右头臂静脉
    B. 右锁骨下静脉
    C. 右静脉角
    D. 右颈内静脉
    E. 右颈外静脉

12. 乳房的淋巴主要注入
    A. 膈上淋巴结
    B. 胸骨旁淋巴结
    C. 纵隔前淋巴结
    D. 锁骨下淋巴结
    E. 腋淋巴结

13. 胸腺

A. 常分为不对称的左、右叶　　　　　　　　B. 大部分位于胸腔上纵隔前部

C. 结构与功能随年龄有明显改变　　　　　　D. 小部分向下伸入前纵隔

E. 以上皆对

14. 构成胸腺小体的细胞是

A. 胸腺细胞　　　　　　　　　　　　　　　B. 巨噬细胞

C. 淋巴细胞　　　　　　　　　　　　　　　D. 胸腺小体上皮细胞

E. 网状细胞

15. 与淋巴结相比,胸腺的结构特点是

A. 以网状组织为支架　　　　　　　　　　　B. 淋巴细胞主要集中于髓质

C. 淋巴细胞形成小结　　　　　　　　　　　D. 淋巴细胞形成髓索

E. 淋巴细胞为 T 细胞

16. 属于淋巴结皮质的结构是

A. 浅层皮质、副皮质区、皮质淋巴窦　　　　B. 淋巴索、副皮质区、皮质淋巴窦

C. 淋巴小结、弥散淋巴组织　　　　　　　　D. 被膜、淋巴小结、副皮质区

E. 弥散淋巴组织、淋巴窦、髓窦

17. 淋巴结内毛细血管后微静脉主要分布于

A. 髓索　　　　　　　　　　　　　　　　　B. 副皮质区

C. 皮质与髓质交界处　　　　　　　　　　　D. 皮质淋巴窦

E. 浅层皮质

18. 组成淋巴小结的细胞主要是

A. B 细胞　　　　　　　　　　　　　　　　B. 辅助 T 细胞

C. 树突状细胞　　　　　　　　　　　　　　D. 网状细胞

E. 巨噬细胞

19. 乳糜池位于

A. 第 2 腰椎椎体的前方　　　　　　　　　　B. 第 12 胸椎椎体的前方

C. 第 3 腰椎椎体的前方　　　　　　　　　　D. 第 11 胸椎椎体的前方

E. 第 1 腰椎椎体的前方

20. 再循环的淋巴细胞进入淋巴结的主要途径是

A. 淋巴结小动脉　　　　　　　　　　　　　B. 毛细血管后微静脉

C. 输入淋巴管　　　　　　　　　　　　　　D. 被膜下窦

E. 以上都不是

21. 脾

A. 位于左季肋区　　　　　　　　　　　　　B. 正常时在肋弓下能触及

C. 在活体为淡红色,呈圆形　　　　　　　　D. 下缘有 2~3 个脾切迹

E. 长轴与第 8 肋一致

22. 脾滤血的主要结构是

A. 动脉周围淋巴鞘和淋巴小结　　　　　　　B. 淋巴小结和脾窦

C. 边缘区和脾窦　　　　　　　　　　　　　D. 脾索和动脉周围淋巴鞘

E. 边缘区和脾索

23. 胸导管穿经
    A. 腔静脉孔   B. 主动脉裂孔
    C. 食管裂孔   D. 卵圆孔
    E. 以上均不是

【A₂ 型题】

1. 淋巴管道**不包括**
    A. 乳糜池   B. 毛细淋巴管
    C. 淋巴组织   D. 左颈干
    E. 胸导管

2. **不注入**胸导管的淋巴干是
    A. 左锁骨下干   B. 左颈干
    C. 右颈干   D. 左支气管纵隔干
    E. 肠干

3. 关于淋巴系统的描述，**错误**的是
    A. 淋巴系统是脉管系统的一个组成部分   B. 组成中有各级淋巴管道
    C. 淋巴干和淋巴导管均为成对的管道   D. 组成中有淋巴器官
    E. 淋巴沿各级淋巴管向心流动

4. **不成对**的淋巴干是
    A. 肠干   B. 颈干
    C. 支气管纵隔干   D. 腰干
    E. 锁骨下干

5. **不汇入**胸导管的是
    A. 右颈干   B. 左颈干
    C. 肠干   D. 右腰干
    E. 左腰干

6. **不汇入**右淋巴导管的是
    A. 右颈干   B. 右锁骨下干
    C. 右支气管纵隔干   D. 右腰干
    E. 以上均不是

7. 关于胸导管的描述，**错误**的是
    A. 绝大部分位于脊柱右侧   B. 起于乳糜池
    C. 起端由左、右腰干和肠干合成   D. 在第 5 胸椎高度向左行
    E. 在注入静脉角前有 3 条淋巴干注入

8. 关于淋巴系统的描述，**错误**的是
    A. 包括淋巴组织、淋巴管道和淋巴器官
    B. 淋巴管有毛细淋巴管、淋巴管、淋巴干和淋巴导管
    C. 淋巴结的凹缘是其门所在的部位

D. 淋巴导管注入静脉角

E. 毛细淋巴管起于毛细血管

9. 腹股沟淋巴结**不接收**下列哪项淋巴回流

 A. 足外侧部   B. 小腿前内侧部

 C. 肛门   D. 外阴部

 E. 直肠上段

10. 胸导管**不收集**的淋巴干是

 A. 左、右腰干   B. 肠干

 C. 左锁骨下干   D. 右锁骨下干

 E. 左支气管纵隔干

11. **不属于**周围淋巴器官的是

 A. 淋巴结   B. 腭扁桃体

 C. 脾   D. 胸腺

 E. 咽扁桃体

12. 关于胸腺的描述，**错误**的是

 A. 是周围淋巴器官   B. 是培育 T 细胞的场所

 C. 髓质内有胸腺小体   D. 小叶分隔不全

 E. 血 - 胸腺屏障位于皮质

13. 关于淋巴结的描述，**错误**的是

 A. 位于淋巴回流的通路上   B. 常成群分布

 C. 实质分皮质和髓质   D. 髓质内有毛细血管后微静脉

 E. 可滤过淋巴

14. 关于淋巴窦的描述，**错误**的是

 A. 窦壁由扁平的内皮细胞围成   B. 许多巨噬细胞附于内皮细胞表面

 C. 窦内的淋巴流动缓慢   D. 窦内有星状内皮细胞

 E. 窦内网状细胞有吞噬作用

15. 关于胸腺小体的描述，**错误**的是

 A. 位于胸腺皮质内   B. 由胸腺小体上皮细胞围成

 C. 是胸腺的特征性结构   D. 呈圆形或卵圆形

 E. 功能不清

16. 关于副皮质区的描述，**错误**的是

 A. 为大片弥散的淋巴组织   B. 主要由 B 细胞聚集而成

 C. 含有毛细血管后微静脉   D. 位于皮质的深层

 E. 新生动物切除胸腺后，此区便不发育

17. 关于脾血窦的描述，**错误**的是

 A. 窦壁由扁平的内皮细胞围成   B. 位于脾索之间

 C. 内皮细胞之间有间隙   D. 血窦周围有较多的巨噬细胞

 E. 内皮细胞基膜不完整

18. 淋巴结皮质**不包括**

    A. 浅层皮质   B. 副皮质区

    C. 毛细血管后微静脉   D. 皮质淋巴窦

    E. 被膜

19. 关于淋巴小结的描述,**错误**的是

    A. 主要由密集的细胞组成   B. 呈圆形或椭圆形

    C. 可见生发中心   D. 在抗原刺激下增大增多

    E. 是细胞免疫应答的重要标志

20. 血 - 胸腺屏障的组成**不包括**

    A. 毛细血管内皮   B. 胸腺细胞间的紧密连接

    C. 毛细血管周隙   D. 上皮基膜

    E. 胸腺上皮细胞

21. 关于脾边缘区的描述,**错误**的是

    A. 位于红髓与白髓的交界处   B. 由脾索和脾小体组成

    C. 可见边缘窦   D. 含有 T 细胞、B 细胞和巨噬细胞

    E. 是脾内捕获抗原、诱发免疫应答的重要部位

22. 关于淋巴结胸腺依赖区的描述,**错误**的是

    A. 以 T 细胞为主   B. 常见毛细血管后微静脉

    C. 是体液免疫应答的主要场所   D. 由弥散淋巴组织构成

    E. 是细胞免疫应答的主要场所

23. 关于脾的描述,**错误**的是

    A. 为腹膜内位器官

    B. 分膈、脏两面,前、后两端和上、下两缘

    C. 膈面平滑隆凸,与膈肌相贴

    D. 脏面凹陷,近中央处为脾门

    E. 下缘较锐,前部有 2~3 个切迹,称脾切迹

【A₃ 型题】

（1~4 题共用题干）

胸腺表面覆有薄层结缔组织构成的被膜,并伸入胸腺实质形成小叶间隔,将胸腺实质分隔成许多分隔不全的小叶,周边为皮质,深部为髓质。胸腺实质主要由胸腺细胞和胸腺上皮细胞组成。胸腺为中枢性淋巴器官,主要功能是培育和选择 T 细胞。

1. 能分泌胸腺素的细胞是

    A. T 细胞   B. B 细胞

    C. 胸腺上皮细胞   D. 浆细胞

    E. 巨噬细胞

2. 血 - 胸腺屏障的毛细血管周隙内常有

    A. 胸腺细胞   B. 成纤维细胞

    C. 浆细胞   D. 巨噬细胞

E. 以上都不是

3. 胸腺皮质与髓质相比,其特点是

 A. 胸腺细胞多,胸腺上皮细胞少   B. 胸腺细胞少,胸腺上皮细胞多

 C. 胸腺细胞和胸腺上皮细胞均较少 D. 胸腺细胞和胸腺上皮细胞均较多

 E. 无胸腺细胞

4. 胸腺细胞是指

 A. 胸腺内的 B 细胞   B. 胸腺内的上皮细胞

 C. 胸腺内的浆细胞   D. 胸腺内的巨噬细胞

 E. 胸腺内的 T 细胞

(5~7题共用题干)

  淋巴结是主要的周围淋巴器官,位于淋巴回流的通路上,常成群分布。淋巴结表面为薄层致密结缔组织构成的被膜,实质分为周边的皮质和中央的髓质。皮质可分为浅层皮质、副皮质区和皮质淋巴窦 3 部分,髓质由髓索和髓窦组成。淋巴结的功能主要为滤过淋巴和参与免疫应答。

5. 淋巴结内 B 细胞主要分布于

 A. 浅层皮质   B. 副皮质区

 C. 髓索   D. 淋巴窦

 E. 皮质与髓质交界处

6. 淋巴结内 T 细胞主要分布于

 A. 浅层皮质   B. 副皮质区

 C. 皮质与髓质交界处   D. 淋巴窦

 E. 髓索

7. 淋巴结内发生细胞免疫应答时,结构明显增大的是

 A. 浅层皮质   B. 副皮质区

 C. 皮质淋巴窦   D. 髓质淋巴窦

 E. 髓索

(8~11题共用题干)

  脾为人体最大的周围淋巴器官,位于左季肋区。脾的表面覆有较厚的被膜,被膜结缔组织伸入脾内形成许多小梁,构成脾的粗支架。脾实质分为白髓和红髓,白髓由动脉周围淋巴鞘、淋巴小结和边缘区构成,红髓由脾索及脾血窦组成。脾的功能为滤血、造血和参与免疫应答。

8. 脾内发生细胞免疫应答的主要变化是

 A. 脾索增大   B. 脾血窦充血

 C. 动脉周围淋巴鞘增厚   D. 脾小体增多、增大

 E. 边缘区增大

9. 关于脾血窦的描述,正确的是

 A. 位于脾索和脾小体之间   B. 脾血窦内皮为长杆状,内皮间有间隙

 C. 脾血窦内有大量巨噬细胞   D. 内皮外基膜完整

E.脾血窦是滤血的主要结构

　10.脾的胸腺依赖区是

　　A.脾小体　　　　　　　　　　　B.动脉周围淋巴鞘

　　C.脾索　　　　　　　　　　　　D.脾窦

　　E.边缘区

　11.脾小体是指

　　A.脾索　　　　　　　　　　　　B.白髓

　　C.动脉周围淋巴鞘　　　　　　　D.脾内淋巴小结

　　E.红髓

【问答题】

　1.简述胸导管的起始、行径、注入部位及收集范围。

　2.临床上可遇到因排出乳白色尿液而求治的病人,化验检查示尿中所含的是经小肠绒毛吸收的脂肪分解后产物,即乳糜。什么病理条件下乳糜会进入尿内?

　3.简述胸腺的位置、形态、微细结构及功能。

　4.简述淋巴结的微细结构及功能。

　5.简述脾的形态、位置、微细结构及功能。

　6.比较淋巴结与脾在结构和功能上的异同。

　7.病原体侵入皮下或黏膜后,怎样被免疫系统清除?

四、参考答案

【概念题】

　1.淋巴管道可分为毛细淋巴管、淋巴管、淋巴干和淋巴导管。

　2.全身各部的浅、深淋巴管在向心汇集的行程中,经一系列淋巴结群中继后,在颈根部和膈下汇集成干,即淋巴干,共9条,包括成对的颈干、锁骨下干、支气管纵隔干和腰干以及单一的肠干。

　3.全身9条淋巴干最后汇合成2条淋巴导管。由右颈干、右锁骨下干和右支气管纵隔干汇合成右淋巴导管,注入右静脉角;左、右腰干和肠干合成胸导管,在注入左静脉角前还收纳左颈干、左锁骨下干和左支气管纵隔干的淋巴。

　4.乳糜池是胸导管起始处的膨大部分,由左、右腰干和肠干在第1腰椎椎体前方汇合而成。

　5.弥散淋巴组织与周围组织无明显边界,主要含T细胞。弥散淋巴组织是T细胞分裂、分化的部位。

　6.淋巴小结呈圆形或椭圆形,边界清楚,主要含B细胞,小结中央染色浅为生发中心。

　7.胸腺小体为分布于胸腺髓质内的特征性结构,呈圆形或卵圆形,大小不等,由胸腺小体上皮细胞呈同心圆状包绕而成。

　8.血-胸腺屏障为胸腺皮质内阻挡血液中大分子物质进入胸腺的结构,包括:①连续毛细血管内皮及其间的紧密连接;②完整的内皮基膜;③毛细血管周隙,内含巨噬细胞;④上皮基膜;⑤一层连续的胸腺上皮细胞。

9. 副皮质区位于淋巴结皮质的深层，为较多的弥散淋巴组织，主要由 T 细胞聚集而成，属于胸腺依赖区。

10. 在脾的上缘前部有 2~3 个脾切迹，触诊脾时，脾切迹可作为与其他器官肿瘤鉴别的依据。

11. 脾小体即脾内的淋巴小结，位于动脉周围淋巴鞘的一侧，主要由大量 B 细胞构成。淋巴小结在健康人较少，当抗原进入血液时大量增多，抗原被清除后又逐渐减少。

12. 边缘区为白髓与红髓交界的狭窄区域，含 T 细胞、B 细胞和较多的巨噬细胞，是脾内捕获、识别抗原和诱发免疫应答的重要部位。

13. 局部淋巴结即引流某一器官或部位淋巴的第 1 级淋巴结，临床上又称为哨位淋巴结。

【A₁ 型题】

1. E	2. B	3. D	4. C	5. D	6. A	7. B	8. D
9. E	10. C	11. C	12. E	13. E	14. D	15. E	16. A
17. B	18. A	19. E	20. B	21. A	22. E	23. E	

【A₂ 型题】

1. C	2. C	3. C	4. A	5. A	6. D	7. A	8. E
9. E	10. D	11. D	12. A	13. D	14. A	15. A	16. B
17. A	18. E	19. E	20. B	21. B	22. C	23. E	

【A₃ 型题】

| 1. C | 2. D | 3. A | 4. E | 5. A | 6. B | 7. B | 8. C |
| 9. B | 10. B | 11. D | | | | | |

【问答题】

1. 胸导管起于第 1 腰椎前面膨大的乳糜池，后者由左、右腰干和肠干汇合而成，向上穿膈肌主动脉裂孔入胸腔，在食管后方沿脊柱右前方上行，至第 5 胸椎水平转至脊柱左前方，出胸廓上口达颈根部，最后呈弓状注入左静脉角，注入前还接纳左颈干、左锁骨下干和左支气管纵隔干。胸导管引流下肢、盆部、腹部、左胸部、左上肢和左头颈部的淋巴。

2. 乳糜进入尿中的原因是淋巴回流受阻，淋巴管变粗破裂，破入输尿管道。临床造影检查证明，多数是淋巴管破入肾盂或肾盏，少有破入膀胱或输尿管。泌尿系统的淋巴通过腰干回流，而乳糜通过肠干回流，它们共同组成乳糜池，经胸导管回流。理论上必须是乳糜池或胸导管阻塞，肠干的乳糜才会逆流入腰干。但造影发现有乳糜尿症状的病人，胸导管仍是通畅的，因此，存在肠干和一侧腰干部分阻塞而在其间建立侧支循环的情况。

3. 胸腺常分为不对称的左、右两叶，借结缔组织相连，每叶多呈扁条状，质软。胸腺位于胸骨柄后方、上纵隔的前部，可向下伸入前纵隔，向上突入颈根部，达甲状腺下缘。胸腺有明显的年龄改变，婴儿期胸腺生长快，相对较大；青春期后开始萎缩，成年期逐渐被结缔组织替代。胸腺表面被覆较薄的结缔组织被膜，伸入实质形成小叶间隔，将胸腺实质分隔成许多小叶，周边为皮质，深部为髓质。胸腺皮质以胸腺上皮细胞为支架，内含有大量密集的胸腺细胞。皮质胸腺细胞多，上皮细胞少；髓质上皮细胞多，胸腺细胞少，还含有胸腺小体，是胸腺的特征性结构。胸腺的功能是培育 T 细胞和分泌胸腺素。

4. 淋巴结表面覆有结缔组织被膜，并伸入实质形成小梁，小梁相互连接成网，构成淋巴结的粗支架。淋巴结实质分为周边部的皮质和中央部的髓质。皮质一般分为浅层皮质、副皮质区和皮质淋巴窦3部分。浅层皮质的主要结构为淋巴小结，是B细胞区；副皮质区为弥散淋巴组织，主要由T细胞聚集而成；皮质淋巴窦包括被膜下窦和小梁周窦。髓质由髓索和髓窦组成。髓索由密集连接成网的淋巴组织构成；髓窦的结构与皮质淋巴窦相似，腔内巨噬细胞较多。淋巴结的功能为滤过淋巴和参与免疫应答。

5. 脾位于左季肋区、第9~11肋的深面，长轴与第10肋一致，正常时在肋弓下不能触及。脾略呈椭圆形，在活体呈暗红色，质软而脆，可分为膈、脏两面，上、下两缘和前、后两端。膈面平滑隆凸，朝向外上，与膈肌相贴；脏面凹陷，毗邻胃底、左肾和左肾上腺，其中央处为脾门，是神经、血管出入之处。上缘较锐，前部有2~3个脾切迹，是触诊脾的标志。脾的表面覆有较厚的致密结缔组织被膜。脾实质分为白髓和红髓。白髓散在分布，为密集的淋巴组织，由动脉周围淋巴鞘、淋巴小结和边缘区构成；红髓约占脾实质的2/3，由脾索和脾血窦组成。脾的功能包括滤血（主要在脾索和边缘区）、造血（胚胎期能产生各种血细胞，骨髓造血后主要产生淋巴细胞）和参与免疫应答。

6. 淋巴结与脾在结构上的异同点：①相同点：均由被膜和实质构成，实质内都有淋巴小结。②不同点：淋巴结的实质分为皮质和髓质，前者由浅层皮质、副皮质区和皮质淋巴窦组成，后者由髓索和髓窦构成；脾的实质由白髓和红髓组成，白髓由动脉周围淋巴鞘、淋巴小结和边缘区构成，红髓由脾索和脾血窦组成。

淋巴结与脾在功能上的异同点：①相同点：都属于周围淋巴器官，可进行免疫应答；②不同点：淋巴结滤过淋巴，脾滤血和造血。

7. 病原体侵入皮下或黏膜后，很容易通过毛细淋巴管的内皮间隙进入淋巴系统。当淋巴缓慢地流经淋巴窦时，巨噬细胞可清除其中的异物，清除率与抗原的性质、毒力、数量以及机体的免疫状态密切相关，对细菌的清除率可达99%，但对病毒和癌细胞的清除率则很低。

（贺彩霞）

第十六章 | 视 器

一、实验指导

【实验目的】

1. 掌握视器的组成；眼球的外形、位置和组成；眼的屈光系统的形态结构；房水的产生和循环；眼球外肌的名称、位置和作用。

2. 熟悉视网膜中央动脉的行程、分支分布和特点。

3. 了解眼副器的组成和功能；眼动脉的来源、分支和分布。

【实验内容与方法】

1. 在眼眶结构标本上，观察眼副器即眼睑皮肤、眼轮匝肌、睑板、结膜等的形态。

2. 在打开眶上、外侧壁显示眼眶结构的标本和模型上，观察眼球外肌以及泪腺、眼动脉、视神经等结构的形态和位置。

3. 用已解剖出的泪道灌注标本，示教上泪点、下泪点、上泪小管、下泪小管、泪囊、鼻泪管及其开口。

4. 学生 3~4 人为 1 组，将猪眼球或牛眼球切开，对照眼球模型，仔细观察眼球壁各层及眼球屈光系统的形态结构特点。①先观察眼球的外形，分辨眼球外肌和视神经残端。②沿眼球赤道面进行冠状切，在后半部分可见到眼球 3 层膜的颜色和厚度，去除玻璃体后观察视神经盘；在前半部分轻轻去除玻璃体，观察睫状体、晶状体的后面，并反复推动晶状体，可见到位于晶状体与睫状体之间的睫状小带，摘除晶状体，观察瞳孔。③再将前半部做矢状切，观察角膜、虹膜和眼前、后房等。

5. 学生互相活体观察角膜、巩膜、虹膜、瞳孔、眼睑、结膜等结构。

【思考题】

1. 光线通过哪些结构到达眼底？视远物或近物时，如何使物像正好落在视网膜上？

2. 病人两眼向前直视时，左眼球处于内斜视位，请问是什么原因？

二、学习指导

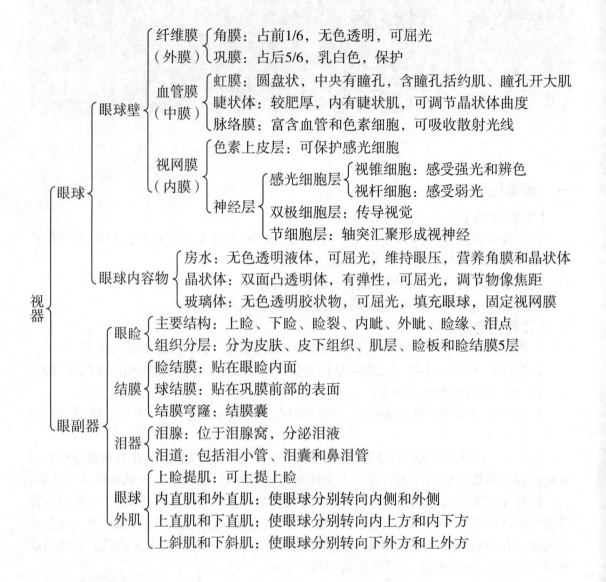

视器
- 眼球
  - 眼球壁
    - 纤维膜（外膜）
      - 角膜：占前1/6，无色透明，可屈光
      - 巩膜：占后5/6，乳白色，保护
    - 血管膜（中膜）
      - 虹膜：圆盘状，中央有瞳孔，含瞳孔括约肌、瞳孔开大肌
      - 睫状体：较肥厚，内有睫状肌，可调节晶状体曲度
      - 脉络膜：富含血管和色素细胞，可吸收散射光线
    - 视网膜（内膜）
      - 色素上皮层：可保护感光细胞
      - 神经层
        - 感光细胞层
          - 视锥细胞：感受强光和辨色
          - 视杆细胞：感受弱光
        - 双极细胞层：传导视觉
        - 节细胞层：轴突汇聚形成视神经
  - 眼球内容物
    - 房水：无色透明液体，可屈光，维持眼压，营养角膜和晶状体
    - 晶状体：双面凸透明体，有弹性，可屈光，调节物像焦距
    - 玻璃体：无色透明胶状物，可屈光，填充眼球，固定视网膜
- 眼副器
  - 眼睑
    - 主要结构：上睑、下睑、睑裂、内眦、外眦、睑缘、泪点
    - 组织分层：分为皮肤、皮下组织、肌层、睑板和睑结膜5层
  - 结膜
    - 睑结膜：贴在眼睑内面
    - 球结膜：贴在巩膜前部的表面
    - 结膜穹窿：结膜囊
  - 泪器
    - 泪腺：位于泪腺窝，分泌泪液
    - 泪道：包括泪小管、泪囊和鼻泪管
  - 眼球外肌
    - 上睑提肌：可上提上睑
    - 内直肌和外直肌：使眼球分别转向内侧和外侧
    - 上直肌和下直肌：使眼球分别转向内上方和内下方
    - 上斜肌和下斜肌：使眼球分别转向下外方和上外方

三、练习题

【概念题】

1. 感受器
2. 虹膜角膜角
3. 巩膜静脉窦
4. 视神经盘
5. 视锥细胞
6. 视杆细胞
7. 黄斑

1. 眼球
    A. 角膜有丰富的神经末梢和毛细血管   B. 内膜呈棕黑色,故称葡萄膜
    C. 内在肌均由副交感神经支配   D. 中膜分巩膜、虹膜、脉络膜 3 部分
    E. 晶状体因疾病或创伤而变混浊,称白内障

2. 眼球壁中含平滑肌的结构是
    A. 角膜   B. 巩膜
    C. 虹膜   D. 脉络膜
    E. 视网膜

3. 虹膜
    A. 位居眼球血管膜的中部   B. 可以调节晶状体的曲度
    C. 完全依赖房水获得营养   D. 分隔眼前房和眼后房
    E. 不含色素

4. 关于瞳孔大小的描述,正确的是
    A. 随眼内压的高低而变化   B. 随光线的强弱而变化
    C. 取决于睫状肌的舒缩状况   D. 取决于房水的通畅与否
    E. 取决于虹膜内色素的多少

5. 眼球壁中膜由前向后包括
    A. 虹膜、脉络膜、视网膜   B. 瞳孔、虹膜、睫状体
    C. 虹膜、睫状体、脉络膜   D. 瞳孔、睫状体、脉络膜
    E. 脉络膜、睫状体、虹膜

6. 关于黄斑的描述,正确的是
    A. 位于视神经盘的鼻侧约 3.5mm 稍下方
    B. 是感光最敏锐处
    C. 由密集的视杆细胞构成
    D. 位于视网膜虹膜部
    E. 黄斑中央凹 0.5mm 范围内有丰富的血液供应

7. 关于泪液的描述,正确的是
    A. 由位于眶内下份的泪腺分泌   B. 其分泌由眼神经的泪腺神经管理
    C. 泪液可经鼻泪管流入下鼻道   D. 泪液经泪小管流入结膜下穹
    E. 其分泌由下泌涎核控制

8. 下直肌收缩时,瞳孔转向
    A. 下   B. 下内
    C. 上外   D. 下外
    E. 上

9. 眼球屈光系统中调节能力最强的是
    A. 角膜   B. 房水
    C. 晶状体   D. 玻璃体

E. 视网膜

10. 视网膜中央动脉起自

    A. 面动脉   B. 内眦动脉

    C. 颈内动脉   D. 眼动脉

    E. 以上均不是

11. 房水

    A. 由眼房产生   B. 由虹膜角膜角产生

    C. 由巩膜静脉窦产生   D. 由睫状体产生

    E. 由晶状体产生

【A₂ 型题】

1. 关于眼球壁血管膜的描述, **错误**的是

    A. 居眼球壁的中层   B. 含有色素

    C. 分为虹膜和脉络膜两部分   D. 脉络膜占血管膜的后 2/3

    E. 脉络膜有吸收眼内分散的光线以免扰乱视觉的功能

2. 关于虹膜的描述, **错误**的是

    A. 分隔眼前房与眼后房   B. 是中膜最靠前的部分

    C. 内含瞳孔开大肌, 由交感神经支配   D. 为脉络膜的一部分

    E. 颜色因人种而异

3. 关于视网膜的描述, **错误**的是

    A. 视网膜的视部分为色素上皮层和神经层

    B. 视网膜属于眼球壁的内层

    C. 视网膜视部最大、最厚, 附于脉络膜的内面

    D. 视网膜全都有感光的能力

    E. 视网膜分为虹膜部、睫状体部、脉络膜部三部分

4. 关于晶状体的描述, **错误**的是

    A. 位于虹膜的后方、玻璃体的前方

    B. 呈双凸透镜状, 无色透明, 有丰富的血管和神经

    C. 晶状体外面包以具有高度弹性的晶状体囊

    D. 晶状体实质由平行排列的晶状体纤维组成

    E. 晶状体若因疾病或创伤而变混浊, 称为白内障

5. 关于角膜的描述, **错误**的是

    A. 角膜占纤维膜的后 1/6   B. 营养物质来源于毛细血管、泪液和房水

    C. 无血管, 富有感觉神经末梢   D. 角膜具有屈光作用

    E. 无色透明且富有弹性

6. 关于视神经盘的描述, **错误**的是

    A. 位于视网膜后部的偏内侧   B. 无感光细胞

    C. 位于黄斑的鼻侧   D. 中央凹陷处称中央凹

    E. 视网膜中央动、静脉由此出入

7. 关于视器的描述，**错误**的是
    A. 房水循环障碍导致青光眼
    B. 晶状体混浊，临床上称白内障
    C. 老年人晶状体逐渐失去弹性，改变曲度的能力逐渐减弱
    D. 玻璃体混浊，可影响视力
    E. 睑板腺排泄受阻，导致睑板腺炎

8. 关于房水的描述，**错误**的是
    A. 充满于角膜与晶状体之间的腔隙中
    B. 房水的循环途径：眼后房→瞳孔→虹膜角膜角→眼前房→巩膜静脉窦
    C. 最后汇入眼的静脉
    D. 有屈光作用
    E. 有维持眼内压的作用

9. 关于晶状体的描述，**错误**的是
    A. 是双凸形无色透明体　　　　　　　　　B. 富有弹性，不含血管和神经
    C. 睫状肌收缩时使它变凸　　　　　　　　D. 晶状体硬化，睫状肌萎缩引起老视
    E. 借睫状小带连于睫状体，视近物时，睫状小带拉紧

10. **不属于**屈光系统的结构是
    A. 角膜　　　　　　　　　　　　　　　　B. 房水
    C. 晶状体　　　　　　　　　　　　　　　D. 玻璃体
    E. 虹膜

11. 关于眼睑的描述，**错误**的是
    A. 上、下眼睑之间的裂隙称睑裂　　　　　B. 皮下组织疏松
    C. 睫毛腺炎症引起睑板腺囊肿　　　　　　D. 睑板由致密结缔组织构成
    E. 睑板腺开口于睑后缘

12. 关于结膜的描述，**错误**的是
    A. 贴在眼睑后面的是睑结膜　　　　　　　B. 贴在眼球外膜前部表面的为球结膜
    C. 薄而透明　　　　　　　　　　　　　　D. 富含血管
    E. 闭眼时全部结膜围成囊状腔隙

13. 关于泪器的描述，**错误**的是
    A. 泪腺位于泪囊窝内　　　　　　　　　　B. 泪点在上、下睑缘上
    C. 泪囊上端为盲端　　　　　　　　　　　D. 鼻泪管开口于下鼻道
    E. 泪小管开口于泪囊

14. 关于眼球外肌的描述，**错误**的是
    A. 是受躯体运动神经支配的骨骼肌　　　　B. 各直肌共同起自总腱环
    C. 所有的直肌都受动眼神经支配　　　　　D. 上睑提肌开大睑裂，由动眼神经支配
    E. 上直肌位于上睑提肌下方

【A₃ 型题】

（1、2题共用题干）

晶状体是位于眼球内的双凸透镜样结构，是眼球的重要调节结构，通过其调节使外

界物像光线清晰地落在视网膜上。

1. 关于晶状体的描述,正确的是

    A. 不含血管和神经   B. 以睫状小带连于脉络膜的前部

    C. 无弹性   D. 周围部较硬

    E. 中央部较软

2. 关于晶状体凸度变化的描述,正确的是

    A. 睫状小带紧张,晶状体凸度增大   B. 睫状小带松弛,晶状体凸度增大

    C. 视近物时,晶状体凸度变小   D. 视远物时,晶状体凸度变大

    E. 受交感神经的调节

(3~5 题共用题干)

视网膜位于眼球壁最内层,本质属于神经组织,内有光感受器,可以感知外界光线的强弱和辨色。

3. 视网膜

    A. 紧贴于脉络膜的内面

    B. 紧邻眼球壁内腔的是视锥、视杆细胞层

    C. 全层均有感光功能

    D. 由视锥细胞和视杆细胞、双极细胞、神经节细胞 3 层构成

    E. 视网膜的最外层为色素上皮层

4. 视网膜中能感受强光和色觉的是

    A. 视锥细胞   B. 视杆细胞

    C. 双极细胞   D. 节细胞

    E. 水平细胞

5. 视神经盘

    A. 在眼球的后极   B. 有视网膜中央动脉穿过

    C. 在黄斑的外侧   D. 为光敏感区

    E. 此处由视网膜 3 层细胞组成

(6、7 题共用题干)

眼球外肌是数条运动眼球和眼睑的骨骼肌,其中运动眼球的肌从不同方向附着在眼球表面,用来转动眼球,观察不同视野的物体,确保有较宽广的视野。

6. 瞳孔**不能**转向下外方是因为

    A. 下直肌瘫痪   B. 上直肌瘫痪

    C. 上斜肌瘫痪   D. 下斜肌瘫痪

    E. 外直肌瘫痪

7. 上直肌收缩时,瞳孔转向

    A. 上   B. 上外

    C. 上内   D. 下外

    E. 下

【问答题】

1. 当视近物或远物时,眼球内哪些结构会发生变化?这些结构是如何调节的?

2. 简述房水的产生和循环途径。

3. 简述泪液的产生和排出途径。

四、参考答案

【概念题】

1. 感受器是机体接受内、外环境中各种刺激,并将其转化为神经冲动的特殊结构。

2. 虹膜角膜角是位于虹膜与角膜交界处的环形区域,又称前房角,房水由此汇入巩膜静脉窦。

3. 巩膜静脉窦是位于角膜与巩膜交界处深部的环形静脉性结构,是房水汇入静脉的通道。

4. 视神经盘是指视神经起始处的白色圆盘形隆起,视网膜中央动、静脉由此穿行,此处无感光细胞,称生理性盲点。

5. 视锥细胞主要分布在视网膜中部,体积较大,呈圆锥形,有感受强光和辨色的功能,视物精确性高。

6. 视杆细胞主要分布在视网膜的周围部,体积稍小,数量多,呈杆状,对弱光敏感,无辨色能力,视物的精确性差。

7. 黄斑是视神经盘颞侧稍下方的黄色区域,中央的凹陷称中央凹,是视力最敏锐的部位。

【A₁型题】

1. E	2. C	3. D	4. B	5. C	6. B	7. C	8. B
9. C	10. D	11. D					

【A₂型题】

1. C	2. D	3. D	4. B	5. A	6. D	7. E	8. B
9. E	10. E	11. C	12. B	13. A	14. C		

【A₃型题】

1. A	2. B	3. E	4. A	5. B	6. C	7. C

【问答题】

1. 当视近物时,睫状肌收缩,睫状体向前向内移动,导致睫状小带松弛,晶状体因自身弹性回缩而变厚,增加其屈光面的曲率,屈光能力加大,物像前移于视网膜上,产生清晰的视觉;反之,视远物时,睫状肌舒张,睫状体退回原位,睫状小带紧张,使晶状体变薄,屈光能力减弱;如此调节,看到的物体恰好在视网膜上形成清晰的物像。

2. 房水由睫状体产生。循环途径:房水→眼后房→瞳孔→眼前房→虹膜角膜角→巩膜静脉窦→眼静脉。

3. 泪液由泪腺分泌。排出途径:泪液经结膜上穹排至结膜囊,通过上、下睑缘内侧端的泪点入泪小管,上、下泪小管向内会合进入泪囊,泪囊向下再经鼻泪管到鼻腔的下鼻道。

(魏建宏)

第十七章 ｜ 前庭蜗器

一、实验指导

【实验目的】

1. 掌握前庭蜗器的组成；鼓膜的位置、形态和分部；鼓室的位置、形态、分部及 6 个壁上的主要结构和毗邻；咽鼓管的形态特点；乳突窦及乳突小房的位置；骨迷路和膜迷路的组成和形态，听觉与位觉感受器的名称、位置和功能。

2. 熟悉外耳道的组成、分部及在成人和幼儿的形态特点。

3. 了解耳郭的形态；听小骨的名称、连结、位置和作用；鼓膜张肌及镫骨肌的作用；椭圆囊、球囊、膜半规管和蜗管的形态和功能。

【实验内容与方法】

1. 在前庭蜗器模型上，观察外耳、中耳、内耳的组成。在活体上互相观察耳郭的形态结构。

2. 在切除外耳道前壁并揭开鼓室盖的离体标本上，观察外耳道的弯曲、鼓膜的形态、位置和分部；听小骨链的组成；向内侧继续观察已雕出的 3 个骨半规管、前庭、耳蜗的形态特征。在游离的听小骨标本上，观察锤骨、砧骨、镫骨的形态结构特点。

3. 在锯开鼓室并雕出内耳结构的颞骨标本上，观察鼓室 6 个壁的结构及毗邻，细致观察乳突窦、乳突小房、锥隆起；咽鼓管的形态；内侧壁的岬、前庭窗、蜗窗、面神经管凸等结构。注意观察内耳 3 个骨半规管、前庭、耳蜗的位置和相互关系。

4. 在内耳放大模型上，观察骨性与膜性半规管的形态结构特点及其相互关系；前庭中椭圆囊、球囊的位置和形态；耳蜗与蜗管的形态结构及其相互关系。

5. 利用图谱、模型和标本，进一步辨认外、中、内耳各部结构的形态特点及其相互位置和整体关系。理解位觉感受器在人体三维空间运动中维持平衡的作用。

【思考题】

1. 中耳炎化脓时，可能引起哪些后果？

2. 感受位觉的结构有哪些？各位于何处？

3. 简述鼓室的结构和内容。

二、学习指导

前庭蜗器（耳）
- 外耳
  - 耳郭：软骨外被皮肤构成，耳垂
  - 外耳道：长2~2.5cm，外1/3为软骨部，内2/3为骨部
  - 鼓膜：椭圆形、半透明，上1/4为松弛部，下3/4为紧张部
- 中耳
  - 鼓室
    - 上壁为鼓室盖；下壁为颈静脉壁
    - 前壁为颈动脉壁；后壁为乳突壁
    - 内侧壁为迷路壁；外侧壁为鼓膜壁
  - 咽鼓管：鼻咽与鼓室间的通道，可调节鼓膜两侧的压力
  - 乳突窦和乳突小房：颞骨乳突内的含气空腔
- 内耳
  - 骨迷路
    - 骨半规管：为前、后、外3个半环形小管
    - 前庭：为骨迷路中部膨大的部分
    - 耳蜗：骨螺旋管围绕蜗轴盘绕而成
  - 膜迷路
    - 膜半规管：内有壶腹嵴，为位觉感受器
    - 椭圆囊和球囊：内有椭圆囊斑和球囊斑，为位觉感受器
    - 蜗管：内有螺旋器（Corti器），为听觉感受器

三、练习题

【概念题】

1. 前庭蜗器
2. 鼓室
3. 膜迷路
4. 椭圆囊斑和球囊斑
5. 壶腹嵴
6. 螺旋器

【A_1 型题】

1. 前庭蜗器包括
   - A. 骨半规管、前庭和耳蜗
   - B. 鼓室、乳突小房和咽鼓管
   - C. 外耳、鼓室和内耳
   - D. 外耳、中耳和内耳
   - E. 外耳道、鼓膜和咽鼓管
2. 外耳道
   - A. 外 2/3 由软骨构成
   - B. 内 2/3 由骨构成
   - C. 内 2/3 由软骨构成
   - D. 向内通内耳道
   - E. 皮肤与软骨膜结合疏松
3. 螺旋器位于
   - A. 前庭膜
   - B. 盖膜
   - C. 基底膜
   - D. 耳石膜

E. 球囊

4. 鼓室外侧壁的结构是
   A. 颈静脉
   B. 鼓膜
   C. 颈动脉
   D. 乳突
   E. 迷路

5. 位于鼓室内的结构是
   A. 球囊
   B. 面神经
   C. 听小骨
   D. 半规管
   E. 螺旋器(Corti 器)

6. 在鼓室前壁上有
   A. 咽鼓管的开口
   B. 乳突窦的入口
   C. 鼓室上隐窝
   D. 面神经管凸
   E. 鼓室盖

7. 外耳道软骨部朝向
   A. 内后上方
   B. 内后下方
   C. 内前下方
   D. 内前下方
   E. 外前下方

8. 小儿咽鼓管的特点
   A. 较粗短平直
   B. 较细短
   C. 较细长
   D. 较粗长
   E. 腔较小

9. 与鼓室相通的管道
   A. 外耳道
   B. 内耳道
   C. 咽鼓管
   D. 蜗管
   E. 骨半规管

10. 听小骨由外向内依次排列为
    A. 锤骨、砧骨和镫骨
    B. 砧骨、锤骨和镫骨
    C. 锤骨、镫骨和砧骨
    D. 镫骨、砧骨和锤骨
    E. 镫骨、镫骨和砧骨

11. 听觉感受器是
    A. 螺旋器
    B. 椭圆囊斑
    C. 球囊斑
    D. 壶腹嵴
    E. 蜗螺旋神经节

12. 锤骨
    A. 柄末端附着于蜗窗
    B. 柄末端附着于前庭窗
    C. 柄末端附着于鼓膜
    D. 头连于连合管
    E. 头与镫骨头相关节

13. 位觉感受器是指

A. 膜壶腹   B. 骨螺旋板

C. 前庭阶   D. 蜗孔

E. 椭圆囊斑

14. 听觉感受器位于

    A. 前庭膜   B. 基底膜

    C. 椭圆囊斑   D. 壶腹嵴

    E. 球囊斑

【A₂型题】

1. 关于鼓膜的描述，**错误**的是

    A. 位于鼓室与外耳道之间   B. 垂直于外耳道

    C. 为鼓室的外侧壁   D. 在中心的前下方有一个反光区

    E. 其上方1/4部薄而松弛

2. **不属于**中耳的结构是

    A. 乳突窦   B. 茎乳孔

    C. 乳突小房   D. 听小骨

    E. 鼓膜张肌

3. 关于外耳道的描述，**错误**的是

    A. 是外耳门与鼓膜之间的弯曲管   B. 外侧1/3为软骨部

    C. 内侧2/3为骨部   D. 耳郭软骨朝向内后上方

    E. 外耳道骨部朝向内前上方

4. 关于鼓室壁的描述，**错误**的是

    A. 上壁为鼓室盖，分隔鼓室与颅中窝

    B. 下壁为颈静脉壁，将鼓室和颈内静脉起始部隔开

    C. 前壁为颈动脉壁，壁上有咽鼓管与鼻咽相通

    D. 后壁为乳突窦壁

    E. 外侧壁主要为鼓膜所占有

5. 关于鼓室的描述，**错误**的是

    A. 顶部借鼓室盖与颅中窝相隔   B. 下壁为颈动脉管的上壁

    C. 前壁为颈动脉壁   D. 鼓室与外界相通

    E. 鼓膜张肌由三叉神经支配

6. **不属于**内耳的结构是

    A. 耳蜗   B. 蜗管

    C. 蜗螺旋管   D. 前庭膜

    E. 咽鼓管

7. 关于内耳的描述，**错误**的是

    A. 由骨迷路和膜迷路组成   B. 全部在颞骨岩部的骨质内

    C. 骨迷路与膜迷路之间充满外淋巴   D. 膜迷路内充满内淋巴

    E. 内、外淋巴经蜗孔相交通

8. 关于咽鼓管的描述,**错误**的是
    A. 连通咽与鼓室
    B. 外侧端开口于鼓室前壁
    C. 内侧端开口于鼻咽侧壁
    D. 平时咽鼓管咽口处于闭合状态
    E. 小儿咽鼓管较成人长而平直

9. 与位觉有关的结构**不包括**
    A. 球囊斑
    B. 面神经
    C. 椭圆囊斑
    D. 前庭蜗神经
    E. 壶腹嵴

10. 关于耳蜗的描述,**错误**的是
    A. 形似蜗牛壳,位于前庭的前方
    B. 耳蜗蜗底向后内侧
    C. 耳蜗蜗尖向前外侧
    D. 蜗螺旋管环绕蜗轴 2 圈半
    E. 前庭阶与鼓阶内均含有内淋巴

【A₃型题】

（1、2 题共用题干）

鼓膜是半透明薄膜,分隔外耳与中耳,能感应很宽频谱内的微小声压变化,并将声音转变为机械振动。

1. 临床上检查成人鼓膜时,须将耳郭拉向
    A. 前上
    B. 前下
    C. 后上
    D. 后下
    E. 上

2. 鼓膜
    A. 呈漏斗状,内面凹陷
    B. 鼓膜脐内侧面有锤骨头附着
    C. 紧张部在上方
    D. 在鼓膜脐的前下方有光锥
    E. 以上皆错

（3~5 题共用题干）

鼓室是构成中耳的主要部分,位于颞骨岩部内,呈不规则的小腔,该腔气体与外界相通,以维持鼓膜两侧压力的平衡。

3. 鼓室
    A. 是与外界不通的小腔
    B. 外侧壁是鼓膜壁
    C. 前壁为颈静脉壁
    D. 上壁为乳突壁
    E. 下壁为颈动脉壁

4. 关于听小骨的描述,**错误**的是
    A. 位于鼓室内
    B. 3 块听小骨彼此相连,砧骨居中
    C. 锤骨柄末端附着于鼓膜
    D. 镫骨底连于蜗窗
    E. 砧骨与锤骨及镫骨间形成关节,可以运动

5. 下列哪项中的所有结构均在鼓室的内侧壁上
    A. 前庭窗、蜗窗、乳突窦口
    B. 咽鼓管鼓室口、前庭窗、蜗窗
    C. 岬、前庭窗、蜗窗、鼓室上隐窝
    D. 岬、前庭窗、蜗窗、面神经管凸

E. 蜗窗、咽鼓管咽口、前庭窗

（6~8题共用题干）

膜迷路是套在骨迷路内的膜性管囊，形似骨迷路，由相互连通的 3 部分构成，内有感受器。

6.膜迷路**不包括**的结构是

　　A. 蜗管　　　　　　　　　　　　B. 膜半规管

　　C. 前庭　　　　　　　　　　　　D. 椭圆囊

　　E. 球囊

7.感受头部变速旋转运动刺激的结构是

　　A. 球囊斑　　　　　　　　　　　B. 壶腹嵴

　　C. 螺旋器　　　　　　　　　　　D. 球囊斑和椭圆囊斑

　　E. 椭圆囊斑

8.关于椭圆囊斑的描述，正确的是

　　A. 位于球囊内　　　　　　　　　B. 是听觉感受器

　　C. 是视觉感受器　　　　　　　　D. 感受头部运动的位置

　　E. 感受直线变速运动的刺激

【问答题】

1.简述前庭蜗器的组成和功能。

2.哪些结构受到损害会影响听觉功能？

四、参考答案

【概念题】

1.前庭蜗器又称位听器或耳，由外耳、中耳、内耳 3 部分组成。

2.鼓室是颞骨岩部内的一不规则含气小腔，位于鼓膜与内耳之间。

3.膜迷路是套在骨迷路内的膜性管囊，由膜半规管、椭圆囊、球囊及蜗管共同组成。

4.椭圆囊斑和球囊斑分别位于椭圆囊壁和球囊壁的内面，均为位觉感受器，可以感受头部静止位置和直线变速运动的刺激。

5.壶腹嵴是位于膜迷路的膜壶腹壁上的嵴状隆起，属于位觉感受器，能感受头部旋转变速运动刺激。

6.螺旋器又称为 Corti 器，位于内耳蜗管的基底膜上，是听觉感受器，可接受声波的刺激。

【A$_1$型题】

1. D	2. B	3. C	4. B	5. C	6. A	7. A	8. A
9. C	10. A	11. A	12. C	13. E	14. B		

【A$_2$型题】

1. B	2. B	3. E	4. D	5. B	6. E	7. E	8. E
9. B	10. E						

【A₃型题】

1. C   2. D   3. B   4. D   5. D   6. C   7. B   8. E

【问答题】

1. 前庭蜗器由外耳、中耳、内耳 3 部分组成。其中外耳、中耳具有收集和传导声波的功能，内耳是位觉和听觉感受器所在部位。

2. 引起听觉损害的原因有两类：一类为传导性耳聋，主要是由于外耳道阻塞、鼓膜病变及听小骨受损；另一类为神经性耳聋，主要是由于内耳或蜗神经、中枢内病变引起。

（谭 辉）

第十八章 | 皮 肤

一、实验指导

【实验目的】

1. 掌握无毛皮的光镜结构。
2. 熟悉头皮的光镜结构。

【实验内容与方法】

1. 无毛皮

材料：指皮。

染色：HE 染色。

肉眼观察：染色深的一侧为表皮，表皮下方染色较浅的部分为真皮和皮下组织。

低倍观察：由浅入深依次观察。

（1）表皮：为角化的复层扁平上皮，较厚，基底部凹凸不平，与真皮分界清楚。

（2）真皮：位于表皮下面，由致密结缔组织构成，分为乳头层和网织层。

1）乳头层：紧邻表皮层，较薄，纤维较细密，结缔组织向表皮内呈乳头状隆起，称真皮乳头，其内可见触觉小体。

2）网织层：位于乳头层下方，较厚，由较粗大的胶原纤维束和弹性纤维束交织而成，其内可见较多的血管和汗腺的断面。

高倍观察：观察表皮各层细胞的结构、汗腺的分泌部和导管。

（1）表皮：由基底至表面分为5层。

1）基底层：位于基膜上，由一层立方形或矮柱状细胞构成，细胞边界不清，胞质嗜碱性较强，呈蓝紫色。

2）棘层：在基底层上方，由多层多边形细胞组成，细胞体积较大，染色比基底层细胞浅。

3）颗粒层：位于棘层的上方，由几层较扁的梭形细胞组成，呈强嗜碱性，染成蓝黑色。

4）透明层：位于颗粒层上方，较薄，细胞呈嗜酸性、透明均质状，折光性强。

5）角质层：最厚，位于表皮的最浅层，由多层扁平的角质细胞组成；细胞已完全角化，分界不清，胞质呈粉红色；该层内有螺旋状空隙，为汗腺导管。

（2）汗腺

1）分泌部：位于真皮的深层或皮下组织内，腺腔较大，由单层立方或锥体形细胞围成，胞质染色较浅。

2）导管：管径较小，由2层立方形细胞围成，胞质染色较深，进入表皮呈螺旋状走行。

2. 有毛皮

材料: 头皮。

染色: HE 染色。

肉眼观察: 标本呈浅紫红色, 表面有一层染色稍深的结构, 为表皮, 深部真皮染色稍浅。真皮中可见斜向排列、从表皮伸延下来的管状结构, 为毛囊; 有的毛囊中有毛发伸出头皮的表面。

低倍观察:

(1) 表皮: 为角化的复层扁平上皮, 与指皮比较, 该层较薄, 颗粒层及透明层不明显。

(2) 真皮: 由致密结缔组织组成, 其内含有毛、皮脂腺、立毛肌及汗腺。

(3) 皮肤的附属器:

1) 毛: ①毛干, 露在皮肤外面, 有的已脱落。②毛根, 位于皮肤之内, 圆柱状, 染成棕黄色。毛根与毛囊末端融合膨大, 形成毛球, 毛球底部内凹, 有结缔组织伸入, 为毛乳头, 其内可见血管和神经。③毛囊, 包裹毛根, 较厚, 染色深。

2) 皮脂腺: 位于毛囊的一侧, 分泌部呈泡状, 染色浅, 导管短, 与毛囊相连。

3) 立毛肌: 在皮脂腺下方可见斜行的平滑肌束, 即立毛肌, 一端附着于毛囊, 另一端终止于真皮浅层。

4) 汗腺: 与指皮中所见相同。

高倍观察: 重点观察皮脂腺分泌部的结构。分泌部周边的细胞较小, 染色较深; 越近中央细胞越大, 呈多边形, 胞质因脂滴于制片过程中溶解消失而呈泡沫状。

【思考题】

1. 光镜下表皮各层细胞有何结构特点?

2. 结合皮肤镜下结构, 解释"鸡皮疙瘩"是怎样产生的?

二、学习指导

表皮（角化的复层扁平上皮）
- 表皮的分层和角化
  - 基底层
    - 光镜: 单层、矮柱状或立方形的基底细胞, 胞质强嗜碱性
    - 电镜: 胞质内富含游离核糖体和角蛋白丝
  - 棘层
    - 光镜: 棘细胞有4~10层, 呈多边形, 胞质弱嗜碱性
    - 电镜: 胞质内富含游离核糖体、角蛋白丝束、外皮蛋白、板层颗粒
  - 颗粒层
    - 光镜: 有3~5层梭形细胞, 胞质强嗜碱性
    - 电镜: 细胞核和细胞器渐趋退化, 胞质内含角蛋白丝束、外皮蛋白、板层颗粒、透明角质颗粒
  - 透明层
    - 光镜: 有2~3层扁平细胞, 胞质强嗜酸性
    - 电镜: 细胞核和细胞器消失, 与角质层相似
  - 角质层
    - 光镜: 角质细胞有多层, 呈扁平状, 胞质嗜酸性
    - 电镜: 细胞核和细胞器完全消失, 胞质内含角蛋白丝束、外皮蛋白、透明角质颗粒
- 非角质形成细胞
  - 黑素细胞: 位于基底细胞之间, 可见突起, 胞质内含黑素体和黑素颗粒, 可产生黑色素, 吸收紫外线
  - 朗格汉斯细胞: 散在于棘细胞之间, 具有抗原呈递功能
  - 梅克尔细胞: 分布于基底层

真皮（不规则致密结缔组织）
- 乳头层：位于真皮浅层，结缔组织向表皮突出形成真皮乳头。有利于表皮与真皮的牢固连接和表皮的营养代谢
- 网织层：位于乳头层深部，是真皮的主要组成部分，网织层使皮肤具有较大韧性和弹性

皮肤的附属器
- 毛：为细丝状的角化结构，包括毛干、毛根和毛球3部分
- 皮脂腺：为泡状腺，一般由2~5个腺泡和1个共同的短导管构成
- 汗腺：为单曲管状腺，由腺泡和导管组成，分为外泌汗腺和顶泌汗腺
- 指（趾）甲：由甲体及其周围和下面的组织构成，有保护指（趾）末节的作用

三、练习题

【概念题】

1. 角质形成细胞
2. 非角质形成细胞
3. 黑素细胞
4. 真皮乳头
5. 毛球
6. 甲母质

【A_1型题】

1. 表皮的营养供应方式为
   - A. 非角质形成细胞分泌
   - B. 梅克尔细胞运输
   - C. 真皮内组织液经基膜渗透
   - D. 表皮内血管供应
   - E. 表皮细胞从外界摄取

2. 表皮的生发层是
   - A. 基底层
   - B. 棘层
   - C. 颗粒层
   - D. 透明层
   - E. 角质层

3. 透明角质颗粒含量最多的细胞是
   - A. 基底层细胞
   - B. 棘层细胞
   - C. 颗粒层细胞
   - D. 透明层细胞
   - E. 角质层细胞

4. 甲体的生长点是
   - A. 甲床
   - B. 毛母质
   - C. 甲母质
   - D. 甲根
   - E. 甲襞

5. 构成阻止物质透过表皮的主要屏障是
   - A. 张力丝
   - B. 细胞间桥粒

C. 张力原纤维　　　　　　　　　　　　D. 透明角质颗粒内容物

E. 板层颗粒内容物

6. 皮内注射是将药物注射于

A. 皮下组织内　　　　　　　　　　　B. 表皮与真皮之间

C. 表皮内　　　　　　　　　　　　　D. 真皮内

E. 肌组织内

7. 毛母质细胞是

A. 毛乳头的生长点　　　　　　　　　B. 毛囊和毛乳头的生长点

C. 毛根和毛囊上皮性鞘的生长点　　　D. 毛囊结缔组织鞘的生长点

E. 毛根和毛囊结缔组织鞘的生长点

8. 大汗腺属于

A. 外泌汗腺　　　　　　　　　　　　B. 顶泌汗腺

C. 内分泌腺　　　　　　　　　　　　D. 复管泡状腺

E. 内泌汗腺

【A₂型题】

1. 角质形成细胞中**不含有**

A. 张力丝　　　　　　　　　　　　　B. 板层颗粒

C. 透明角质颗粒　　　　　　　　　　D. 角蛋白丝

E. 伯贝克颗粒

2. 关于表皮基底层细胞的描述，**错误**的是

A. 细胞呈立方形或矮柱状　　　　　　B. 含角蛋白丝

C. 板层颗粒较多　　　　　　　　　　D. 含丰富的游离核糖体

E. 是一种未分化的幼稚细胞

3. **不属于**皮肤结构的是

A. 真皮乳头　　　　　　　　　　　　B. 基底层

C. 角质层　　　　　　　　　　　　　D. 皮下组织

E. 网织层

4. 关于颗粒层细胞的描述，**错误**的是

A. 胞质内有较多板层颗粒

B. 胞质内有许多透明角质颗粒

C. 透明角质颗粒无膜包裹

D. 透明角质颗粒的内容物释放到细胞间隙中

E. 细胞核已趋退化

5. 关于毛乳头的描述，**错误**的是

A. 毛球底面向内凹陷而成　　　　　　B. 是结缔组织

C. 富有血管和神经　　　　　　　　　D. 含黑素细胞

E. 对毛的生长起诱导和营养作用

6. 下列物质中，**无膜包被**的是

A. 黑素颗粒   B. 伯贝克颗粒

C. 黑素体   D. 板层颗粒

E. 透明角质颗粒

7. 关于黑素细胞的描述，**错误**的是

A. 含有大量黑色颗粒   B. 是多突起的细胞

C. 人种间细胞数量差距不大   D. 酪氨酸酶丰富

E. 胞体分布于基底层

8. 关于立毛肌的描述，**错误**的是

A. 位于毛囊与皮肤表面呈钝角侧   B. 收缩时使毛竖立

C. 是一束骨骼肌   D. 连于毛囊和真皮乳头层

E. 是一束平滑肌

9. 与外泌汗腺功能**无关**的是

A. 排出部分代谢废物   B. 维持水盐平衡

C. 调节体温   D. 湿润皮肤

E. 分泌活动受性激素影响

10. **不属于**表皮特征的是

A. 细胞更新较快   B. 基底细胞具有分裂能力

C. 含有丰富的毛细血管   D. 表皮与真皮以基膜相连

E. 表皮内神经末梢丰富

11. 关于指（趾）甲的描述，**错误**的是

A. 甲母质是甲体的生长区   B. 指（趾）甲具有保护指（趾）末节的作用

C. 甲体末端细胞增殖使甲增长   D. 甲根埋于皮肤内

E. 甲体周缘皮肤称甲襞

12. 皮肤内具有感觉功能的结构**不包括**

A. 肌梭   B. 环层小体

C. 触觉小体   D. 游离神经末梢

E. 以上都不是

【A₃型题】

（1、2题共用题干）

表皮位于皮肤浅层，各部表皮厚薄不一，平均厚度约 0.1mm，以手掌和足底最厚，眼睑最薄。表皮内无血管分布，其营养及代谢物质的运输由真皮内组织液经基膜渗透完成。表皮由角质形成细胞和非角质形成细胞组成。

1. 表皮属于哪种上皮组织

A. 单层扁平上皮   B. 单层柱状上皮

C. 复层扁平上皮   D. 复层柱状上皮

E. 变移上皮

2. 薄表皮常**缺少**哪一层

A. 基底层   B. 棘层

C. 颗粒层　　　　　　　　　　　　D. 透明层

E. 角质层

（3、4题共用题干）

真皮位于表皮与皮下组织之间，厚度一般为1~2mm，分乳头层和网织层，两者互相移行，无明显边界。

3. **不**属于真皮乳头层特点的是

A. 由疏松结缔组织构成　　　　　　B. 含有丰富的毛细血管

C. 可加强表皮和真皮的连接　　　　D. 含有触觉小体

E. 可增大表皮与真皮的连接面积

4. 网织层内**不含有**

A. 汗腺　　　　　　　　　　　　　B. 皮脂腺

C. 立毛肌　　　　　　　　　　　　D. 指（趾）甲

E. 毛囊

【问答题】

1. 根据厚表皮的分层结构，说明表皮的角化过程。

2. 简述皮肤与预防保护作用有关的结构。

四、参考答案

【概念题】

1. 角质形成细胞是构成表皮的主要细胞，包括基底细胞、棘细胞、梭形细胞、扁平细胞和角质细胞，更新较快。

2. 非角质形成细胞是散在分布于角质形成细胞之间的细胞，包括黑素细胞、朗格汉斯细胞和梅克尔细胞，更新较慢。

3. 黑素细胞是生成黑色素的细胞，胞体散在于基底细胞之间，突起伸入基底细胞与棘细胞之间。胞体内有黑素体，内含酪氨酸酶，能将酪氨酸转变成黑色素。

4. 真皮乳头是由真皮浅层结缔组织向表皮突出形成的乳头状突起，增加了表皮与真皮的接触面积，有利于两者牢固连接及表皮的营养代谢。

5. 毛球是由毛根与毛囊末端融合并膨大形成的球状结构，是毛和毛囊的生长点。

6. 甲母质是甲根附着处的甲床上皮，该处细胞增殖活跃，是甲体的生长区。

【A₁型题】

1. C　　2. A　　3. C　　4. C　　5. B　　6. B　　7. C　　8. A

【A₂型题】

1. E　　2. C　　3. D　　4. A　　5. D　　6. E　　7. A　　8. C

9. E　　10. C　　11. C　　12. A

【A₃型题】

1. C　　2. D　　3. A　　4. D

【问答题】

1. 厚表皮为角化的复层扁平上皮，从基底到表面可分为5层。

（1）基底层：由一层矮柱状或立方形的基底细胞组成；胞质内有丰富的游离核糖体和角蛋白丝；基底细胞是表皮的干细胞。

（2）棘层：由4~10层多边形的棘细胞组成，细胞具有旺盛的合成功能；合成的外皮蛋白沉积在细胞膜内侧，使细胞膜增厚；胞质内出现板层颗粒，排放到细胞间隙后形成膜状物。

（3）颗粒层：由3~5层梭形细胞组成，细胞核与细胞器渐趋退化，胞质内板层颗粒增多，还出现许多透明角质颗粒。

（4）透明层：由2~3层扁平细胞组成，细胞边界不清，呈强嗜酸性。

（5）角质层：由多层扁平的角质细胞组成；细胞内充满密集、粗大的角蛋白丝束及均质状物质；细胞膜内侧面因含外皮蛋白而坚固；细胞间隙充满膜状物。

表皮由基底层到角质层的结构变化，反映了角质形成细胞增殖、迁移、分化为角质细胞、然后脱落的过程，与此伴随的是角蛋白及其他成分量与质的变化。

2. 表皮是角化的复层扁平上皮，直接与外界接触，耐摩擦，并能阻挡细菌等异物侵入和防止体液丢失；半桥粒使基底细胞与基膜紧密连接，各层细胞间通过桥粒紧密连接，增大表皮耐摩擦力；板层颗粒内含物释放到细胞间隙形成膜状物，形成表皮屏障的主要成分，防止大分子物质和水分透过表皮；角质形成细胞内充满角蛋白，胞膜加厚，对物理和化学刺激有很强的耐受力；黑素细胞产生的黑色素能吸收紫外线，保护深部组织免受辐射损伤；朗格汉斯细胞捕获和处理侵入皮肤的抗原，参与免疫反应。

（崔　丹）

第十九章 | 神经系统总论

一、实验指导

【实验目的】
1. 掌握神经系统的区分和常用术语。
2. 熟悉神经系统的活动方式和反射弧的组成。

【实验内容与方法】
1. 在反射弧模型上，观察反射弧的组成，理解其意义。
2. 在胸髓横切面、大脑水平切面等标本上，使用放大镜观察灰质、皮质、白质、髓质与神经核。

【思考题】
1. 简述反射弧的5个组成部分。
2. 神经系统常用的术语有哪些？

二、学习指导

神经系统区分
- 中枢神经系统
  - 脑
  - 脊髓
- 周围神经系统
  - 根据连接部位
    - 脑神经
    - 脊神经
  - 根据分布对象
    - 躯体神经
    - 内脏神经

神经系统常用术语
- 灰质和皮质：在中枢神经系统内，神经元胞体和树突聚集之处，在新鲜标本上色泽灰暗，称为灰质；在大、小脑表面的灰质称为皮质
- 白质和髓质：在中枢神经系统内，神经纤维集聚之处，因有髓鞘而色泽白亮，称为白质；位于大、小脑深部的白质称为髓质
- 神经核和神经节：在中枢神经系统内，形态与功能相似的神经元胞体聚集成团，称神经核；在周围神经系统内则称神经节
- 纤维束和神经：在中枢神经系统内，起止、行程和功能相同的神经纤维聚集在一起，称为纤维束；在周围神经系统内，神经纤维聚集在一起，外被结缔组织膜，称为神经

反射弧的组成：感受器→传入（感觉）神经→中枢→传出（运动）神经→效应器

三、练习题

【概念题】

1. 灰质与皮质
2. 白质与髓质
3. 神经核与神经节
4. 纤维束与神经
5. 反射和反射弧

【A₁型题】

神经系统的基本活动方式是

A. 反应
B. 传导
C. 反射
D. 调节
E. 反馈

四、参考答案

【概念题】

1. 在中枢神经系统内,神经元胞体和树突聚集之处,在新鲜标本上色泽灰暗,称灰质。在大、小脑表面的灰质称皮质。

2. 在中枢神经系统内,神经纤维聚集之处,因有髓鞘而色泽白亮,称白质。位于大、小脑皮质深部的白质,称髓质。

3. 在中枢神经系统内(除皮质外),形态与功能相似的神经元胞体聚集成团或柱,称神经核。在周围神经系统内,神经元胞体聚集之处则称神经节。

4. 在中枢神经系统内,起止、行程和功能相同的神经纤维集合在一起,称纤维束。在周围神经系统内,神经纤维聚集在一起,外被结缔组织膜称神经。

5. 反射是指在中枢神经系统参与下,机体对内、外环境刺激的规律性反应。完成反射活动的神经结构基础是反射弧,包括感受器、传入神经、神经中枢、传出神经和效应器5部分。

【A₁型题】

C

（杨　喜）

第二十章 | 中枢神经系统

一、实验指导

【实验目的】

1. 掌握脊髓的位置、外形与内部结构；脑的分部；脑干的外形及结构配布；小脑的位置与外形；间脑的位置、分部和功能；端脑的分叶、主要沟回及功能定位；基底核的组成和功能；内囊的位置与分部。

2. 熟悉脊髓传导束的位置和功能；脑神经核的功能分类；主要非脑神经核的名称、位置及其功能概况；小脑的功能；背侧丘脑的位置、分部和纤维联系；大脑白质纤维的分类；胼胝体的位置和联系。

3. 了解脊髓节段及其与椎骨的对应关系；脑干网状结构的位置及功能；脑神经核的名称与脑神经的关系；各脑室的位置与连通关系。

【实验内容与方法】

1. 在原位或离体脊髓标本上，观察颈膨大和腰骶膨大。在腰骶膨大以下观察脊髓圆锥及其下方的终丝。辨认脊髓表面的 6 条纵沟和脊神经前、后根。在切除椎管后壁的脊髓标本上，用镊子向两侧拉开脊髓表面的被膜观察：①脊髓的上、下端；②脊髓节段；③脊神经根的走向；④马尾。

2. 在胸髓横切面标本上，用放大镜观察脊髓的内部结构：脊髓表面的沟、裂；灰质形状、前角、后角和侧角的特点；辨认白质的前索、外侧索和后索。结合脊髓横断面模型，辨认上、下行纤维束的位置。

3. 在整脑标本和脑的正中矢状切面标本或模型上，观察脑的分部。结合脑干模型及标本依次观察脑干各部的主要形态结构、附着的各脑神经根。在脑神经核模型和电动脑干模型上，观察各类脑神经核的名称和位置，脑神经与有关脑神经核的关系。在传导通路模型上，结合电动脑干模型观察各上、下行纤维束在脑干内的走行部位，并观察各纤维束交叉的位置。

4. 在离体小脑标本上，观察小脑的外形和分叶。在小脑水平切面染色标本上，观察小脑皮质、髓质及小脑核。借助脑正中矢状切面标本并结合脑室模型观察第四脑室的位置、组成和交通。在间脑和脑干模型及脑的正中矢状切面标本上，观察背侧丘脑的形状与核群、内侧膝状体和外侧膝状体以及下丘脑的组成。

5. 结合挂图，在大脑半球标本上，观察大脑半球的叶间沟和分叶以及各面的主要沟、回。在大脑水平切面标本上，观察皮质厚度、基底核与内囊的形态和分部；在脑室铸型标本和模型上，观察侧脑室的形态、分部及脉络丛的形态。

【思考题】

1. 脊髓的颈膨大处右侧受压可出现哪些表现？

2. 脑干内有哪些上、下行纤维束？各在何处交叉？

3. 脑室有哪些？各位于何处？

4. 一侧内囊出血可有哪些表现？为什么？

二、学习指导

脊髓
- 位置：脊髓在椎管内，上端平枕骨大孔，下端在成人平第1腰椎的椎体下缘
- 外形
  - 前后略扁的圆柱状，全长40~45cm
  - 2个膨大：颈膨大→上肢，腰骶膨大→下肢
  - 6条沟：前正中裂1条、后正中沟1条、前外侧沟2条、后外侧沟2条
  - 31个脊髓节段：8个颈节、12个胸节、5个腰节、5个骶节和1个尾节
- 内部结构
  - 灰质
    - 前角（前柱）：前角运动神经元→躯干肌和四肢肌
    - 后角（后柱）：后角固有核
    - 侧角（侧柱）：T_1~L_3脊髓节段（交感神经低级中枢）
    - S_{2-4}脊髓节段：骶副交感核
  - 中央管：灰质中央的小管，内含脑脊液
  - 白质
    - 上行（感觉）纤维束：薄束和楔束、脊髓丘脑束
    - 下行（运动）纤维束：皮质脊髓束
      - 皮质脊髓侧束
      - 皮质脊髓前束
- 功能：传导、反射

脑干
- 外形
  - 延髓
    - 腹侧面：由皮质脊髓束构成的锥体和锥体交叉，橄榄附有舌咽神经、迷走神经、副神经和舌下神经根
    - 背侧面：薄束结节和楔束结节深面有薄束核与楔束核，构成菱形窝下半部分
  - 脑桥
    - 腹侧面：脑桥基底部、基底沟、三叉神经根
    - 延髓脑桥沟：附有展神经、面神经和前庭蜗神经根
    - 背侧面：构成菱形窝上半部分
  - 中脑
    - 腹侧面：大脑脚，动眼神经根由脚间窝出脑
    - 背侧面：上丘——视觉反射中枢，下丘——听觉反射中枢；下丘下方有滑车神经附着
  - 第四脑室：位于脑桥、延髓和小脑间的腔隙，形如四棱锥
- 内部结构
  - 灰质
    - 脑神经核：面神经核、舌下神经核、三叉神经脊束核
    - 非脑神经核：薄束核、楔束核、红核和黑质等
  - 白质
    - 上行（感觉）传导束：内侧丘系、脊髓丘系、三叉丘系
    - 下行（运动）传导束：主要是锥体束
  - 网状结构：散布着大小不等的神经核团
- 功能：传导功能和生命中枢

小脑 {
　位置外形 {
　　位于颅后窝内，脑桥和延髓的后上方
　　两侧膨大称小脑半球，中间狭窄为小脑蚓
　　上面平坦，前1/3与后2/3交界处的深沟称原裂
　　下面近小脑蚓两侧隆起称小脑扁桃体
　}
　分叶 {
　　绒球小结叶：位于小脑下面的最前部，由绒球、绒球脚和小结构成
　　前叶：为小脑上面原裂以前的部分
　　后叶：为原裂以后的部分，占小脑的大部分
　}
　分区 {
　　原（古）小脑：绒球小结叶
　　旧小脑：蚓部和中间部在种系发生上晚于绒球小结叶
　　新小脑：外侧部在进化过程中出现最晚
　}
　内部结构：小脑皮质、小脑髓质与小脑核（齿状核）
　功能：运动调节中枢，调节身体平衡、肌张力和骨骼肌随意运动
}

间脑 {
　位置：位于中脑与端脑之间
　分部 {
　　背侧丘脑：又称丘脑，分前核群、内侧核群和外侧核群 {
　　　腹后内侧核接受三叉丘系及味觉的纤维
　　　腹后外侧核接受内侧丘系和脊髓丘系的纤维
　　}
　　后丘脑：内侧膝状体与听觉传导有关，外侧膝状体与视觉传导有关
　　下丘脑：包括视交叉、灰结节和乳头体，灰结节借漏斗连垂体
　　　内部核团：视上核合成升压素，室旁核合成催产素→神经垂体
　}
　第三脑室：位于两侧背侧丘脑和下丘脑之间的狭窄腔隙。前部借室间孔与侧脑
　　　　　室相通，向后经中脑水管与第四脑室相通
}

端脑 {
　外形分叶 {
　　3条沟：外侧沟、中央沟和顶枕沟
　　5个叶：额叶、顶叶、颞叶、枕叶和岛叶
　　3个面 {
　　　上外侧面 {
　　　　额叶：中央前沟、中央前回；额上、下沟，额上、中、下回
　　　　顶叶：中央后沟、中央后回；顶上小叶、缘上回和角回
　　　　颞叶：颞上沟、颞下沟、颞上回、颞横回、颞中回、颞下回
　　　}
　　　内侧面：胼胝体、胼胝体沟、扣带回、中央旁小叶、距状沟
　　　下面：嗅球、嗅束、侧副沟、海马旁回、钩
　　}
　}
　皮质功能定位 {
　　第Ⅰ躯体运动区：中央前回和中央旁小叶前部，管理全身骨骼肌的运动
　　第Ⅰ躯体感觉区：中央后回和中央旁小叶后部
　　视觉区：距状沟上、下方的枕叶皮质
　　听觉区：颞横回
　　语言区：书写中枢、运动性语言中枢、听觉性语言中枢和视觉性语言中枢
　}
}

```
        ┌                ┌ 尾状核：头、体、尾 ┐
        │                │ 豆状核 ┌ 壳          ├新纹状体 ┐
        │        基底核 ─┤       │            ┘        ├纹状体：调节躯体运动
        │                │        └ 苍白球—旧纹状体            ┘
        │                │ 杏仁体：与内脏活动有关
        │                └ 屏状核：功能不清
        │
        │                ┌ 联络纤维：是联络同侧半球内各部分皮质的纤维
  内     │                │ 连合纤维：是连接左、右大脑半球的纤维，如胼胝体
  部 ────┤        大脑髓质 ┤ 投射纤维：是连接大脑皮质和皮质下结构的上、下行纤维，大
  结     │                │           部分通过内囊，内囊位于背侧丘脑、尾状核与豆状
  构     │                │           核之间，在端脑水平切面上呈开口向外的">< "形
        │                └           的宽厚白质板，内囊损伤可出现"三偏综合征"
        │
        │        侧脑室：位于大脑半球内，为左、右对称的腔隙，分为前角、中央部、后
        └                角和下角，侧脑室脉络丛位于中央部和下角内，是产生脑脊液的
                         主要部位
```

【概念题】

1. 第四脑室

2. 小脑扁桃体

3. 胼胝体

4. 基底核

5. 纹状体

6. 内囊

【A₁型题】

1. 切断脊髓外侧索，可导致切断平面以下

    A. 同侧腱反射丧失

    B. 同侧随意运动和深、浅感觉丧失

    C. 同侧痛温觉全部丧失

    D. 同侧随意运动丧失，对侧痛温觉丧失

    E. 同侧腱反射消失，触觉和压觉丧失

2. 关于薄束的描述，正确的是

    A. 传导痛觉、温觉

    B. 传导本体感觉和精细触觉

    C. 位于脊髓外侧索

    D. 起自脊髓后角固有核

    E. 传导触觉、压觉

3. 经白质前连合交叉到对侧形成的纤维束是

    A. 皮质脊髓侧束

    B. 脊髓丘脑束

    C. 薄束

    D. 楔束

    E. 红核脊髓束

4. 锥体交叉

    A. 位于延髓背侧下端

    B. 交叉后纤维全部行于脊髓后索

C. 为皮质核束的纤维交叉

D. 交叉后的纤维下行支配对侧躯体运动核团

E. 交叉后的纤维管理同侧躯体的随意运动

5. 病人右侧舌肌萎缩，伸舌时舌尖偏向右侧，其病变累及

A. 左侧皮质核束   B. 右侧皮质核束

C. 左侧舌下神经   D. 右侧舌下神经

E. 右侧舌神经

6. 成人脊髓下端平齐

A. 第 1 骶椎上缘   B. 第 2 腰椎下缘

C. 第 3 腰椎下缘   D. 第 1 腰椎下缘

E. 第 1 骶椎下缘

7. 关于脊髓节段数目的描述，正确的是

A. 29   B. 30

C. 31   D. 32

E. 33

8. 第 6 颈髓节段平对

A. 第 3 颈椎   B. 第 4 颈椎

C. 第 5 颈椎   D. 第 6 颈椎

E. 第 7 颈椎

9. 第 11、12 胸椎受损伤，可累及的脊髓节段是

A. 胸段   B. 腰段

C. 骶段   D. 腰、骶段

E. 骶、尾段

10. 下列结构中，属于脊髓内下行纤维束的是

A. 薄束   B. 楔束

C. 脊髓丘脑束   D. 皮质脊髓束

E. 脊髓小脑束

11. 从延髓脑桥沟出入的脑神经，自内侧向外侧依次为

A. 展神经、面神经、动眼神经   B. 展神经、面神经、前庭蜗神经

C. 展神经、面神经、三叉神经   D. 面神经、前庭蜗神经、迷走神经

E. 前庭蜗神经、面神经、展神经

12. 从橄榄后方出入的脑神经，自上而下是

A. 副神经、迷走神经、舌咽神经   B. 舌下神经、副神经、迷走神经

C. 迷走神经、副神经、舌咽神经   D. 舌咽神经、迷走神经、副神经

E. 舌咽神经、副神经、迷走神经

13. 锥体交叉位于

A. 延髓上端   B. 脑桥

C. 延髓和脊髓交界处   D. 中脑

E. 以上皆错

14. 小脑
   A. 位于颅中窝
   B. 上面与大脑枕叶直接相贴
   C. 小脑扁桃体位于小脑蚓的后方
   D. 绒球属于新小脑
   E. 两侧膨大为小脑半球

15. 中央前回位于
   A. 中央前沟的前方
   B. 中央后沟的前方
   C. 外侧沟的前方
   D. 中央沟与外侧沟之间
   E. 中央沟和中央前沟之间

16. 大脑皮质第I躯体运动区位于
   A. 额叶
   B. 顶叶
   C. 枕叶
   D. 颞叶
   E. 岛盖

17. 大脑皮质视觉区位于
   A. 外侧沟两侧
   B. 距状沟两侧
   C. 顶枕沟两侧
   D. 中央沟两侧
   E. 侧副沟两侧

18. 大脑皮质第I躯体感觉区位于
   A. 中央前回和中央旁小叶前部
   B. 中央后回和中央旁小叶后部
   C. 角回
   D. 颞横回
   E. 额下回后部

19. 大脑皮质听觉区位于
   A. 距状沟两侧
   B. 顶枕沟两侧
   C. 颞横回
   D. 顶内沟下方
   E. 海马沟内侧

20. 内囊
   A. 由大脑内的连合纤维组成
   B. 由大脑内的联络纤维组成
   C. 由大脑内的投射纤维组成
   D. 是大脑内的空腔
   E. 是间脑的一部分

21. 光照病人左眼,瞳孔对光反射存在,右眼瞳孔对光反射消失,病变在
   A. 左视神经
   B. 右视束
   C. 右动眼神经
   D. 右外侧膝状体
   E. 右视神经

22. 胼胝体是
   A. 联系同侧大脑半球各叶的纤维
   B. 联系两侧大脑半球的纤维
   C. 联系大脑半球与脑的其他部分之间的纤维
   D. 大脑半球内神经核

E. 参与边缘叶组成

23. 基底核

A. 是锥体系的组成部分　　　　　　B. 位于丘脑的内侧

C. 主要有纹状体　　　　　　　　　D. 包括下丘脑

E. 是间脑的组成部分

24. 关于内囊位置的描述,正确的是

A. 位于尾状核、间脑和豆状核之间　　B. 位于背侧丘脑、尾状核与豆状核之间

C. 位于背侧丘脑、后丘脑和下丘脑之间　D. 位于尾状核、大脑半球与豆状核之间

E. 位于豆状核和丘脑之间

25. 一侧内囊损伤表现为

A. 对侧上、下肢瘫痪

B. 对侧半身瘫痪和偏盲

C. 对侧半身感觉障碍和偏盲

D. 对侧半身感觉和运动障碍,双眼对侧视野同向性偏盲

E. 对侧半身感觉和运动障碍,双眼同侧视野同向性偏盲,对侧听力完全丧失

【A₂型题】

1. 下丘脑的功能**不包括**

A. 参与学习记忆　　　　　　　　　B. 参与情绪反应

C. 调节体温　　　　　　　　　　　D. 调节水盐代谢

E. 调节人体昼夜节律

2. 关于成人脊髓的描述,**错误**的是

A. 脊髓上端平枕骨大孔,下端平第1腰椎椎体下缘

B. 脊髓下端逐渐变细,称脊髓圆锥

C. 前正中裂浅,后正中沟深

D. 脊髓全长有两个膨大,分别为颈膨大和腰骶膨大

E. 马尾是由腰、骶、尾部的脊神经根垂直下行形成的

3. **没有**连在脑干腹侧面的脑神经是

A. 面神经　　　　　　　　　　　　B. 舌下神经

C. 展神经　　　　　　　　　　　　D. 滑车神经

E. 动眼神经

4. 关于背侧丘脑的描述,**错误**的是

A. 是卵圆形的灰质团块

B. 内髓板将其分隔为前核群、内侧核群和外侧核群

C. 腹后外侧核接收三叉丘系

D. 腹后核是感觉传导通路中第3级神经元胞体所在部位

E. 主要功能是感觉传导的中继站

5. 关于端脑的描述,**错误**的是

A. 主要指两侧大脑半球　　　　　　B. 端脑就是大脑半球加间脑

C. 大脑表面的灰质层称大脑皮质　　　D. 大脑髓质内包埋着基底核

E. 大脑半球内的腔隙为侧脑室

6. 关于中央前回的描述，**错误**的是

A. 位于额叶

B. 位于中央沟和中央前沟之间

C. 和中央旁小叶的前部共同构成第Ⅰ躯体运动区

D. 接受浅感觉和本体感觉冲动

E. 管理身体对侧半的骨骼肌运动

7. **不属于**基底核的是

A. 尾状核　　　　　　　　　　　B. 屏状核

C. 齿状核　　　　　　　　　　　D. 杏仁体

E. 豆状核

8. 关于大脑髓质的描述，**错误**的是

A. 由大量神经纤维组成

B. 是大脑内部的白质

C. 大脑髓质纤维分联络纤维、连合纤维和投射纤维三类

D. 三类纤维分别占据各自的区域且边界分明

E. 大脑髓质内包埋的核团为基底核

9. 关于胼胝体的描述，**错误**的是

A. 属于连合纤维　　　　　　　　B. 由连接左、右半球的横行纤维构成

C. 在大脑纵裂的底跨越中线　　　D. 通过内囊

E. 在正中矢状切面上自前向后分为嘴、膝、干和压部

10. 关于内囊的描述，**错误**的是

A. 内囊位于背侧丘脑、尾状核与豆状核之间

B. 可分为前肢、膝和后肢

C. 内囊出血可引起"三偏征"

D. 内囊膝通过皮质脊髓束

E. 大脑皮质和皮质下各中枢间的投射纤维大部分经过内囊

【A₃ 型题】

（1~3 题共用题干）

脊髓内部结构比较复杂，灰、白质分界较为明显，但两者各有其结构特征，因此也决定了它们的不同功能。

1. 灰质前角

A. 其中有成群排列的躯体运动神经元

B. 其中有成群排列的内脏运动神经元

C. 其中有躯体感觉神经元

D. 躯体运动神经元还可以引起心肌的收缩

E. 前角运动神经元病变可引起痉挛性瘫痪（硬瘫）

2. 灰质侧角
 A. 见于脊髓全长
 B. 见于 T_1~L_3 髓节
 C. 是交感神经和副交感神经节前神经元胞体所在部位
 D. 是副交感神经胞体所在部位
 E. 它们的轴突经前根、灰交通支入交感干

3. 脊髓白质
 A. 位于中央管的周围
 B. 上行纤维束都起自脊髓后角
 C. 上行纤维束不一定都起自脊髓后角,有的纤维束是后根纤维的直接延续
 D. 下行纤维束起自大脑皮质的不同区域
 E. 这些下行纤维构成了脊髓的固有束

(4~7 题共用题干)

脑干由延髓、脑桥和中脑组成。其外形从背、腹侧面观察各有特征,12 对脑神经除第Ⅰ、Ⅱ对外,均与脑干相连,并与其内部的脑神经核发生直接联系,从而完成不同的生理功能。

4. 附着于延髓脑桥沟中的 3 对脑神经是
 A. 舌咽神经、迷走神经、副神经   B. 前庭蜗神经、舌咽神经、迷走神经
 C. 面神经、前庭蜗神经、舌咽神经   D. 展神经、面神经、前庭蜗神经
 E. 三叉神经、展神经、面神经

5. 自脑干背侧面出脑的脑神经是
 A. 视神经   B. 动眼神经
 C. 滑车神经   D. 嗅神经
 E. 展神经

6. 菱形窝位于
 A. 脑桥和中脑的背侧面   B. 脑桥和中脑的腹侧面
 C. 脑桥和延髓的腹侧面   D. 脑桥和延髓的背侧面
 E. 小脑半球及蚓部的腹侧面

7. 借正中孔和外侧孔与第四脑室相通的是
 A. 脊髓中央管   B. 中脑水管
 C. 硬膜外隙   D. 硬膜下隙
 E. 蛛网膜下隙

(8~12 题共用题干)

脑干内部结构比脊髓复杂,由灰质、白质及网状结构构成。灰质主要包括与脑神经相连的脑神经核以及与脑神经无关的非脑神经核,白质主要由长的上、下行纤维束构成。

8. 舌下神经核
 A. 属于躯体运动核   B. 属于躯体感觉核
 C. 属于一般内脏运动核   D. 发出纤维支配对侧舌肌
 E. 一侧舌下神经核病变,伸舌时,舌尖偏向对侧

9. 面神经核
    A. 位于面神经丘的深面
    B. 属于内脏运动核
    C. 接受对侧皮质核束的纤维
    D. 发出纤维经颈静脉孔出颅
    E. 一侧面神经核病变,同侧鼻唇沟变浅
10. 锥体交叉
    A. 由皮质脊髓束的大部分纤维左、右交叉形成
    B. 由皮质脊髓束的全部纤维左、右交叉形成
    C. 由锥体束的全部纤维左、右交叉形成
    D. 由锥体束的大部分纤维左、右交叉形成
    E. 位于锥体的上方
11. 传导躯干、四肢本体感觉和精细触觉的中继核是
    A. 红核
    B. 脑桥核
    C. 下橄榄核
    D. 黑质
    E. 薄束核和楔束核
12. 传导面部痛温觉的纤维是
    A. 内侧丘系
    B. 薄束
    C. 脊髓丘系
    D. 三叉丘系
    E. 皮质核束

(13、14题共用题干)

小脑位于颅后窝,在延髓和脑桥的后方,借小脑下脚、中脚和上脚与脑干相连。小脑与脑干间的腔隙即第四脑室。

13. 古小脑指
    A. 小脑前叶
    B. 小脑后叶
    C. 小脑扁桃体
    D. 小脑蚓部
    E. 绒球小结叶
14. 形成枕骨大孔疝的结构是
    A. 海马旁回和钩
    B. 小脑扁桃体
    C. 绒球
    D. 小脑前叶
    E. 小脑蚓部

(15~17题共用题干)

间脑位于中脑和端脑之间,主要包括背侧丘脑、后丘脑和下丘脑,其内腔隙为第三脑室。

15. 外侧膝状体
    A. 属于背侧丘脑的结构
    B. 是听觉通路上的中继站
    C. 接收视束传入的纤维
    D. 发出纤维投射至颞横回
    E. 接收下丘臂的纤维
16. 背侧丘脑腹后外侧核接受
    A. 脊髓丘系和内侧丘系的纤维
    B. 脊髓丘系和外侧丘系
    C. 脊髓丘系和视束的纤维
    D. 脊髓丘系和三叉丘系的纤维

E. 内侧丘系和三叉丘系的纤维

17. **不属于**下丘脑的是

    A. 松果体   B. 乳头体

    C. 灰结节   D. 视交叉

    E. 漏斗

（18、19 题共用题干）

端脑是脑的最高级部位，表面为大脑皮质，是高级神经活动的物质基础。其中有很多重要的功能区，皮质深面由大量纤维构成，称髓质。髓质中包埋的灰质团块为基底核。

18. 运动性语言中枢位于

    A. 中央前回下部   B. 额下回后部

    C. 颞横回   D. 角回

    E. 额中回后部

19. 参与边缘系组成的核团是

    A. 豆状核   B. 尾状核

    C. 红核   D. 杏仁体

    E. 室旁核

（20、21 题共用题干）

内囊是大脑髓质中的重要结构，该处出血将产生严重的后果。

20. 关于内囊的描述，**错误**的是

    A. 绝大部分投射纤维经过内囊   B. 位于背侧丘脑、尾状核与豆状核之间

    C. 可分为前肢、膝和后肢 3 部分   D. 内囊前肢有皮质核束通过

    E. 内囊后肢有皮质脊髓束、丘脑中央辐射、视辐射等通过

21. 关于内囊动脉血供的描述，**错误**的是

    A. 内囊前肢主要由大脑前动脉中央支供血

    B. 内囊后肢和膝由大脑中动脉中央支供血

    C. 内囊出血可导致"三偏征"

    D. 内囊后肢由大脑后动脉中央支供血

    E. 内囊血供主要来自豆纹动脉

【问答题】

1. 简述脊髓后索、外侧索内的主要上行纤维束及其功能。

2. 基底核包括什么？何谓纹状体及新、旧纹状体？

3. 简述内囊的位置、分部及所通过的主要纤维束。一侧内囊后肢由于动脉破裂出血而受损，会产生什么症状？

四、参考答案

【概念题】

1. 第四脑室是位于延髓、脑桥和小脑之间的室腔，形如四棱锥，顶朝向小脑，底由延髓上端背侧和脑桥背侧构成的菱形窝组成，室内有脉络丛，并充满脑脊液。

2. 小脑下面蚓垂两侧的隆起部称小脑扁桃体，位置靠近枕骨大孔，当颅内压升高时，可嵌入枕骨大孔，形成枕骨大孔疝，压迫延髓，危及生命。

3. 胼胝体位于大脑纵裂底部，由连合左、右大脑半球新皮质的纤维构成。在脑正中矢状切面上，由前向后分为嘴、膝、干和压部。

4. 基底核为大脑半球髓质内的灰质团块，因位置靠近脑底，故称基底核，包括尾状核、豆状核、屏状核和杏仁体。

5. 尾状核与豆状核合称纹状体，是躯体运动的重要调节中枢。其中苍白球是旧纹状体，尾状核和壳是新纹状体。

6. 内囊由投射纤维构成，位于背侧丘脑、尾状核与豆状核之间，在脑水平切面上，呈尖向内的"＞＜"形，可分为内囊前肢、内囊膝和内囊后肢。

【A₁ 型题】

1. D	2. B	3. B	4. E	5. D	6. D	7. C	8. C
9. B	10. D	11. B	12. D	13. C	14. E	15. E	16. A
17. B	18. B	19. C	20. C	21. C	22. C	23. C	24. B
25. D							

【A₂ 型题】

1. A	2. C	3. D	4. C	5. B	6. D	7. C	8. D
9. D	10. D						

【A₃ 型题】

1. A	2. B	3. C	4. D	5. C	6. D	7. E	8. A
9. E	10. A	11. E	12. D	13. E	14. B	15. C	16. A
17. A	18. B	19. D	20. D	21. D			

【问答题】

1. 脊髓后索内有薄束和楔束，传导同侧躯干及四肢的本体感觉和精细触觉；外侧索有脊髓丘脑束，传导对侧躯干及四肢的浅感觉，即痛觉、温度觉和粗略触觉。

2. 基底核共有 4 对，即尾状核、豆状核、屏状核和杏仁体。豆状核又分为外侧的壳和内侧的苍白球。纹状体包括新纹状体和旧纹状体。新纹状体由尾状核和壳组成，旧纹状体即苍白球。纹状体在调节躯体运动中起重要作用。

3. 内囊是位于背侧丘脑、尾状核与豆状核之间的白质板。在端脑水平切面上，内囊呈开口向外的"＞＜"形，可分为 3 部分：位于豆状核与尾状核之间的部分称内囊前肢；位于豆状核和背侧丘脑之间的部分称内囊后肢，有皮质脊髓束、丘脑中央辐射、视辐射和听辐射等纤维通过；内囊前、后肢的相接部分称内囊膝，有皮质核束通过。一侧内囊损伤时，病人可出现对侧半身深、浅感觉障碍（丘脑中央辐射受损）、对侧半身痉挛性瘫痪（皮质脊髓束和皮质核束受损）、双眼对侧半视野同向性偏盲（视辐射受损），即临床所谓的"三偏征"。

（杨 喜 高 畅）

第二十一章 | 周围神经系统

一、实验指导

实验一　脊　神　经

【实验目的】

1. 掌握脊神经的组成；膈神经的行径与分布；腋神经、肌皮神经、正中神经、尺神经和桡神经的行径与分布；胸神经前支在胸、腹壁的节段性分布；股神经和坐骨神经及其主要分支的行径与分布。

2. 熟悉颈丛、臂丛、腰丛和骶丛的组成与位置；胸神经前支的行径。

3. 了解脊神经其他分支分布概况。

【实验内容与方法】

1. 在脊髓与颈椎横切面模型和脊髓被膜模型上，观察脊神经的组成和脊神经根的形态。

2. 在脊柱与脊髓、脊神经根标本上，观察脊神经前、后根和脊神经节以及 31 对脊神经各自在椎管内的走行特点。

3. 在颈丛与臂丛标本上，观察颈丛的位置和组成，皮支的浅出部位和分布，膈神经的行径和分布；臂丛的位置和组成，胸长神经、肌皮神经、正中神经、尺神经、桡神经及腋神经的行径和分布。

4. 在纵隔与胸、腹壁标本上，观察胸神经前支的行径、分支与分布。

5. 在腰丛标本上，观察腰丛的位置和组成，髂腹下神经、髂腹股沟神经、闭孔神经、股神经及分支隐神经的行径和分布，重点观察股神经在盆部的行径和穿至股部的部位及与股血管的关系。

6. 在骶丛标本上，观察骶丛的位置和组成，臀上神经、臀下神经、阴部神经和坐骨神经的出盆部位、行径与分布，胫神经和腓总神经的行径与分布。

【思考题】

1. 肱骨外科颈、中段和髁上骨折时常可造成何神经损伤？主要症状是什么？为什么？

2. 由梨状肌上、下孔出骨盆的神经各有哪些？分别支配何处？

3. 腓骨颈骨折时，可能损伤什么神经？有哪些表现？

实验二　脑 神 经

【实验目的】

1.掌握12对脑神经的连脑部位和出入颅腔的部位；动眼神经、滑车神经、展神经、舌咽神经、副神经和舌下神经的行径与分布；三叉神经、面神经和迷走神经的行径、主要分支与分布。

2.熟悉视神经和前庭蜗神经的行径与分布。

3.了解嗅神经的分布；面神经干的行径。

【实验内容与方法】

1.在颅底标本上，观察12对脑神经出入颅腔的部位。

2.在脑标本与模型上，观察12对脑神经的连脑部位。

3.在示眼眶内容物标本上，观察第Ⅱ、Ⅲ、Ⅳ、Ⅴ₁、Ⅵ对脑神经的行径与分布。

4.在三叉神经标本上，观察三叉神经节的形态和位置，海绵窦的位置、穿行结构及其与垂体窝、蝶窦的关系，眼神经、上颌神经和下颌神经的行径、重要分支与分布。

5.在颞骨标本与模型上，观察面神经在颞骨内的行径、与鼓室的关系及其穿出部位。

6.在头面部标本上，观察面神经干、腮腺丛及其发出的5组分支，注意各组分支的走行方向和支配范围。

7.在头颈部标本上，观察舌咽神经、迷走神经、副神经和舌下神经的行径与分布。

8.在迷走神经标本上，观察迷走神经的行径及主要分支的位置与分布。

【思考题】

1.简述12对脑神经的名称、性质及连脑、出入颅腔的部位。

2.简述眼和舌的神经支配。

3.面部浅感觉和面肌的运动分别由什么神经管理？

实验三　内脏神经

【实验目的】

1.掌握内脏神经的区分与分部；节前纤维和节后纤维的概念；交感神经的组成以及交感干的位置、组成与分部。

2.熟悉内脏运动神经的特点；交感神经和副交感神经的特点。

3.了解内脏感觉神经的功能特点；牵涉痛的概念。

【实验内容与方法】

1.在纵隔标本与模型上，观察胸交感干、椎旁神经节、灰交通支、白交通支和内脏大、小神经及食管丛。

2.在脊柱与交感干的标本与模型上，观察交感干的组成和位置，辨认椎前神经节（腹腔神经节、主动脉肾神经节和肠系膜上、下神经节）的形态和位置。

3.在头颈部标本与模型上，观察副交感神经和副交感神经节。

【思考题】

1.躯体运动神经与内脏运动神经在形态结构等方面有何不同？

2. 简述交感干的位置、组成与分部。

二、学习指导

脊神经
- 组成
  - 前根：运动根（内含运动性纤维）
  - 后根：感觉根（内含感觉性纤维）
- 分部：颈神经8对、胸神经12对、腰神经5对、骶神经5对和尾神经1对
- 纤维成分：躯体感觉纤维、内脏感觉纤维、躯体运动纤维和内脏运动纤维4种
- 分支与分布
  - 前支：混合性，粗大，分布躯干前外侧和四肢的肌与皮肤。除胸神经前支外，其余的前支先分别交织成丛，即颈丛、臂丛、腰丛和骶丛
  - 后支：混合性，较短小，分布于项、背、腰、骶部的肌与皮肤
  - 交通支：连于脊神经与交感干之间

颈丛
- 组成：由第1~4颈神经前支组成，位于胸锁乳突肌上部的深面
- 分支
  - 肌支：膈神经，混合性，运动纤维支配膈，感觉纤维分布于胸膜和心包等
  - 皮支：分布于枕部、耳郭、颈前外侧、胸壁上部和肩部的皮肤

臂丛
- 组成：由第5~8颈神经前支和第1胸神经前支的大部分组成
- 分支
  - 腋神经：肌支支配三角肌和小圆肌，皮支分布于肩部和臂外侧区上部的皮肤
  - 肌皮神经：肌支支配臂肌前群，皮支分布于前臂外侧皮肤
  - 正中神经：肌支支配前臂肌前群大部分，手肌小部分，皮支分布于手掌桡侧大部
  - 尺神经：肌支支配尺侧腕屈肌和指深屈肌尺侧半等，皮支分布手掌、手背尺侧半
  - 桡神经：肌支支配臂肌后群、前臂肌后群和肱桡肌，皮支分布于手背桡侧半

胸神经前支
- 共12对，第1~11对称肋间神经，第12对称肋下神经
- 在胸、腹壁的节段性分布
  - T_2→胸骨角平面、T_4→乳头平面
  - T_6→剑突平面、T_8→肋弓平面
  - T_{10}→脐平面、T_{12}→脐与耻骨联合连线的中点平面

腰丛
- 组成：由第12胸神经前支、第1~3腰神经前支和第4腰神经前支组成
- 分支
  - 髂腹下神经：分布于腹下区和髂区的肌和皮肤
  - 髂腹股沟神经：分布于髂区肌和阴囊或大阴唇皮肤
  - 股神经：肌支支配股四头肌、缝匠肌，皮支分布于大腿和膝关节前面的皮肤 最长的皮支隐神经分布于髌下、小腿内侧面和足内侧缘皮肤
  - 闭孔神经：分布于大腿肌内侧群及皮肤

骶丛
组成：由腰骶干、全部骶神经和尾神经的前支组成
分支
臀上神经：支配臀中、小肌
臀下神经：支配臀大肌
阴部神经：分布于会阴部和外生殖器
坐骨神经：在腘窝上角处分为胫神经和腓总神经，坐骨神经干支配大腿肌后群
胫神经：支配小腿肌后群和足底肌
腓总神经
腓浅神经支配腓骨长、短肌
腓深神经支配小腿肌前群和足背肌

脑神经的名称、性质、连脑部位、出入颅腔部位及其分布范围见表21-1。

表21-1　脑神经的名称、性质、连脑部位、出入颅腔部位及其分布范围

顺序和名称	性质	连脑部位	出入颅腔部位	分布范围
Ⅰ嗅神经	感觉性	端脑	筛孔	鼻腔嗅黏膜
Ⅱ视神经	感觉性	间脑	视神经管	眼球视网膜
Ⅲ动眼神经	运动性	中脑	眶上裂	上、下、内直肌、下斜肌、上睑提肌、瞳孔括约肌和睫状肌
Ⅳ滑车神经	运动性	中脑	眶上裂	上斜肌
Ⅴ三叉神经	混合性	脑桥	眼神经：眶上裂 上颌神经：圆孔 下颌神经：卵圆孔	面部皮肤，眼球、口、鼻腔黏膜、舌前2/3黏膜和咀嚼肌
Ⅵ展神经	运动性	脑桥	眶上裂	外直肌
Ⅶ面神经	混合性	脑桥	内耳门→内耳道→面神经管→茎乳孔	面肌、颈阔肌，泪腺、下颌下腺、舌下腺和舌前2/3味蕾
Ⅷ前庭蜗神经	感觉性	脑桥	内耳门	壶腹嵴、球囊斑、椭圆囊斑和螺旋器
Ⅸ舌咽神经	混合性	延髓	颈静脉孔	腮腺、舌后1/3黏膜和味蕾以及颈动脉窦和颈动脉小球等
Ⅹ迷走神经	混合性	延髓	颈静脉孔	咽喉肌，颈、胸、腹器官和硬脑膜
Ⅺ副神经	运动性	延髓	颈静脉孔	胸锁乳突肌和斜方肌
Ⅻ舌下神经	运动性	延髓	舌下神经管	舌内肌和大部分舌外肌

内脏神经
内脏运动神经
交感神经
低级中枢：脊髓T_1~L_3节段的灰质侧角内
周围部：交感神经节、交感干、由节发出的神经和神经丛
副交感神经
低级中枢：脑干副交感神经核、脊髓$S_{2~4}$骶副交感神经核
周围部：副交感神经节包括器官旁节和器官内节
内脏感觉神经：将内感受器接收的内脏刺激转变为神经冲动并传至中枢，通过反射调节这些器官的活动
牵涉性痛：某些内脏器官发生病变时，常在体表一定区域产生感觉过敏或痛觉，这种现象称为牵涉性痛。如心绞痛时，胸前区及左臂内侧皮肤可感到疼痛

内脏运动神经与躯体运动神经的区别见表 21-2。

表 21-2　内脏运动神经与躯体运动神经的区别

	内脏运动神经	躯体运动神经
支配的器官	心肌、平滑肌、腺体；一定程度上不受意识控制	骨骼肌；一般都受意识控制
神经元数目	自低级中枢至效应器有 2 个神经元：节前神经元→节前纤维，节后神经元→节后纤维	自低级中枢至骨骼肌只有 1 个神经元
纤维成分	交感和副交感 2 种纤维成分	只有 1 种
纤维粗细	细的薄髓纤维（节前纤维） 细的无髓纤维（节后纤维）	粗的有髓纤维
分布形式	神经丛→分支→效应器	神经干形式

三、练习题

【概念题】

1. 脊神经节和内脏神经节

2. 腰骶干

3. 鼓索

4. 喉返神经

5. 交感干

6. 牵涉性痛

【A₁ 型题】

1. 关于脊神经的叙述，正确的是
   A. 脊神经的前支全部交织成丛　　　B. 后支只含躯体感觉纤维
   C. 前支均借灰、白交通支与交感干相连　　D. 前支只含躯体运动纤维
   E. 脊神经的前、后支都是混合性的

2. 关于膈神经的叙述，正确的是
   A. 属于运动性神经
   B. 于前斜角肌后面下行
   C. 经胸廓上口入胸膜腔
   D. 除分布到膈肌外，还分布到胸膜、心包和膈下部分腹膜
   E. 膈神经受损肋间肌将瘫痪

3. 尺神经最易受损部位是
   A. 腕管　　　　　　　　　　　　B. 臂部中段
   C. 肱骨内上髁后方　　　　　　　D. 掌心
   E. 前臂内侧

4. 桡神经最贴近骨面的部位是
   A. 腋窝　　　　　　　　　　　　B. 桡神经沟

C. 肱桡肌上端　　　　　　　　　　D. 桡骨头背面

E. 肱骨上段

5. 分布到乳头平面的胸神经前支为

A. T_4 前支　　　　　　　　　　　B. T_6 前支

C. T_7 前支　　　　　　　　　　　D. T_8 前支

E. T_{10} 前支

6. 关于腰丛的叙述，正确的是

A. 由全部腰神经的前支组成

B. 由全部腰神经的前支和第1骶神经前支组成

C. 发出闭孔神经

D. 位于腰大肌前面

E. 发出阴部神经

7. 下列神经受损伤后，可导致上睑下垂的是

A. 眼神经　　　　　　　　　　　　B. 面神经

C. 动眼神经　　　　　　　　　　　D. 滑车神经

E. 展神经

8. 副神经

A. 自胸锁乳突肌中点入该肌　　　　B. 与迷走神经无关

C. 支配胸锁乳突肌等　　　　　　　D. 支配背阔肌

E. 由枕骨大孔出颅

9. 下列神经中，管理肌运动的是

A. 颊神经　　　　　　　　　　　　B. 耳颞神经

C. 舌神经　　　　　　　　　　　　D. 舌下神经

E. 鼓索

10. 支配咀嚼肌运动的神经是

A. 上颌神经　　　　　　　　　　　B. 面神经

C. 下颌神经　　　　　　　　　　　D. 颊神经

E. 三叉神经

11. 面神经出颅的孔裂是

A. 卵圆孔　　　　　　　　　　　　B. 棘孔

C. 圆孔　　　　　　　　　　　　　D. 茎乳孔

E. 颈静脉孔

12. 面神经支配

A. 咬肌　　　　　　　　　　　　　B. 颞肌

C. 翼外肌　　　　　　　　　　　　D. 翼内肌

E. 颊肌

13. 支配腮腺的副交感纤维来自

A. 三叉神经　　　　　　　　　　　B. 舌咽神经

C. 面神经   D. 迷走神经

E. 舌下神经

14. 内脏运动神经支配

A. 面肌   B. 心肌

C. 咬肌   D. 头肌

E. 盆底肌

15. 交感神经的低级中枢位于

A. 脑干内   B. 全部胸髓和上腰髓的侧角内

C. 骶髓 2~4 节段内   D. 颈髓内

E. 全部胸、腰髓的侧角内

16. 支配瞳孔开大肌的神经是

A. 动眼神经   B. 眼神经

C. 交感神经   D. 视神经

E. 眶上神经

【A$_2$ 型题】

1. 颈丛的分支**不包括**

A. 枕大神经   B. 耳大神经

C. 颈横神经   D. 锁骨上神经

E. 膈神经

2. 关于股神经的叙述，**错误**的是

A. 起自腰丛   B. 肌支也支配大腿肌内侧群的某些肌

C. 经肌腔隙入股三角   D. 最长皮支为隐神经

E. 股神经在股部无皮支

3. **不穿过**梨状肌下孔的骶丛分支是

A. 臀下神经   B. 臀上神经

C. 股后皮神经   D. 坐骨神经

E. 阴部神经

4. 坐骨神经**不支配**

A. 臀大肌   B. 大腿肌后群

C. 股二头肌   D. 半腱肌

E. 半膜肌

5. 下列脑神经中，**不**与脑干相连的是

A. 三叉神经   B. 滑车神经

C. 嗅神经   D. 副神经

E. 动眼神经

6. 下列脑神经中，**不**穿经海绵窦且**不**经眶上裂入眶的是

A. 视神经   B. 动眼神经

C. 滑车神经   D. 展神经

E. 眼神经

7. 关于迷走神经的叙述，**错误**的是

    A. 是分布范围最广的脑神经   B. 为混合性神经

    C. 支配喉肌的运动   D. 主干经颈静脉孔出颅

    E. 副交感纤维分布至全部胸、腹腔脏器

8. **不属于**交感神经节的有

    A. 主动脉肾神经节   B. 交感干神经节

    C. 腹腔神经节   D. 器官内节

    E. 椎旁神经节

9. **不含**有副交感节前纤维的脑神经有

    A. 三叉神经   B. 面神经

    C. 舌咽神经   D. 迷走神经

    E. 动眼神经

【 A₃ 型题 】

（1~3题共用题干）

脊神经连于脊髓，由前根和后根会合而成，穿过椎间孔出椎管，即分为数支，分布于效应器或感受器。

1. 脊神经的分支中，**不含**

    A. 脊膜支   B. 外侧皮支

    C. 交通支   D. 后支

    E. 前支

2. 关于脊神经的纤维成分，**错误**的是

    A. 每条脊神经都是混合性的

    B. 含有 4 种纤维成分

    C. 只有第 2~4 骶神经中含有副交感成分的节后纤维

    D. 所有的脊神经都含有交感神经的节后纤维

    E. 胸神经中含有交感神经的节前纤维

3. 关于脊神经的走行，正确的是

    A. 像血管一样常位于身体的屈侧

    B. 胸神经较少受到椎间盘的侵袭，是由于胸椎的椎间孔较宽大

    C. 神经穿越肌的时候，肌收缩虽然可压迫神经，但神经传导不受影响

    D. 脊神经前支在四肢的分布节段性已消失

    E. 神经常与血管伴行，是为了便于获得营养

（4、5题共用题干）

脊神经和脑神经都是周围神经，它们在许多方面是相同的，但也有不一致的地方。

4. 关于脊神经和脑神经的比较，**错误**的是

    A. 基本上都可以分成 4 种成分   B. 都附着于中枢神经系统的低级部位

    C. 都是成对存在、对称性分布   D. 都经过一个骨性孔或裂隙而出

E. 感觉神经一般都有神经节

5. 关于脊神经和脑神经的比较,**错误**的是

　　A. 脑神经和脊神经的类别不同,脊神经都是混合性,而脑神经有些是单纯性

　　B. 脊神经既有交感又有副交感成分,而脑神经只有副交感成分

　　C. 脑神经由于距离所支配的器官较近,所以脑神经行程都较短

　　D. 每条脊神经上都有脊神经节

　　E. 有些脑神经上也有类似脊神经节的感觉神经节

【问答题】

1. 胫神经和腓总神经损伤后临床表现有何不同?

2. 简述坐骨神经的走行与分布。

3. 简述面神经出颅后的走行位置、分支和分布。

4. 眼球外肌有哪些?各受什么神经支配?

5. 简述三叉神经的主要分支及在头面部皮肤的分布范围。

6. 简述迷走神经的纤维成分与分布。

四、参考答案

【概念题】

1. 脊神经节是脊神经后根上在椎间孔附近的椭圆形膨大,包含一般躯体感觉神经元、本体感觉神经元和内脏感觉神经元的胞体;内脏神经节是指内脏神经在外周的神经节。

2. 腰骶干由第 4 腰神经前支的一部分和第 5 腰神经前支合成,向下加入骶丛。

3. 鼓索由面神经在面神经管内分出,其中内脏运动(副交感)纤维支配下颌下腺和舌下腺分泌;内脏感觉(味觉)纤维分布于舌前 2/3 的味蕾,司味觉。

4. 喉返神经为迷走神经在胸部的分支,左侧勾绕主动脉弓,右侧勾绕右锁骨下动脉返回颈部,支配除环甲肌以外的全部喉肌和声门裂以下的喉黏膜。

5. 交感干位于脊柱两侧,呈纵行的串珠状,由 19~24 个椎旁神经节和节间支连结而成,上自颅底,下至尾骨前方,两侧交感干在尾骨前方汇于单一的奇神经节。

6. 当某些内脏发生病变时,常在体表的一定区域产生感觉过敏或疼痛,这种现象称牵涉性痛。

【A₁型题】

1. E	2. D	3. C	4. B	5. A	6. C	7. C	8. C
9. D	10. C	11. D	12. E	13. B	14. B	15. B	16. C

【A₂型题】

1. A	2. E	3. B	4. A	5. C	6. A	7. E	8. D
9. A							

【A₃型题】

1. B　　　2. C　　　3. A　　　4. B　　　5. C

【问答题】

1. 胫神经损伤时,引起小腿肌后群和足底肌瘫痪,主要运动障碍是足不能跖屈、不能

屈趾、内翻力减弱，由于小腿肌前群和外侧群的过度牵拉，致使病足呈背屈和外翻位，出现"钩状足"畸形；感觉障碍区主要在足底。

腓总神经损伤时，引起小腿肌前群、外侧群及足背肌瘫痪，主要运动障碍是足不能背屈、不能伸趾、足下垂且内翻，呈"马蹄内翻足"畸形，病人行走时呈"跨阈步态"；感觉障碍在小腿前外侧面下部和足背较明显。

2. 坐骨神经穿梨状肌下孔出盆腔，在臀大肌深面，经坐骨结节与股骨大转子连线的中点下行于股二头肌的深面，至腘窝上角处分为胫神经和腓总神经。坐骨神经主干支配大腿肌后群；胫神经支配小腿肌后群和足底肌；腓总神经又分为腓浅神经和腓深神经，前者支配小腿肌外侧群，后者支配小腿肌前群和足背肌。

3. 面神经由茎乳孔出颅，向前穿入腮腺，分为数支并相互交织成丛，最后形成5组分支，即颞支、颧支、颊支、下颌缘支和颈支，支配面肌和颈阔肌。

4. 眼球外肌共7块，其中上睑提肌、上直肌、下直肌、内直肌和下斜肌受动眼神经支配，上斜肌受滑车神经支配，外直肌受展神经支配。

5. 三叉神经分为3支，即眼神经、上颌神经和下颌神经。眼神经分布于睑裂以上皮肤，上颌神经分布于睑裂和口裂之间的皮肤，下颌神经分布于口裂以下的皮肤。

6. 迷走神经含有内脏运动、内脏感觉、躯体运动和躯体感觉4种纤维成分。其中内脏运动和内脏感觉纤维分布于胸腔器官及肝、脾、胰、肾和结肠左曲以上的消化管；躯体运动纤维支配咽喉肌；躯体感觉纤维布于硬脑膜、耳郭和外耳道。

（庞　刚）

第二十二章 | 神经系统传导通路

一、实验指导

【实验目的】

1. 掌握躯干、四肢的深感觉和精细触觉传导通路；躯干、四肢的浅感觉传导通路；视觉传导通路；锥体束的组成、行程、位置、交叉及对运动性核团的支配。

2. 熟悉头面部浅感觉传导通路。

3. 了解锥体外系的组成及功能。

【实验内容与方法】

1. 在神经系统传导通路电动模型上，观察各传导通路的路径，注意各感觉传导通路的3级神经元名称及纤维交叉位置。

2. 感觉传导通路一般由3级神经元组成。

感觉传导通路	第1级神经元胞体	第2级神经元胞体	第3级神经元胞体
躯干和四肢深感觉	脊神经节	薄束核、楔束核	背侧丘脑腹后外侧核
躯干和四肢浅感觉	脊神经节	后角固有核	背侧丘脑腹后外侧核
头面部浅感觉	三叉神经节	三叉神经感觉核	背侧丘脑腹后内侧核
视觉	视网膜双极细胞	视网膜节细胞	外侧膝状体
听觉	蜗神经节	蜗神经核	内侧膝状体

3. 运动传导通路（锥体系）一般由2级神经元组成。①上运动神经元，位于中央前回、中央旁小叶前部和其他一些皮质区域，轴突组成皮质核束与皮质脊髓束；②下运动神经元，脑神经运动核细胞的轴突组成脑神经运动纤维，脊髓前角运动细胞的轴突组成脊神经运动纤维。

4. 感觉和运动传导通路在行程中一般要进行一次交叉。一侧大脑半球接受对侧半身的感觉冲动和管理对侧半身的运动。但交叉的平面不同，锥体交叉和内侧丘系交叉在延髓内，痛、温度觉传导束的交叉在脊髓或脑干内。一侧大脑半球接受双侧视、听觉冲动。

【思考题】

1. 一侧内囊损伤，会出现哪些症状？为什么？

2. 内侧丘系、脊髓丘系、三叉丘系分别传导哪些感觉？

3. 简述感觉传导通路各级神经元胞体所在位置、交叉部位及功能。

4. 比较躯干和四肢深、浅部感觉传导路的异同点。

二、学习指导

躯干和四肢深感觉和精细触觉传导通路

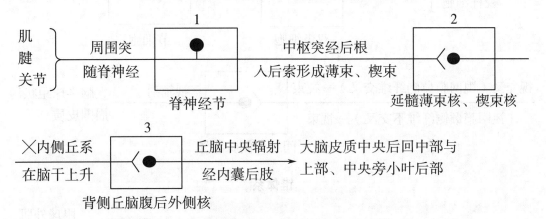

躯干和四肢浅感觉传导通路

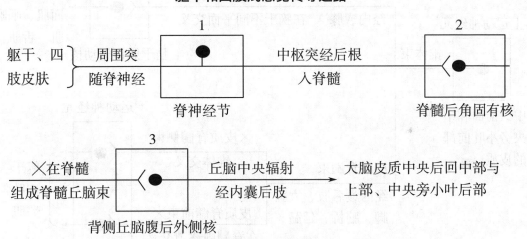

头面部浅感觉传导通路

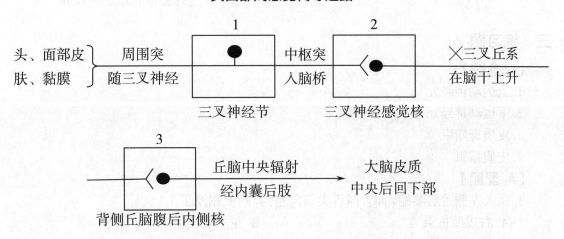

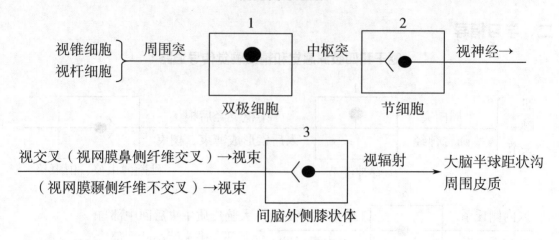

视觉传导通路

视锥细胞 视杆细胞 — 周围突 — 双极细胞 — 中枢突 — 节细胞 — 视神经→

视交叉（视网膜鼻侧纤维交叉）→视束
（视网膜颞侧纤维不交叉）→视束 — 间脑外侧膝状体 — 视辐射 — 大脑半球距状沟周围皮质

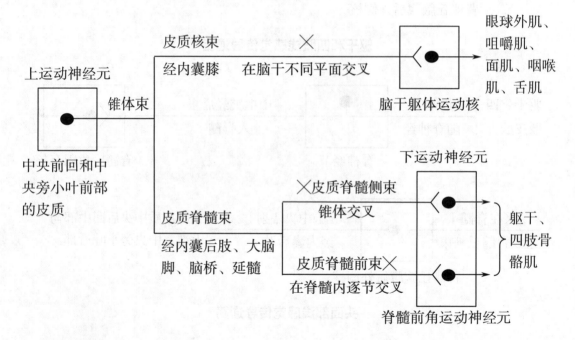

锥体系

上运动神经元（中央前回和中央旁小叶前部的皮质）— 锥体束

皮质核束 经内囊膝 在脑干不同平面交叉 — 脑干躯体运动核 — 眼球外肌、咀嚼肌、面肌、咽喉肌、舌肌

皮质脊髓束 经内囊后肢、大脑脚、脑桥、延髓 — 皮质脊髓侧束 锥体交叉 — 下运动神经元 — 躯干、四肢骨骼肌

皮质脊髓前束 在脊髓内逐节交叉 — 脊髓前角运动神经元

三、练习题

【概念题】

1. 上运动神经元
2. 下运动神经元
3. 皮质脊髓束
4. 皮质核束

【A₁ 型题】

1. 病人左侧舌肌萎缩，伸舌时舌尖偏向左侧，病变累及了
   A. 右皮质核束　　　　　　　　　　　　B. 左皮质核束

C. 右舌下神经   D. 左舌下神经

E. 左舌神经

2. 光照病人右眼,右眼瞳孔对光反射存在,左眼瞳孔对光反射消失,病变在

A. 右视神经   B. 左视束

C. 左动眼神经   D. 左外侧膝状体

E. 左视神经

3. 躯干、四肢意识性本体感觉传导通路第 2 级神经元胞体位于

A. 薄束核和楔束核   B. 脊神经节

C. 后角固有核   D. 丘脑腹后核

E. 脑神经核

4. 躯干和四肢的痛温觉传导通路中的第 2 级神经元胞体位于

A. 薄束核和楔束核   B. 脊神经节

C. 后角固有核   D. 丘脑腹后核

E. 脑神经核

5. 头面部浅感觉传导通路

A. 由面神经向中枢传导   B. 第 1 级神经元胞体在三叉神经节内

C. 2 级纤维在脊髓交叉   D. 3 级纤维经过内囊膝部

E. 2 级纤维投射到中央后回和中央旁小叶后部

6. 右侧视束受损表现为

A. 双眼颞侧视野偏盲   B. 双眼鼻侧视野偏盲

C. 双眼全盲   D. 双眼左侧视野同向性偏盲

E. 双眼右侧视野同向性偏盲

7. 位于脊髓的交叉是

A. 锥体交叉   B. 内侧丘系交叉

C. 三叉丘系交叉   D. 听觉 2 级纤维交叉

E. 脊髓丘脑束纤维交叉

8. 躯干、四肢皮肤痛温觉传导通路的第 2 级神经纤维交叉于

A. 脊髓的白质前连合   B. 脑干的锥体交叉

C. 脑干的三叉丘系交叉   D. 内侧丘系交叉

E. 小脑上脚交叉

9. 一侧视神经损伤可导致

A. 双眼颞侧视野偏盲   B. 双眼鼻侧视野偏盲

C. 双眼对侧半视野同向性偏盲   D. 双眼同侧半视野同向性偏盲

E. 患侧眼全盲

【A₂ 型题】

1. 关于皮质脊髓束的描述,**错误**的是

A. 起于中央前回中、上部和中央旁小叶的前部

B. 经内囊后肢下行

C. 大部分纤维在锥体下端左右交叉

D. 皮质脊髓侧束一般只达中胸节

E. 锥体交叉平面以上损伤引起对侧肢体中枢性瘫痪

2. 关于下运动神经元损伤后症状的描述, **错误**的是

A. 肌逐渐萎缩　　　　　　　　　B. 腱反射消失

C. 肌弛缓性瘫痪　　　　　　　　D. 躯体感觉和内脏感觉正常

E. 巴宾斯基征阳性

【A₃型题】

（1、2题共用题干）

传导通路是神经系统功能活动的重要基础。中枢神经系统病变导致传导通路中断, 可产生感觉和运动障碍。

1. 关于深感觉传导通路的描述, 正确的是

A. 该传导通路只传导深感觉

B. 第2级神经元在脊髓后角

C. 在延髓下部形成内侧丘系交叉

D. 受损时将导致同侧浅感觉障碍

E. 第3级纤维主要止于中央前回和中央旁小叶前部

2. 关于头面部浅感觉传导通路的描述, **错误**的是

A. 第1级神经元是三叉神经节细胞

B. 第2级神经元是三叉神经脊束核和脑桥核

C. 第3级神经元是丘脑腹后外侧核

D. 三叉丘系以上受损产生对侧头面部感觉障碍

E. 延髓受损时产生同侧头面部痛温觉障碍, 但触觉不受影响

【问答题】

1. 背侧丘脑腹后内侧核、腹后外侧核、内侧膝状体、外侧膝状体分别接受哪些纤维并发出纤维投射至大脑哪些部位?

2. 内囊后肢由于动脉破裂出血而受损, 会产生什么症状, 为什么?

3. 简述躯干、四肢深感觉传导路3级神经元的名称及在中枢的投射部位。

4. 简述躯干、四肢浅感觉传导路3级神经元的名称及在中枢的投射部位。

5. 简述头面部浅感觉传导通路3级神经元的名称及在中枢的投射部位。

四、参考答案

【概念题】

1. 上运动神经元是位于大脑皮质第Ⅰ躯体运动区的锥体细胞, 轴突组成下行的锥体束。

2. 下运动神经元是指脑神经运动核和脊髓前角运动神经元, 轴突分别组成脑神经和脊神经。

3. 皮质脊髓束由起于中央前回中、上部和中央旁小叶前部等处皮质的轴突集合而成, 大部分纤维在锥体下端交叉, 在脊髓前索和外侧索下行, 终止于对侧或同侧的脊髓前角

运动神经元。

4. 皮质核束由起于中央前回下部的锥体细胞的轴突集合而成,大部分止于双侧脑神经运动核,小部分纤维终止于对侧的面神经核下部和舌下神经核。

【A₁型题】

1. D　　2. C　　3. A　　4. C　　5. B　　6. D　　7. E　　8. A

9. E

【A₂型题】

1. D　　2. E

【A₃型题】

1. C　　2. C

【问答题】

1. 背侧丘脑腹后内侧核接受三叉丘系和味觉纤维,发出丘脑中央辐射投射至大脑皮质中央后回下 1/3。腹后外侧核接受脊髓丘系和内侧丘系纤维,发出丘脑中央辐射投射至大脑皮质中央后回上、中部和中央旁小叶后部,部分投射至中央前回。内侧膝状体接受外侧丘系纤维,发出听辐射至颞横回。外侧膝状体接受视觉纤维,发出视辐射至距状沟上、下方大脑皮质。

2. 症状:出现"三偏征",即偏瘫、偏身感觉障碍和偏盲。原因:损伤了皮质脊髓束、丘脑中央辐射和视辐射。

3. 第 1 级神经元位于脊神经节,第 2 级神经元位于延髓的薄束核、楔束核,第 3 级神经元位于丘脑腹后外侧核,投射的皮质中枢主要为中央后回中、上部及中央旁小叶后部。

4. 第 1 级神经元位于脊神经节,第 2 级神经元位于脊髓后角固有核,第 3 级神经元位于丘脑腹后外侧核,投射的皮质区为中央后回中、上部及中央旁小叶后部。

5. 第 1 级神经元位于三叉神经节,第 2 级神经元位于三叉神经脊束核与脑桥核,第 3 级神经元位于丘脑腹后内侧核,皮质中枢为中央后回下部。

(倪秀芹)

第二十三章 | 脊髓和脑的被膜、脑血管及脑脊液循环

一、实验指导

【实验目的】

1. 掌握脊髓被膜的结构特点，蛛网膜下隙和硬膜外隙的定义；硬脑膜的结构特点；大脑动脉环的组成；脑室系统及脑脊液的产生和循环途径。

2. 熟悉颈内动脉、椎动脉和基底动脉的行径及主要分支分布。

3. 了解大脑静脉的回流概况；血-脑屏障的概念与功能。

【实验内容与方法】

1. 在脊髓和被膜标本上，观察脊髓的 3 层被膜，理解硬膜外隙、蛛网膜下隙和终池。在打开椎板的脊髓标本上，观察硬脊膜、脊髓蛛网膜和软脊膜的形态。仔细观察硬膜外隙和蛛网膜下隙的位置以及经皮穿刺到达该部位所穿过的结构及两者的区别。

2. 在保留硬脑膜的头颅标本及保留脑蛛网膜、软脑膜的整脑标本上，观察硬脑膜、脑蛛网膜、软脑膜的形态，主要的硬脑膜窦及流注关系，蛛网膜粒的形态和位置。

3. 在脑动脉全貌标本和脑动脉模型上，观察大脑动脉环、基底动脉、大脑中动脉、大脑后动脉及其主要分支。在脑正中矢状切面标本上，观察大脑前动脉及分支，大脑动脉环（Willis 环）的组成及意义。在脑静脉标本上，观察大脑浅静脉和硬脑膜窦。

4. 在脑正中矢状切面标本上，观察脑室系统的位置、交通，观察位于脑室中脉络丛的形态及构成，说明脑脊液的产生及循环途径。观察脑室铸型、脑的矢状切、硬脑膜窦等标本，熟悉并掌握脑脊液的循环途径。

【思考题】

1. 比较脑和脊髓 3 层被膜的结构和分布特点。

2. 简述脑脊液的产生和回流途径。

3. 比较颈内动脉系和基底动脉系的供血特点。

4. 简述大脑动脉环的组成和意义。

二、学习指导

被膜
- 脊髓
  - 硬脊膜：上端附着于枕骨大孔的边缘，向下在第2骶椎水平变细，包绕终丝
  - 硬膜外隙：位于硬脊膜与椎管内骨膜和韧带间，略呈负压，内有脊神经根通过
  - 脊髓蛛网膜：
  - 软脊膜：齿状韧带 } 二者间为蛛网膜下隙，内含脑脊液
- 脑
  - 硬脑膜：与颅盖骨结合疏松，与颅底骨结合紧密
    - 硬脑膜隔：大脑镰、小脑幕
    - 硬脑膜窦：上矢状窦、横窦、乙状窦和海绵窦
  - 脑蛛网膜：蛛网膜粒
  - 软脑膜：脉络丛 } 其间为蛛网膜下隙，内含脑脊液

脑的血管
- 脑的动脉
  - 颈内动脉
    - 眼动脉：眼球、眼球外肌
    - 大脑前动脉
      - 皮质支：分布半球内侧面和半球上外侧面上缘部分
      - 中央支：分布于豆状核、尾状核前部和内囊前肢
    - 大脑中动脉
      - 皮质支：分布于大脑半球上外侧面大部
      - 中央支：分布于尾状核、豆状核、内囊膝和后肢的前部
  - 椎动脉
    - 两条合成1条基底动脉，发出左、右大脑后动脉
    - 大脑后动脉
      - 皮质支：分布于颞叶的内侧面、底面及枕叶
      - 中央支：分布于背侧丘脑、内侧膝状体、外侧膝状体
  - 大脑动脉环：由前交通动脉、大脑前动脉起始段、颈内动脉末端、大脑后动脉和后交通动脉在脑底吻合而成
- 脑的静脉：不与动脉伴行，分浅、深两组
  - 浅组：收集大脑皮质及大脑髓质浅部的静脉，注入邻近硬脑膜窦
  - 深组：收集大脑髓质深部、基底核、内囊、间脑及脑室脉络丛的静脉，汇入大脑大静脉

脑脊液产生部位及循环路径

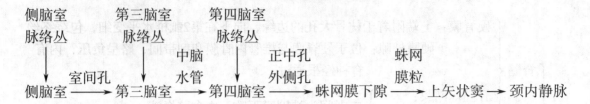

三、练习题

【概念题】

1. 硬脑膜窦
2. 大脑动脉环
3. 蛛网膜下隙
4. 硬膜外隙

【A₁型题】

1. 硬膜外隙
   A. 在硬脊膜与椎管内面骨膜之间　　　B. 在硬脑膜与颅骨内面骨膜之间
   C. 在颅骨内骨膜与颅骨之间　　　　　D. 在硬膜与蛛网膜之间
   E. 在蛛网膜与软膜之间

2. 颅内所有结构的血供都来自
   A. 颈外动脉的分支　　　　　　　　　B. 锁骨下动脉的分支
   C. 颈内动脉和椎动脉的分支　　　　　D. 颈内动脉的分支
   E. 颈外、颈内动脉的分支

3. 通过枕骨大孔的是
   A. 颈内动脉　　　　　　　　　　　　B. 小脑上动脉
   C. 椎动脉　　　　　　　　　　　　　D. 基底动脉
   E. 大脑后动脉

4. 中央前、后回的血供主要来自
   A. 大脑前动脉　　　　　　　　　　　B. 大脑中动脉
   C. 大脑后动脉　　　　　　　　　　　D. 后交通动脉
   E. 脑膜中动脉

5. 一侧小脑幕切迹疝时,病人可能出现的临床症状是
   A. 同侧瞳孔缩小,对侧肢体瘫痪　　　B. 同侧瞳孔扩大,对侧肢体瘫痪
   C. 对侧瞳孔缩小,同侧肢体瘫痪　　　D. 对侧瞳孔扩大,同侧肢体瘫痪
   E. 对侧瞳孔扩大,对侧肢体瘫痪

6. 颈内动脉主要供应
   A. 大脑半球前部 2/3　　　　　　　　B. 脑干
   C. 小脑　　　　　　　　　　　　　　D. 间脑

E. 以上均不是

7. 脑脊液经何结构进入第四脑室
   A. 中脑水管　　　　　　　　　　B. 侧脑室
   C. 第三脑室　　　　　　　　　　D. 室间孔
   E. 终池

8. 大脑动脉环
   A. 由大脑后动脉、后交通动脉、大脑前动脉、前交通动脉吻合而成
   B. 由大脑后动脉、大脑前动脉、大脑中动脉吻合而成
   C. 由大脑后动脉、颈内动脉、大脑前动脉吻合而成
   D. 由大脑后动脉、后交通动脉、颈内动脉、大脑前动脉及前交通动脉吻合而成
   E. 此环对保证大脑的血液供应无关紧要

9. 颈内动脉的分支有
   A. 后交通动脉　　　　　　　　　B. 前交通动脉
   C. 脑膜中动脉　　　　　　　　　D. 大脑后动脉
   E. 小脑上动脉

10. 大脑中动脉
    A. 来自基底动脉
    B. 皮质支主要营养半球上外侧面的大部分和岛叶
    C. 中央支供应脑干
    D. 发出脉络丛前动脉
    E. 参与组成大脑动脉环

【A₂型题】

1. 基底动脉的分支**不包括**
   A. 大脑后动脉　　　　　　　　　B. 大脑中动脉
   C. 小脑上动脉　　　　　　　　　D. 迷路动脉
   E. 小脑下前动脉

2. **不参与**大脑动脉环组成的动脉有
   A. 前交通动脉　　　　　　　　　B. 两侧大脑前动脉
   C. 两侧大脑中动脉　　　　　　　D. 后交通动脉
   E. 两侧大脑后动脉

3. 关于硬脊膜的描述，**错误**的是
   A. 上端在枕骨大孔处与硬脑膜相续
   B. 与椎管内骨膜隔以硬膜外隙
   C. 自第1腰椎椎体的下缘紧包终丝，附着于尾骨
   D. 与硬脑膜的内层相当
   E. 在椎间孔处与脊神经被膜相连续

4. 关于小脑幕的描述，**错误**的是
   A. 后缘处有直窦　　　　　　　　　　　　　　B. 位于大脑与小脑之间

C. 前缘游离凹陷形成小脑幕切迹　　　　　D. 属于硬脑膜形成的结构

E. 颅内压升高时,可形成小脑幕切迹疝

5. **不属于**大脑中动脉分布的结构是

A. 内囊前肢　　　　　　　　　　　　　B. 背侧丘脑

C. 尾状核　　　　　　　　　　　　　　D. 豆状核

E. 以上都不是

6. 关于蛛网膜下隙的描述,**错误**的是

A. 与第四脑室相通

B. 脑与脊髓的蛛网膜下隙相通

C. 小脑延髓池属于蛛网膜下隙的一部分

D. 其内有脑脊液

E. 有脊神经通过

7. 关于硬膜外隙的描述,**错误**的是

A. 呈负压状态　　　　　　　　　　　　B. 有脊神经根通过

C. 内含静脉丛　　　　　　　　　　　　D. 与颅内相通

E. 与脑脊液循环无关

8. 关于齿状韧带的描述,**错误**的是

A. 经脊神经前、后根之间　　　　　　　B. 位于脊髓的两侧

C. 对脊髓有固定作用　　　　　　　　　D. 外侧附着于硬脊膜

E. 由脊髓蛛网膜构成

9. 脑脊液循环途径中,**不经过**下列哪项结构

A. 蛛网膜下隙　　　　　　　　　　　　B. 蛛网膜粒

C. 室间孔　　　　　　　　　　　　　　D. 硬膜外隙

E. 第三脑室

【A₃ 型题 】

(1~3 题共用题干)

脑和脊髓被膜共 3 层,有支持、保护脑和脊髓的作用,结构特点具有重要临床意义。

1. 关于脑和脊髓被膜的描述,**错误**的是

A. 由外向内分为硬膜、蛛网膜和软膜 3 层

B. 脑的硬膜外隙和脊髓硬膜外隙相通

C. 脑和脊髓的蛛网膜下隙相通

D. 蛛网膜下隙内充满脑脊液

E. 脉络丛是产生脑脊液的主要结构

2. 关于硬脑膜的描述,**错误**的是

A. 由两层合成,外层兼具颅骨内骨膜的作用

B. 在脑神经出颅处移行为神经外膜

C. 形成大脑镰、小脑幕、硬脑膜窦等结构

D. 硬脑膜窦内流动着脑脊液

E. 两层间有丰富的血管和神经

3. 关于海绵窦的描述,正确的是

    A. 两侧海绵窦互不相通   B. 借眼静脉与面静脉相通

    C. 内侧壁有颈内动脉和动眼神经通过   D. 外侧壁有展神经和三叉神经通过

    E. 属于蛛网膜下隙的一部分

(4~7题共用题干)

脑脊液是充满脑室和蛛网膜下隙的无色透明液体,有运送营养物质、带走代谢产物及保护脑和脊髓等作用。临床常抽取脑脊液以协助诊断。

4. 关于蛛网膜粒的描述,正确的是

    A. 是软脑膜突入上矢状窦形成的   B. 是脑蛛网膜突入上矢状窦形成的

    C. 与脑脊液的形成有关   D. 主要位于海绵窦附近

    E. 呈绒毛状突起,突入蛛网膜下隙

5. 关于脉络丛的描述,正确的是

    A. 由软脑膜、毛细血管和室管膜上皮共同突入脑室内形成

    B. 只存在于侧脑室内

    C. 与脑脊液的回流有关

    D. 是脑脊液进入血液循环的途径

    E. 由蛛网膜突入硬脑膜窦内形成

6. 关于脑脊液的描述,**错误**的是

    A. 主要产生于各脑室脉络丛

    B. 充填于脑室内

    C. 第四脑室的脑脊液经正中孔和外侧孔流入蛛网膜下隙

    D. 经蛛网膜粒渗入上矢状窦内

    E. 脑脊液中含有大量的红细胞

7. 腰椎穿刺抽取脑脊液时,穿刺针依次通过的结构是

    A. 皮肤→皮下组织→棘间韧带→黄韧带

    B. 皮肤→皮下组织→棘上韧带→棘间韧带→黄韧带→硬膜外隙

    C. 皮肤→皮下组织→棘上韧带→棘间韧带→黄韧带→硬膜外隙→硬脊膜→蛛网膜→蛛网膜下隙

    D. 皮肤→皮下组织→横突间韧带→黄韧带→硬脊膜→蛛网膜→软脊膜

    E. 皮肤→皮下组织→棘上韧带→棘间韧带→后纵韧带→硬脊膜→蛛网膜→蛛网膜下隙

【问答题】

1. 脑和脊髓被膜有哪些?硬膜外麻醉时将麻醉药注于何处?腰麻时将麻醉药注于何处?

2. 大脑的血液供应来自何动脉?分布范围如何?各有哪些主要分支?

3. 在第3、4腰椎间穿刺抽取脑脊液,穿刺针将穿过哪些结构?到达何处?

4. 简述脑脊液的产生和循环途径。

四、参考答案

【概念题】

1. 硬脑膜在某些部位,两层未愈合,中间形成管腔,内衬有内皮细胞,称硬脑膜窦。

2. 大脑动脉环又称 Willis 环,由两侧大脑前动脉起始段、颈内动脉末端、大脑后动脉借前交通动脉和后交通动脉在脑底吻合而成。

3. 蛛网膜与软膜之间的腔隙称蛛网膜下隙,此腔隙内充满脑脊液。

4. 硬脊膜与椎管内骨膜间的狭窄腔隙称硬膜外隙(腔),内有疏松结缔组织、脂肪、淋巴管、静脉丛及脊神经根通过,此腔略呈负压。临床上进行硬膜外麻醉时,将麻醉药注入此腔隙。

【A₁ 型题】

1. A　　2. C　　3. C　　4. B　　5. B　　6. A　　7. A　　8. D

9. A　　10. B

【A₂ 型题】

1. B　　2. C　　3. C　　4. A　　5. A　　6. E　　7. D　　8. E

9. D

【A₃ 型题】

1. B　　2. D　　3. B　　4. B　　5. A　　6. E　　7. C

【问答题】

1. 脑和脊髓的被膜从外向内依次为硬膜、蛛网膜和软膜。硬膜外麻醉时,将麻醉药注入硬脊膜和椎管内骨膜之间的硬膜外隙,麻醉位于该隙内的脊神经根。腰麻时,成人穿刺部位宜在第3、4或第4、5腰椎间,麻醉药注入蛛网膜和软膜之间的蛛网膜下隙,麻醉药经渗透达到麻醉效果。

2. 大脑的血液供应来自颈内动脉和椎动脉,颈内动脉供应大脑半球前 2/3 和部分间脑,椎动脉供应大脑半球后 1/3、部分间脑、脑干和小脑。颈内动脉起自颈总动脉,主要分支:①大脑前动脉,皮质支分布于顶枕沟以前的半球内侧面和额叶底面的一部分以及额、顶叶上外侧面的边缘部,中央支供应尾状核、豆状核前部和内囊前肢;②大脑中动脉,皮质支营养大脑半球上外侧面的大部分和岛叶(顶枕沟以前),中央支供应尾状核、豆状核、内囊膝和后肢的前部;③后交通动脉,与大脑后动脉吻合。椎动脉起自锁骨下动脉,在脑桥和延髓交界处,左、右椎动脉汇合成一条基底动脉,到达大脑的分支为大脑后动脉,皮质支分布于颞叶的内侧面、底面和枕叶,中央支分布于背侧丘脑、内侧膝状体、外侧膝状体和下丘脑。

3. 在第3、4腰椎间穿刺,依次经过:皮肤→皮下组织→棘上韧带→棘间韧带→黄韧带→硬膜外隙→硬脊膜→脊髓蛛网膜→蛛网膜下隙,即可抽取脑脊液。

4. 脑脊液由各脑室的脉络丛产生。循环途径:左、右侧脑室脉络丛产生的脑脊液,经左、右室间孔流入第三脑室,与第三脑室脉络丛产生的脑脊液,经中脑水管流入第四脑室,再与第四脑室脉络丛产生的脑脊液,经第四脑室正中孔和外侧孔流入蛛网膜下隙,经蛛网膜粒渗入上矢状窦,流入静脉。

(蔡金全)

第二十四章 | 内分泌系统

一、实验指导

实验一　内分泌系统的大体结构

【实验目的】

1. 掌握甲状腺、肾上腺和垂体的位置与形态。

2. 了解甲状旁腺的位置与形态。

【实验内容与方法】

1. 在头颈部标本及离体甲状腺标本上，观察甲状腺的位置、形态及与周围结构的毗邻关系；翻开甲状腺侧叶，在其背面寻认甲状旁腺，观察其位置和形态（注意甲状旁腺有时埋入甲状腺组织内）。

2. 在腹后壁标本上，观察肾上腺的位置、形态及与周围结构的关系。

3. 在干、湿性颅底标本和头颈部正中矢状切标本上，观察垂体的位置、形态及与周围结构的关系。

【思考题】

1. 简述甲状腺的位置和形态。为何在检查甲状腺时常需作吞咽动作？

2. 简述肾上腺的位置。为什么肾下垂时肾上腺不会随之下降？

实验二　内分泌系统的微细结构

【实验目的】

1. 掌握甲状腺、肾上腺和垂体的光镜结构。

2. 了解甲状旁腺的光镜结构。

【实验内容与方法】

1. 甲状腺

材料：甲状腺。

染色：HE 染色。

肉眼观察：标本呈粉红色，有散在的深红色颗粒，是滤泡腔内所含的胶质。

低倍观察：

（1）被膜：表面为薄层结缔组织被膜。

（2）实质：可见许多大小不等的圆形或椭圆形的滤泡，滤泡腔内充满粉红色均质的胶状物。滤泡间有少量结缔组织和丰富的血管，尚有少量成群存在的滤泡旁细胞。有的部位可见腔内胶状物与上皮之间有泡状空隙，为上皮细胞吸收胶状物所致或固定材料时收缩造成。

高倍观察：

（1）滤泡上皮细胞：呈立方形（有的呈扁平状），单层围成滤泡壁，细胞边界较清楚，核圆形，位于细胞中央。有时在滤泡间可看到一些与滤泡上皮相同的蓝色细胞团，这是因为只切到滤泡壁而没有切到滤泡腔的缘故。

（2）滤泡旁细胞：胞体较大，呈多边形，胞质染色浅；可单独分布于滤泡上皮细胞之间或成群分布在滤泡之间的结缔组织内。

2. 甲状旁腺

材料：甲状旁腺。

染色：HE 染色。

低倍观察：器官表面有薄层结缔组织被膜，实质腺细胞排列成团索状，细胞间有丰富的毛细血管。

高倍观察：

（1）主细胞：数量多，呈多边形，核圆，位于中央，胞质染色浅。

（2）嗜酸性细胞：数量少，胞体较大，单个或成群存在，核小，胞质内充满嗜酸性颗粒。

3. 肾上腺

材料：肾上腺。

染色：HE 染色。

肉眼观察：标本呈三角形，外周深染的部分为皮质，中央浅染的部分为髓质。

低倍观察：外被结缔组织被膜，实质由皮质和髓质构成。

（1）皮质：位于外周，由外向内依次可分为 3 个带。①球状带，位于被膜之下，此层较薄，细胞聚集成球团状；②束状带，位于球状带下方，最厚，细胞排列成索；③网状带，位于束状带下方，细胞排列成网状。

（2）髓质：位于中央，染成淡紫色，细胞呈团索状分布，主要由髓质细胞组成，细胞间血窦丰富，可见中央静脉。

高倍观察：

（1）球状带细胞：细胞较小，呈卵圆形，核小染色深，胞质弱嗜酸性，有少量脂滴。

（2）束状带细胞：细胞较大，呈多边形，核大染色浅，胞质内有丰富的大脂滴，在制片过程中被溶解，胞质呈泡沫状，染色浅淡。

（3）网状带细胞：细胞较小，核小染色深，胞质嗜酸性，脂滴小而少。

（4）髓质细胞：体积较大，胞体呈多边形，核大而圆；用重铬酸盐处理后，胞质内可见细小棕黄色颗粒，故亦称嗜铬细胞。

4. 垂体

材料：垂体。

染色：HE 染色。

肉眼观察：标本一侧染色较深的部分为腺垂体的远侧部，另一侧染色较浅的部分为神经部，两者之间为中间部。

低倍观察：垂体外有结缔组织被膜。远侧部细胞密集排列成团索状，细胞间有丰富的窦状毛细血管。神经部染色浅，可见许多无髓神经纤维和神经胶质细胞（垂体细胞）。中间部位于远侧部与神经部之间，细胞多排列成滤泡状，滤泡腔内含有粉红色的胶质。

高倍观察：

（1）远侧部：①嗜酸性细胞，数量较多，体积较大，呈三角形、圆形或卵圆形，核圆位于细胞一侧，胞质内充满嗜酸性颗粒；②嗜碱性细胞，数量较少，体积较大，呈圆形、卵圆形或三角形，胞质内含有嗜碱性颗粒；③嫌色细胞，数量最多，体积小，胞质少，着色浅，细胞轮廓不清。

（2）神经部：除可见到大量无髓神经纤维外，还可见到垂体细胞。垂体细胞呈梭形或多突状，有的细胞质内可见棕黄色色素颗粒。此外，还可见到一些大小不一的粉红色团块，即赫林体。

（3）中间部：由一些大小不等的滤泡及滤泡周围散在的嫌色细胞和嗜碱性细胞组成。

【思考题】

1. 简述光镜下肾上腺皮质各带的结构特点。

2. 光镜下如何区分腺垂体远侧部的几种细胞？

二、学习指导

内分泌系统
- 组成：内分泌腺、内分泌细胞团和散在的内分泌细胞
- 内分泌腺：腺细胞排列成索状、团状或滤泡状，无导管，毛细血管丰富
- 内分泌细胞
  - 含氮激素分泌细胞：胞质内有丰富的粗面内质网、高尔基复合体及膜包分泌颗粒
  - 类固醇激素分泌细胞：胞质内有丰富的滑面内质网、管状嵴的线粒体和较多脂滴，无分泌颗粒

甲状腺
- 位置形态：位于喉下部、气管上部的两侧和前面，略呈H形，由左、右两侧叶和中间的甲状腺峡组成
- 微细结构
  - 甲状腺滤泡
    - 滤泡上皮细胞：呈立方形，功能旺盛时变高呈矮柱状，功能低下时变矮呈扁平状，分泌甲状腺激素
    - 滤泡腔：胶质，碘化的甲状腺球蛋白
  - 滤泡旁细胞：位于滤泡之间和滤泡上皮细胞之间，体积较大，分泌降钙素

$$甲状旁腺\begin{cases}位置形态：位于甲状腺侧叶背面，上、下各1对，呈扁椭圆形，大如黄豆 \\ 微细结构\begin{cases}主细胞：数量多，呈圆形或多边形，着色浅，分泌甲状旁腺素， \\ \quad\quad 升高血钙 \\ 嗜酸性细胞：数量较少，单个或成群存在，体积较大；胞质内充 \\ \quad\quad 满嗜酸性颗粒，功能不明\end{cases}\end{cases}$$

$$肾上腺\begin{cases}位置与形态：位于腹膜后隙内，左右各一，附于两肾上端；左侧呈半月形，右侧 \\ \quad\quad 呈三角形或椭圆形 \\ 微细结构\begin{cases}皮质\begin{cases}球状带：较薄，细胞聚集成球团状，分泌盐皮质激素 \\ 束状带：最厚，细胞排列成单或双行细胞索，分泌糖皮质激素 \\ 网状带：最薄，细胞排列成索，吻合成网，主要分泌雄激素和 \\ \quad\quad 少量雌激素与糖皮质激素\end{cases} \\ 髓质：髓质细胞 \\ （嗜铬细胞）\begin{cases}肾上腺素细胞：分泌肾上腺素 \\ 去甲肾上腺素细胞：分泌去甲肾上腺素\end{cases}\end{cases}\end{cases}$$

$$垂体\begin{cases}位置与形态：位于颅底垂体窝内，借垂体柄连于下丘脑下方；为灰红色卵圆 \\ \quad\quad 形小体，重约0.5g \\ 微细结构\begin{cases}腺垂体\begin{cases}远侧部\begin{cases}嗜酸性\,细胞\begin{cases}生长激素细胞：分泌生长激素 \\ 催乳激素细胞：分泌催乳激素\end{cases} \\ 嗜碱性\,细胞\begin{cases}促甲状腺激素细胞：分泌促甲状腺激素 \\ 促肾上腺皮质激素细胞：分泌促肾上腺皮质激素 \\ 促性腺激素细胞：分泌卵泡刺激素和黄体生成素； \\ \quad\quad 在男性分泌雄激素\end{cases} \\ 嫌色细胞：脱颗粒的嗜色细胞，或嗜色细胞形成的初期阶段\end{cases} \\ 中间部：退化部位，嗜碱性细胞分泌黑素细胞刺激素，使皮肤颜色变黑 \\ 结节部：包绕神经垂体的漏斗柄，纵行毛细血管丰富\end{cases} \\ 神经垂体\begin{cases}神经部\begin{cases}组成：主要由无髓神经纤维和垂体细胞组成，富含血管 \\ 功能：贮存和释放血管升压素和缩宫素\end{cases} \\ 漏斗：包括正中隆起和漏斗柄\end{cases}\end{cases}\end{cases}$$

三、练习题

【概念题】

1. 激素

2. 旁分泌

3. 靶器官和靶细胞

4. 滤泡旁细胞

5. 嗜铬细胞

6. 垂体门脉系统

1. 与外分泌腺比较，内分泌腺最主要的结构特点是
   A. 粗面内质网丰富
   B. 滑面内质网丰富
   C. 腺细胞内含大量分泌颗粒
   D. 无导管
   E. 含管状嵴线粒体

2. 滑面内质网较发达的细胞是
   A. 滤泡上皮细胞
   B. 滤泡旁细胞
   C. 肾上腺皮质细胞
   D. 肾上腺髓质细胞
   E. 垂体远侧部细胞

3. 甲状腺滤泡上皮细胞内与甲状腺激素释放直接相关的细胞器是
   A. 溶酶体
   B. 线粒体
   C. 粗面内质网
   D. 高尔基复合体
   E. 过氧化物酶体

4. 甲状腺功能旺盛时
   A. 滤泡变大，上皮细胞呈高柱状
   B. 滤泡变小，上皮细胞呈扁平形
   C. 滤泡变大，上皮细胞呈扁平形
   D. 滤泡变小，上皮细胞呈矮柱状
   E. 滤泡变大，上皮细胞呈圆形

5. 甲状腺球蛋白的碘化在下列什么部位进行
   A. 滤泡上皮细胞内
   B. 滤泡上皮细胞膜
   C. 滤泡腔内
   D. 滤泡上皮细胞间
   E. 以上均不是

6. 破骨细胞的功能受何种激素的促进作用
   A. 降钙素
   B. 甲状腺激素
   C. 甲状旁腺激素
   D. 促甲状腺激素
   E. 促甲状腺激素释放激素

7. 呆小症产生的原因是
   A. 成年期甲状腺功能减退
   B. 婴幼儿期甲状腺功能亢进
   C. 成年期甲状腺功能亢进
   D. 婴幼儿期甲状旁腺功能低下
   E. 婴幼儿期甲状腺功能减退

8. 促肾上腺皮质激素的受体位于
   A. 肾上腺皮质
   B. 肾上腺髓质
   C. 肾上腺皮质球状带
   D. 肾上腺皮质束状带
   E. 肾上腺皮质网状带

9. 肾上腺束状带细胞胞质 HE 染色呈泡沫状的原因是
   A. 含脂滴较多
   B. 含滑面内质网较多
   C. 含空泡较多
   D. 含线粒体较多
   E. 含粗面内质网较多

10. 性激素除了由性腺产生以外，还由下列哪种器官产生

A. 甲状腺   B. 甲状旁腺

C. 肾上腺   D. 腺垂体

E. 神经垂体

11. 肾上腺髓质细胞超微结构与下列哪种细胞相似

A. 肾上腺球状带细胞   B. 肾上腺束状带细胞

C. 肾上腺网状带细胞   D. 甲状腺滤泡上皮细胞

E. 卵巢黄体细胞

12. 垂体细胞属于

A. 神经细胞   B. 神经胶质细胞

C. 神经内分泌细胞   D. 内分泌细胞

E. 结缔组织细胞

13. 垂体后叶包括

A. 神经部和结节部   B. 远侧部和中间部

C. 神经部和中间部   D. 远侧部和结节部

E. 远侧部和神经部

14. 下丘脑弓状核分泌的激素，其靶细胞位于

A. 远侧部   B. 神经部

C. 漏斗   D. 正中隆起

E. 中间部

15. 抗利尿激素由下列何种细胞分泌

A. 视上核的神经内分泌细胞   B. 肾上腺球状带细胞

C. 弓状核的神经内分泌细胞   D. 肾球旁细胞

E. 腺垂体嗜酸性细胞

16. 垂体神经部的作用是

A. 分泌生长激素和催乳激素   B. 贮存和释放生长激素和催乳激素

C. 分泌血管升压素和缩宫素   D. 贮存和释放血管升压素和缩宫素

E. 分泌促甲状腺激素

17. 赫林体是

A. 垂体细胞聚集而成的团块

B. 视上核和室旁核细胞分泌颗粒聚集的团块

C. 胶质

D. 弓状核细胞分泌颗粒聚集的团块

E. 结缔组织聚集的团块

18. 促甲状腺激素在甲状腺激素合成中的作用是

A. 促进甲状腺球蛋白的合成   B. 促进甲状腺球蛋白的碘化

C. 促进甲状腺球蛋白的贮存   D. 促进甲状腺球蛋白的重吸收

E. 促进甲状腺球蛋白的分解

19. 含有大量脂滴的细胞位于

A. 垂体远侧部   B. 下丘脑弓状核

C. 肾上腺皮质束状带   D. 甲状腺

E. 肾上腺髓质

【A₂型题】

1. **不属于**类固醇激素分泌细胞超微结构特点的是

    A. 滑面内质网丰富   B. 粗面内质网丰富

    C. 无分泌颗粒   D. 有大量脂滴

    E. 管状嵴线粒体丰富

2. **不属于**内分泌腺特点的是

    A. 有薄层结缔组织被膜   B. 腺细胞排列成索状、团状或滤泡状

    C. 毛细血管丰富   D. 分泌物入血

    E. 导管较长

3. **不分泌**类固醇激素的细胞是

    A. 垂体嗜酸性细胞   B. 睾丸间质细胞

    C. 卵巢门细胞   D. 肾上腺皮质细胞

    E. 黄体细胞

4. **不属于**甲状腺特点的是

    A. 被覆结缔组织被膜   B. 滤泡上皮细胞脂滴含量丰富

    C. 滤泡上皮细胞形态随功能而改变   D. 滤泡大小随功能状态发生改变

    E. 分泌功能受垂体调节

5. 关于甲状腺的描述，**错误**的是

    A. 滤泡由滤泡上皮细胞和滤泡旁细胞围成

    B. 滤泡腔内充满胶质

    C. 两种细胞协同分泌甲状腺激素

    D. 胶质为碘化的甲状腺球蛋白

    E. 滤泡上皮的高低与功能状态有关

6. 关于滤泡旁细胞的描述，**错误**的是

    A. 位于滤泡上皮细胞之间   B. 位于滤泡之间

    C. 游离面胞吞胶质   D. 含有分泌颗粒

    E. HE 染色胞质浅淡

7. 关于肾上腺的描述，**错误**的是

    A. 位于两肾上端   B. 可随肾下垂而下降

    C. 新鲜时呈灰黄色   D. 左肾上腺呈半月形

    E. 右肾上腺呈三角形

8. 关于肾上腺髓质的描述，**错误**的是

    A. 主要由嗜铬细胞构成   B. 血窦丰富

    C. 含有交感神经节细胞   D. 只分泌肾上腺素

    E. 髓质中央有 1 条中央静脉

9. 关于肾上腺皮质球状带的描述，**错误**的是

    A. 是皮质中最厚的部分   B. 细胞排列成球团状

    C. 细胞胞质弱嗜酸性   D. 血窦丰富

    E. 分泌盐皮质激素

10. 关于肾上腺皮质束状带的描述，**错误**的是

    A. 是皮质中最厚的部分   B. 细胞呈束状排列

    C. 胞质内分泌颗粒丰富   D. HE 染色胞质着色浅淡

    E. 血窦丰富

11. 关于肾上腺髓质的描述，**错误**的是

    A. 与皮质网状带交界处参差不齐

    B. 髓质细胞内含有嗜银颗粒

    C. 髓质主要由髓质细胞构成

    D. 髓质细胞分泌肾上腺素和去甲肾上腺素

    E. 髓质内有少量交感神经节细胞

12. 关于垂体的描述，**错误**的是

    A. 位于颅底蝶鞍垂体窝内   B. 由远侧部、中间部和结节部组成

    C. 新鲜时呈灰红色   D. 重约 0.5g

    E. 借垂体柄悬吊于下丘脑下方

13. 关于垂体门脉系统的描述，**错误**的是

    A. 是下丘脑与腺垂体联系的通路   B. 在结节部形成第 1 级毛细血管网

    C. 在结节部下端汇聚成垂体门微静脉   D. 在远侧部形成第 2 级毛细血管网

    E. 由大脑动脉环发出

14. 关于垂体漏斗的描述，**错误**的是

    A. 包括正中隆起和漏斗柄   B. 属于神经垂体的一部分

    C. 直接与下丘脑相连   D. 属于垂体后叶

    E. 含有无髓神经纤维

15. **不是**由嗜碱性细胞分泌的激素是

    A. 催乳激素   B. 促甲状腺激素

    C. 促肾上腺皮质激素   D. 卵泡刺激素

    E. 黄体生成素

16. 关于下丘脑与神经垂体关系的描述，**错误**的是

    A. 下丘脑与神经垂体相连

    B. 下丘脑调节垂体细胞的分泌

    C. 下丘脑的无髓神经纤维分布于神经垂体

    D. 下丘脑分泌的激素经神经部释放入血

    E. 下丘脑与神经垂体为一个整体

17. **不是**神经垂体结构的是

    A. 大量的神经内分泌细胞   B. 丰富的毛细血管

C. 赫林体　　　　　　　　　　D. 大量的无髓神经纤维

E. 垂体细胞

18. **不属于**垂体分泌激素的靶器官的是

A. 骨　　　　　　　　　　　　B. 乳腺

C. 甲状腺　　　　　　　　　　D. 性腺

E. 胸腺

【A₃型题】

（1、2题共用题干）

甲状腺分泌甲状腺激素，其功能低下可引起婴幼儿出现呆小症，成人出现黏液性水肿；功能过高可导致甲状腺功能亢进。

1. 甲状腺激素的功能**不包括**

A. 促进机体新陈代谢　　　　　B. 提高神经兴奋性

C. 促进生长发育　　　　　　　D. 促进大脑发育

E. 提高血钙水平

2. 成人甲状腺功能亢进可引起

A. 眼突　　　　　　　　　　　B. 身材矮小

C. 抑郁　　　　　　　　　　　D. 精神呆滞

E. 发育不良

（3~5题共用题干）

肾上腺外被结缔组织被膜，少量结缔组织伴随血管和神经伸入腺实质内。实质由皮质和髓质构成。皮质位于外周，占肾上腺体积的 80%~90%；髓质位于中央。腺细胞之间有血窦。

3. 关于肾上腺的描述，正确的是

A. 属于外分泌腺　　　　　　　B. 分泌物经导管释放入血

C. 皮质较薄　　　　　　　　　D. 血窦丰富

E. 腺细胞均为含氮激素分泌细胞

4. 关于肾上腺髓质的描述，正确的是

A. 占实质体积较小　　　　　　B. 腺细胞为类固醇激素分泌细胞

C. 腺细胞分泌物经血窦进入皮质　D. 毛细血管不与皮质相通

E. 毛细血管为有孔型

5. 关于肾上腺皮质与髓质关系的描述，**错误**的是

A. 皮质比髓质所占体积大　　　B. 皮质位于髓质周边

C. 皮质血窦与髓质血窦相通连　D. 皮质分泌物经血窦进入髓质

E. 髓质激素影响皮质激素的分泌

（6~8题共用题干）

促性腺激素细胞分泌卵泡刺激素和黄体生成素。

6. 促性腺激素细胞的分泌功能受哪种激素的影响

A. 促性腺激素　　　　　　　　B. 促甲状腺激素

C.促肾上腺皮质激素　　　　　　D.促性腺激素释放激素

E.卵泡刺激素

7.关于卵泡刺激素的描述，**错误**的是

A.由促性腺激素细胞分泌　　　　B.可与黄体生成素共存于同一细胞

C.作用的靶器官仅为卵巢　　　　D.可促进卵泡发育

E.可促进生精小管支持细胞分泌雄激素结合蛋白

8.关于黄体生成素的描述，正确的是

A.由黄体生成素细胞分泌　　　　B.可与卵泡刺激素共存于同一细胞

C.作用仅为促进黄体的生成　　　D.可促进卵泡发育

E.仅存在于女性体内

【问答题】

1.根据甲状腺滤泡上皮细胞的结构，说明甲状腺激素的合成、贮存和释放过程。

2.简述肾上腺的位置及形态。

3.简述垂体的位置、形态及组成。

4.简述下丘脑与腺垂体的关系。

四、参考答案

【概念题】

1.激素是内分泌细胞的分泌物，可通过血液循环作用于特定的器官或细胞，亦可直接作用于邻近的细胞。

2.旁分泌指内分泌细胞分泌的激素直接作用于邻近的细胞。

3.靶器官和靶细胞是指能接受激素刺激的器官或细胞。

4.滤泡旁细胞位于甲状腺滤泡之间和滤泡上皮细胞之间，体积较大，HE染色胞质着色浅淡，银染可见基底部胞质内有嗜银颗粒。可分泌降钙素，使血钙浓度降低。

5.嗜铬细胞即肾上腺髓质细胞，胞质内颗粒可被铬盐染色，呈棕黄色，分为肾上腺素细胞和去甲肾上腺素细胞，分别分泌肾上腺素和去甲肾上腺素。

6.由垂体门微静脉及两端的毛细血管网共同构成垂体门脉系统，是下丘脑与腺垂体联系的通路。

【A₁型题】

1. D	2. C	3. A	4. D	5. C	6. C	7. E	8. D
9. A	10. C	11. D	12. B	13. C	14. A	15. A	16. D
17. B	18. D	19. C					

【A₂型题】

1. B	2. E	3. A	4. D	5. C	6. C	7. B	8. D
9. A	10. C	11. B	12. B	13. B	14. D	15. A	16. B
17. A	18. E						

【A₃型题】

| 1. E | 2. A | 3. D | 4. A | 5. E | 6. D | 7. C | 8. B |

【问答题】

1. 甲状腺激素的形成经过合成、贮存、碘化、重吸收、分解和释放等过程。滤泡上皮细胞从血液中摄取氨基酸，在粗面内质网合成甲状腺球蛋白前体，继而在高尔基复合体中加糖浓缩形成分泌颗粒，以胞吐方式释放入滤泡腔内贮存；上皮细胞从血中摄取I⁻，经过氧化物酶活化后进入滤泡腔内，与甲状腺球蛋白结合形成碘化的甲状腺球蛋白，以胶质形式贮存于滤泡腔内。在腺垂体分泌的促甲状腺激素作用下，滤泡上皮细胞胞吞胶质，后者进一步被溶酶体水解酶分解为甲状腺激素，于细胞基底部释放入血。

2. 肾上腺位于腹膜后间隙内，左右各一，附于两肾上端。左肾上腺呈半月形，右肾上腺呈三角形或椭圆形。肾上腺和肾一起包在肾筋膜内，但有独立的纤维囊和脂肪囊，不会随肾下垂而下降。

3. 垂体位于颅底蝶鞍垂体窝内，借垂体柄连于下丘脑下方。垂体为灰红色卵圆形小体，由腺垂体和神经垂体组成。腺垂体约占75%，包括远侧部、中间部和结节部；神经垂体包括神经部和漏斗（正中隆起和漏斗柄）。远侧部又称为垂体前叶，中间部和神经部合称垂体后叶。

4. 下丘脑弓状核的神经元有神经内分泌细胞，这些细胞合成的多种激素经轴突释放入漏斗处的第1级毛细血管网，经垂体门微静脉到达腺垂体远侧部的第2级毛细血管网，分别调节远侧部各种腺细胞的分泌活动。下丘脑产生的激素调节腺垂体各种细胞的分泌活动，腺垂体分泌的各种激素又可调节相应靶器官的分泌和功能活动。神经系统和内分泌系统共同完成对机体多种物质代谢及功能的调节。

（崔　丹）

第二十五章 | 人体胚胎发生

一、实验指导

【实验目的】

1. 掌握受精、卵裂和胚泡形成的过程；植入过程；胚盘的形成及初步分化；胎盘的结构。

2. 熟悉胎膜的结构。

3. 了解胚胎各期的外形特征。

【实验内容与方法】

1. 受精、卵裂和胚泡形成模型

（1）受精卵：模型中大的细胞为受精卵，表面有 3 个小细胞为极体。

（2）卵裂Ⅰ：受精卵分裂为一大一小 2 个卵裂球。

（3）卵裂Ⅱ：卵裂球继续分裂，较大的卵裂球分裂快，形成 3 个卵裂球。

（4）桑葚胚：受精后第 3 天，形成 12~16 个卵裂球的实心胚，称为桑葚胚。

（5）胚泡形成：受精后第 4 天，胚泡形成，此时胚已进入子宫腔。胚泡中心为胚泡腔；腔内一侧有一个细胞团，为内细胞群；胚泡壁是一层扁平细胞，为滋养层，覆盖在内细胞群外面的滋养层，为极端滋养层。

2. 植入过程模型

（1）植入Ⅰ：受精后第 5~6 天，极端滋养层侵蚀子宫内膜，胚泡开始植入。

（2）植入Ⅱ：胚泡即将全部植入子宫内膜。滋养层细胞增殖分化，内层分化为细胞滋养层，外层分化为合体滋养层。内细胞群分化形成上胚层和下胚层。

（3）植入Ⅲ：受精后第 11~12 天，胚泡已全部埋入子宫内膜，子宫内膜上皮增生，修复缺口。

（4）植入Ⅳ：子宫内膜发育为蜕膜，可见基蜕膜和包蜕膜。胚逐渐长大，形成二胚层胚盘，滋养层与部分胚外中胚层形成绒毛膜。

3. 二胚层发生模型

（1）模型Ⅰ：邻近滋养层侧的内细胞群细胞分化为一层柱状细胞，称为上胚层。

（2）模型Ⅱ：胚泡植入过程中，胚泡腔侧的内细胞群细胞分化为一层整齐的立方形细胞，称为下胚层。

（3）模型Ⅲ：上胚层背侧形成一个腔，称为羊膜腔。滋养层细胞增殖分化为两层。

（4）模型Ⅲ：胚泡腔内出现的网状结构，称为胚外中胚层。

（5）模型Ⅳ：下胚层沿着胚泡腔生长，形成卵黄囊。

（6）模型Ⅳ：胚外中胚层内出现腔隙，形成胚外体腔。连于胚盘尾端与滋养层之间的胚外中胚层为体蒂。上胚层与下胚层紧密相贴，形成圆盘状结构，为二胚层胚盘，是胚体发生的基础。滋养层与部分胚外中胚层形成绒毛膜。

4. 三胚层发生模型　此模型切除了大部分绒毛膜，剖开羊膜腔，暴露羊膜腔底壁的胚盘。上胚层可见一处增厚的细胞索，称原条，原条前方的膨大为原结，原条中线出现一条浅沟，称原沟；原结中心的浅凹，称原凹。

原沟深部的细胞在上、下胚层间扩展、迁移，一部分细胞在上、下胚层间形成新的细胞层，为中胚层；一部分细胞迁入下胚层，并逐渐全部替换了下胚层细胞，形成一层新的细胞，为内胚层。此时，上胚层改称外胚层。

取下外胚层，可见中胚层，胚盘头和尾端各有一处无中胚层小区，此处内外胚层直接相贴，分别构成口咽膜和泄殖腔膜。原凹的上胚层细胞向头端迁移，在内、外胚层之间形成一条单独的细胞索，称脊索。

5. 三胚层分化模型

（1）模型Ⅰ：切除上方的羊膜，展示胚盘、卵黄囊和体蒂。由上方观，可见在脊索的诱导下，外胚层细胞增厚呈板状，形成神经板；神经板沿胚体长轴生长并凹陷，形成神经沟；沟左右两侧隆起，为神经褶。取下外胚层，可见中胚层、脊索、口咽膜和泄殖腔膜。中胚层细胞增殖较快，紧邻脊索两侧的中胚层细胞，在脊索两侧形成一对纵行的细胞索，为轴旁中胚层，将进一步分化为体节；轴旁中胚层的外侧为间介中胚层；中胚层最外侧的部分，为侧中胚层。将左侧胚外中胚层取下，可见内胚层，已向胚体内突入，开始形成原肠。

（2）模型Ⅱ：从上方观察，神经褶开始愈合形成神经管，神经管由胚体中段开始闭合并向两端延伸，完全闭合前，其头、尾未闭合处，分别称前神经孔及后神经孔。神经管是中枢神经系统发生的原基，头端膨大发育成脑，其余部分发育成脊髓。取下中胚层，可见轴旁中胚层形成的体节，间介中胚层形成的前肾。将左侧胚外中胚层取下，可见内胚层已形成原始消化管，头段为前肠，尾段为后肠，与卵黄囊相连的中段为中肠。

6. 胎膜模型　此模型为胎膜模型，可见绒毛膜、羊膜囊、卵黄囊、尿囊和脐带。

（1）绒毛膜：绒毛膜由滋养层和衬在其内面的胚外中胚层组成。早期绒毛膜的绒毛分布均匀。第8周后，基蜕膜侧的绒毛因充足的血液供应而生长茂密，形成丛密绒毛膜，与母体基蜕膜共同构成胎盘。包蜕膜侧的绒毛因血供不足而退化消失，形成平滑绒毛膜。

（2）羊膜囊：是羊膜环绕羊膜腔而形成的一个囊状结构，羊膜腔内充满羊水。

（3）卵黄囊：连于胚体腹侧，卵黄囊顶壁的内胚层随胚盘向腹侧包卷，形成原始消化管。留在胚外的部分被包入脐带后成为卵黄蒂，于第5~6周闭锁。

（4）尿囊：是卵黄囊尾侧的内胚层细胞增生，向体蒂内长入的一个囊状突起。人尿囊很不发达，尿囊的出现只是生物进化过程的重演。

（5）脐带：是连接胚胎脐部与胎盘胎儿面的条索状结构，是胎儿与母体间进行物质交换的通道，由羊膜将体蒂、尿囊及卵黄蒂等结构包绕而成。上述结构闭锁，其内主要有2条脐动脉和1条脐静脉。

7. 胎盘模型和标本

（1）胎盘模型：胎盘呈圆盘状，中央略厚，边缘略薄，直径 15~20cm。胎盘有 2 个面，为胎儿面和母体面；胎儿面光滑，表面覆盖羊膜，脐带附着于中央，透过羊膜可见呈放射状走行的脐血管的分支；母体面粗糙，是胎盘从子宫壁剥离后的残破面，可见由不规则浅沟分隔的胎盘小叶。

在胎盘的垂直切面上，可见胎盘由三层结构构成。胎儿面为绒毛膜板；母体面为细胞滋养层壳和蜕膜构成的基板；中层为绒毛和绒毛间隙，绒毛间隙中充满着母体血。

胎盘内有母体和胎儿两套血液循环，胎儿血液循环和母体血液循环为各自封闭的循环通道，互不混合，两套血管可通过胎盘膜进行物质交换。

（2）胎盘标本：足月胎盘为圆盘状，直径 15~20cm，平均厚约 2.5cm，重约 500g。胎儿面呈灰白色，表面光滑，被覆羊膜，近中央有脐带附着；母体面呈暗红色，凹凸不平。

8. 正常胎儿标本

（1）3 个月：胎头较大，眼睑闭合，脸更具人形，颈明显，外阴可辨性别。

（2）4 个月：头抬起，皮肤极薄，透明光滑，呈深红色。

（3）5 个月：体表有细毛，为胎毛。头发、眉毛可辨认。

（4）6 个月：身体各部比例关系趋于成熟，皮下脂肪少，胎体消瘦，皮肤有皱褶，呈粉红色，指甲出现。

（5）7 个月：各器官系统发育近成熟，眼张开，可见睫毛，头发多，皮下脂肪稍多，皮肤微皱。

（6）8 个月：皮下脂肪增多，皮肤浅红光滑，趾甲出现，睾丸下降。

（7）9 个月：胎体较丰满，皮肤褶皱消失，胎毛脱落，肢体弯曲。

（8）足月：体态匀称丰满，皮肤呈浅红色，男胎睾丸降入阴囊，女胎乳房微突。

【思考题】

1. 第 1 周胚胎发育有哪些主要的变化？
2. 胚泡是如何植入的？
3. 二胚层胚盘是如何形成的？
4. 胎膜包括哪些结构？

二、学习指导

受精
- 定义：精子与卵子结合形成受精卵的过程
- 部位：一般发生在输卵管壶腹部
- 意义：开始新生命，产生新性状，维持稳定性，决定新个体性别
- 条件
  - 男、女性生殖管道必须畅通
  - 精子数量必须足够、形态必须正常、必须具有活跃的运动能力，精子必须获能，有排卵且卵细胞发育正常，并在24h内与精子相遇
  - 雌、孕激素水平正常

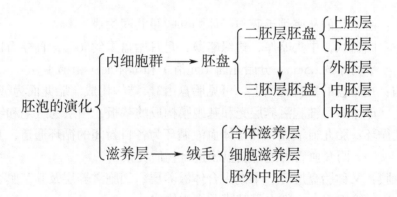

卵裂和胚泡
- 卵裂
  - 受精卵的有丝分裂
  - 卵裂后产生的子细胞，称卵裂球
  - 第3天形成桑葚胚
- 胚泡
  - 内细胞群：腔内一侧的细胞团
  - 胚泡腔：中心的腔，腔内充满液体
  - 滋养层：胚泡壁细胞，为一层扁平细胞

植入
- 定义：胚泡逐渐埋入子宫内膜的过程，又称着床
- 时间：开始于受精后第5~6天，完成于第11~12天
- 部位：子宫的体部和底部，最多见于子宫后壁
- 条件：①雌、孕激素分泌正常；②子宫内环境必须正常；③胚泡准时进入子宫腔，透明带及时溶解消失；④子宫内膜发育阶段与胚泡发育同步
- 蜕膜
  - 基蜕膜：位于胚深部的蜕膜，参与构成胎盘的母体部分
  - 包蜕膜：覆盖在胚宫腔侧的蜕膜
  - 壁蜕膜：子宫其余部分的蜕膜

胚泡的演化
- 内细胞群 ⟶ 胚盘
  - 二胚层胚盘
    - 上胚层
    - 下胚层
  - 三胚层胚盘
    - 外胚层
    - 中胚层
    - 内胚层
- 滋养层 ⟶ 绒毛
  - 合体滋养层
  - 细胞滋养层
  - 胚外中胚层

三胚层的分化
- 外胚层
  - 神经外胚层
    - 神经管：中枢神经系统发生的原基
    - 神经嵴：周围神经系统发生的原基
  - 表面外胚层：表皮及其附属结构、釉质、角膜和腺垂体
- 中胚层
  - 轴旁中胚层：背侧的皮肤真皮、骨骼肌和中轴骨
  - 间介中胚层：泌尿、生殖系统的主要器官
  - 侧中胚层
    - 体壁中胚层：胸腹和四肢的皮肤真皮、骨骼肌和骨
    - 脏壁中胚层：消化、呼吸系统的肌组织和结缔组织
    - 胚内体腔：心包腔、胸膜腔和腹膜腔
  - 间充质：结缔组织、肌组织和血管等
- 内胚层 ⟶ 原始消化管：消化与呼吸系统器官的上皮组织、中耳、甲状腺、甲状旁腺、胸腺以及膀胱等器官的上皮组织

胎膜
- 绒毛膜
  - 由滋养层和衬在其内面的胚外中胚层组成
  - 早期绒毛分布均匀，第8周后演变为丛密绒毛膜和平滑绒毛膜
  - 胚胎借绒毛汲取母血中的营养物质并排出代谢产物
- 羊膜囊
  - 羊膜环绕羊膜腔而形成的一个囊状结构，羊膜腔内充满羊水
  - 足月胎儿的羊水为1 000~1 500ml，羊水过多或过少提示胎儿可能发育异常
  - 羊膜囊和羊水为胎儿的生长发育提供了适宜的微环境，对胚胎有保护作用
- 卵黄囊
  - 卵黄囊顶壁的内胚层随胚盘向腹侧包卷，形成原始消化管
  - 造血干细胞来源于卵黄囊壁外的胚外中胚层
  - 原始生殖细胞来源于卵黄囊顶部尾侧的部分内胚层
- 尿囊
  - 卵黄囊尾侧的内胚层细胞增生，向体蒂内长入的一个囊状突起
  - 尿囊动脉和尿囊静脉，最终演变为脐动脉和脐静脉
- 脐带
  - 连接胚胎脐部与胎盘的条索状结构，是胎儿与母体间进行物质运输的通道
  - 其内有2条脐动脉和1条脐静脉，脐动脉内为静脉血，脐静脉内为动脉血
  - 脐带长40~60cm

胎盘
- 构成：由胎儿的丛密绒毛膜与母体的基蜕膜共同构成
- 形态：圆盘状，中央略厚，边缘略薄，足月胎盘重约500g，直径为15~20cm，平均厚约2.5cm，分胎儿面（光滑）和母体面（粗糙）
- 结构：在胎盘的垂直切面上，可见胎盘由3层结构构成。胎儿面为绒毛膜板，母体面为细胞滋养层壳和基蜕膜构成的基板，中层为绒毛和绒毛间隙
- 血液循环：胎儿血液循环和母体血液循环为各自封闭的循环通道，互不混合，两套血管可通过胎盘膜进行物质交换
- 胎盘膜：又称胎盘屏障，早期由合体滋养层、细胞滋养层及其基膜、绒毛内结缔组织、毛细血管基膜及内皮构成
- 功能：物质交换、屏障作用和内分泌功能

双胎、多胎和连胎
- 双胎
  - 双卵双胎：卵巢一次排出2个卵，分别受精后分化发育成两个胎儿
  - 单卵双胎：是由一个受精卵分化发育成两个胎儿
- 多胎
  - 定义：是指一次分娩出生两个以上的新生儿
  - 发生原因：可以是单卵性、多卵性及混合性，以混合性为多
- 连胎
  - 定义：是指两个未完全分离的单卵双胎
  - 分类
    - 对称性连体双胎：2个胚胎大小相同
    - 不对称性连体双胎：2个胚胎一大一小，可形成寄生胎和胎中胎

$$\text{先天畸形} \begin{cases} \text{发生原因} \begin{cases} \text{遗传因素} \\ \text{环境因素} \\ \text{遗传因素和环境因素相互作用} \end{cases} \\ \text{致畸敏感期：第3~8周是人体外形及其内部许多器官、系统原基发生的重要时期，} \\ \qquad\qquad\text{该阶段胚胎细胞增生、分化活跃，细胞形态、功能演变快，是受到致} \\ \qquad\qquad\text{畸因子作用后最易发生畸形的时期} \\ \text{预防：主动进行遗传咨询，做好孕期保健，避免接触各种环境致畸因子，对高危孕} \\ \qquad\text{妇进行产前诊断，对某些畸形还可进行必要的宫内治疗} \end{cases}$$

三、练习题

【概念题】

1. 获能

2. 受精

3. 顶体反应

4. 桑葚胚

5. 植入

6. 蜕膜

7. 原条

8. 脊索

9. 胚盘

10. 体蒂

11. 胚内体腔

12. 原肠

13. 胎盘

14. 胎盘膜

15. 先天畸形

16. 致畸敏感期

【A₁型题】

1. 人胚初具雏形的时间是

    A. 第 4 周   B. 第 8 周

    C. 第 12 周   D. 第 16 周

    E. 第 20 周

2. 受精一般发生在

    A. 输卵管峡部   B. 输卵管壶腹部

    C. 输卵管子宫部   D. 输卵管漏斗部

    E. 子宫

3. 透明带消失于

A. 胚泡   B. 胚期

C. 桑葚胚   D. 卵裂开始时

E. 植入后

4. 胚泡开始植入的时间相当于月经周期的

    A. 第 12~14 天   B. 第 9~10 天

    C. 第 16~17 天   D. 第 27~28 天

    E. 第 19~20 天

5. 植入部位通常在

    A. 输卵管壶腹部   B. 子宫颈

    C. 子宫的体部和底部   D. 腹腔

    E. 卵巢

6. 宫外孕最常发生于

    A. 卵巢表面   B. 输卵管

    C. 肠系膜   D. 子宫直肠陷窝

    E. 腹膜腔

7. 原条出现在

    A. 下胚层   B. 上胚层

    C. 胚外中胚层   D. 胚内中胚层

    E. 外胚层

8. 三个胚层均起源于

    A. 胚外中胚层   B. 下胚层

    C. 上胚层   D. 胚内中胚层

    E. 滋养层

9. 诱导神经板形成的是

    A. 原条   B. 体节

    C. 原凹   D. 原结

    E. 脊索

10. 体蒂属于

    A. 滋养层   B. 胚内中胚层

    C. 胚外中胚层   D. 外胚层

    E. 内胚层

11. 中枢神经系统的原基为

    A. 神经管   B. 神经褶

    C. 神经板   D. 神经嵴

    E. 神经沟

12. 周围神经系统的原基为

    A. 神经管   B. 神经褶

    C. 神经板   D. 神经嵴

E. 神经沟

13. 泌尿生殖系统的主要器官来源于

    A. 胚外中胚层   B. 胚内中胚层

    C. 轴旁中胚层   D. 间介中胚层

    E. 侧中胚层

14. 形成胚内体腔的是

    A. 体节   B. 内胚层

    C. 间介中胚层   D. 侧中胚层

    E. 轴旁中胚层

15. 形成原始消化管的是

    A. 外胚层   B. 内胚层

    C. 中胚层   D. 上胚层

    E. 下胚层

16. 足月胎儿的羊水量为

    A. 500~1 000ml   B. 1 000~1 500ml

    C. 1 000~2 000ml   D. 1 500~2 000ml

    E. 2 000~2 500ml

17. 距胎儿最近的结构是

    A. 绒毛膜   B. 羊膜

    C. 基蜕膜   D. 包蜕膜

    E. 壁蜕膜

18. 在妊娠后期胎儿生长发育于

    A. 胚外体腔   B. 子宫腔

    C. 卵黄囊腔   D. 羊膜腔

    E. 胚泡腔

19. 胎儿娩出后剪断脐带,从脐带流出的血液是

    A. 胎儿血液   B. 母体血液

    C. 胎儿血液和母体血液   D. 胎儿血浆和母体血液

    E. 以上都不对

20. 组成胎盘的是

    A. 基蜕膜与平滑绒毛膜   B. 包蜕膜与丛密绒毛膜

    C. 包蜕膜与平滑绒毛膜   D. 壁蜕膜与丛密绒毛膜

    E. 基蜕膜与丛密绒毛膜

【A$_2$型题】

1. 受精的意义**不包括**

    A. 产生新性状   B. 恢复细胞的二倍体核型

    C. 决定新个体的遗传性别   D. 启动卵裂

    E. 确保个体发育正常

2. **不是**受精条件的是
    A. 生殖管道畅通   B. 精子正常足量获能
    C. 正常排卵后 3 天   D. 卵细胞发育正常
    E. 雌、孕激素水平正常

3. 胚泡的结构**不包括**
    A. 滋养层   B. 内细胞群
    C. 极端滋养层   D. 胚泡腔
    E. 放射冠

4. 胚胎发育第 2 周的变化**不包括**
    A. 上胚层形成   B. 下胚层形成
    C. 二胚层胚盘形成   D. 开始植入
    E. 植入完成

5. 植入的条件**不包括**
    A. 发生顶体反应
    B. 雌、孕激素分泌正常
    C. 子宫内环境正常
    D. 胚泡准时进入子宫腔,透明带及时溶解消失
    E. 子宫内膜发育阶段与胚泡发育同步

6. 与胚盘**无关**的是
    A. 来自内细胞群   B. 第 2 周形成二胚层胚盘
    C. 第 3 周形成三胚层胚盘   D. 是人体发生的原基
    E. 参与构成胎膜和胎盘

7. 与中胚层的早期分化**无关**的是
    A. 间充质   B. 侧中胚层
    C. 间介中胚层   D. 轴旁中胚层
    E. 胚外中胚层

8. **不是**由内胚层分化而来的是
    A. 消化管壁的上皮   B. 甲状腺的上皮
    C. 胸腺的上皮   D. 消化管壁的平滑肌
    E. 呼吸系统器官的上皮

9. **不是**由外胚层分化而来的是
    A. 脑   B. 脊髓
    C. 表皮及其附属结构   D. 真皮
    E. 脑神经节

10. 神经管**不分化**为
    A. 大脑   B. 小脑
    C. 脑神经节   D. 延髓
    E. 脊髓

11. 脏壁中胚层分化的结构**不包括**
    A. 消化系统的肌组织
    B. 呼吸系统的结缔组织和血管
    C. 呼吸系统的肌组织
    D. 消化系统的结缔组织和血管
    E. 消化管、呼吸管的管壁神经组织

12. **不属于**胎膜的是
    A. 羊膜囊
    B. 卵黄囊
    C. 蜕膜
    D. 绒毛膜
    E. 尿囊

13. 与绒毛膜**无关**的是
    A. 细胞滋养层
    B. 胚外中胚层
    C. 合体滋养层
    D. 毛细血管
    E. 基蜕膜

14. 关于羊水的描述，**错误**的是
    A. 主要由羊膜上皮分泌
    B. 不断被羊膜上皮吸收
    C. 含胎儿排泄物
    D. 不断被胎儿吞饮
    E. 含有丰富的营养

15. 关于人卵黄囊的描述，**错误**的是
    A. 顶部形成原肠
    B. 造血干细胞来源于卵黄囊壁外的胚外中胚层
    C. 原始生殖细胞来自卵黄囊壁的内胚层
    D. 卵黄蒂于第 5~6 周闭锁
    E. 贮存的卵黄有营养作用

16. 关于人脐带的描述，**错误**的是
    A. 长 40~60cm
    B. 有 2 条脐动脉
    C. 有 2 条脐静脉
    D. 脐动脉内为静脉血
    E. 脐静脉内为动脉血

17. 胎盘的功能**不包括**
    A. 为胎儿发育提供营养
    B. 参与胚体形成
    C. 分泌激素
    D. 排出胎儿代谢产物
    E. 阻止多数致病微生物通过

18. 胎盘分泌的激素**不包括**
    A. 人绒毛膜促性腺激素
    B. 人胎盘催乳素
    C. 人胎盘缩宫素
    D. 人胎盘孕激素
    E. 人胎盘雌激素

19. 早期胎盘膜**不包括**
    A. 合体滋养层
    B. 细胞滋养层及其基膜
    C. 毛细血管基膜及内皮
    D. 绒毛内结缔组织
    E. 胎盘隔

20. 可能导致胎儿畸形的因素**不包括**
    A. 大量吸烟　　　　　　　　　　B. 酗酒
    C. 严重营养不良　　　　　　　　D. 休息不足
    E. 缺氧

【A₃型题】

（1~3题共用题干）

人体胚胎发生过程开始于受精，终止于胎儿出生，在母体子宫中发育经历 38 周（约 266 天），可分为两个时期。

1. 胚期是指胚胎发育的
    A. 1~2 周　　　　　　　　　　　B. 1~8 周
    C. 3~8 周　　　　　　　　　　　D. 9~12 周
    E. 9~38 周

2. 胎期是指胚胎发育的
    A. 1~2 周　　　　　　　　　　　B. 1~8 周
    C. 3~8 周　　　　　　　　　　　D. 9~12 周
    E. 9~38 周

3. 致畸敏感期是指胚胎发育的
    A. 1~2 周　　　　　　　　　　　B. 1~8 周
    C. 3~8 周　　　　　　　　　　　D. 9~12 周
    E. 9~38 周

（4~6题共用题干）

精子形成后进入附睾，在附睾液的作用下达到结构上的成熟，但尚无受精能力。精子获能而与卵子结合，形成一个新的生命。

4. 精子获能是指
    A. 女性生殖管道中的酶分解精子表面抑制精子释放顶体酶的糖蛋白从而使精子获得受精能力
    B. 精子表面被一层糖蛋白所封闭，抑制其释放顶体酶
    C. 精子释放顶体酶的反应
    D. 透明带变致密的过程
    E. 放射冠被分解的过程

5. 受精的部位是
    A. 输卵管壶腹部　　　　　　　　B. 输卵管峡部
    C. 输卵管与子宫角处　　　　　　D. 子宫底、体部
    E. 子宫颈部

6. **不属于**受精过程的是
    A. 透明带反应　　　　　　　　　B. 顶体反应
    C. 激发第二次减数分裂　　　　　D. 完成遗传与变异
    E. 形成雄原核和雌原核

（7~9题共用题干）

桑葚胚进入子宫腔，细胞继续增殖、分裂；当卵裂球数达到100个左右时，细胞间开始出现小腔隙，最后融合成一个大腔；此时实心的桑葚胚演变为中空的泡状，称胚泡。

7. 胚泡的结构为
 A. 胚盘、绒毛膜、胚泡腔   B. 内细胞群、胚泡腔、绒毛膜
 C. 滋养层、内细胞群、胚外体腔   D. 滋养层、内细胞群、胚泡腔
 E. 滋养层、内细胞群

8. 内细胞群将分化成
 A. 绒毛膜   B. 胚盘
 C. 体蒂   D. 胎膜
 E. 胚外中胚层

9. 滋养层将分化成
 A. 羊膜   B. 蜕膜
 C. 脐带   D. 绒毛膜
 E. 尿囊

（10~12题共用题干）

透明带消失后，胚泡极端滋养层与子宫内膜接触，并分泌蛋白酶消化与其接触的内膜组织，胚泡沿着被消化组织的缺口逐渐侵入内膜。胚泡全部植入子宫内膜后，缺口处上皮修复，植入完成。

10. 植入时的子宫内膜处于
 A. 增生早期   B. 增生中期
 C. 增生晚期   D. 分泌期
 E. 月经期

11. 前置胎盘的形成是由于胚泡植入在
 A. 子宫前壁   B. 子宫后壁
 C. 近子宫颈处   D. 子宫体
 E. 子宫底

12. 植入后的子宫内膜称
 A. 胎膜   B. 羊膜
 C. 绒毛膜   D. 蜕膜
 E. 基膜

（13~15题共用题干）

胎膜与胎盘是胚胎发育过程中的一些附属结构，不参与胚体的形成，对胚胎起保护、营养、呼吸和排泄作用。胎儿娩出后，胎膜、胎盘、胎儿和母体子宫分离而排出。

13. 不参与胚体形成的是
 A. 内胚层   B. 中胚层
 C. 神经外胚层   D. 表面外胚层
 E. 绒毛膜

14. 绒毛间隙内为
    A. 胎儿血　　　　　　　　　　　B. 母体血
    C. 胎儿血和母体血　　　　　　　D. 组织液
    E. 以上都不是

15. 关于胎盘的描述，**错误**的是
    A. 呈圆盘状、重约 500g　　　　B. 胎儿面光滑
    C. 母体面粗糙　　　　　　　　　D. 有 15~30 个胎盘小叶
    E. 对所有有害物质均具有屏障作用

【问答题】

1. 如何保证人类受精为单精受精？
2. 简述受精的条件和意义。
3. 简述胚泡的形成及胚泡的结构。
4. 简述植入的条件及避孕措施。
5. 简述中胚层的形成和初步分化。
6. 简述神经管的形成和初步分化。
7. 简述胎盘的结构与功能。
8. 简述胎盘的血液循环。

四、参考答案

【概念题】

1. 精子在子宫和输卵管内运行时，头部外表面抑制顶体酶释放的糖蛋白被女性生殖管道上皮细胞分泌的酶类降解，使精子获得了使卵子受精的能力，此过程称获能。

2. 精子与卵子结合形成受精卵的过程称受精。一般发生在输卵管壶腹部。

3. 精子顶体释放顶体酶，溶蚀放射冠和透明带的过程，称顶体反应。

4. 受精后第 3 天，受精卵形成一个 12~16 个卵裂球的实心胚，外观如桑葚，称桑葚胚。

5. 胚泡逐渐埋入子宫内膜的过程称植入，又称着床。植入开始于受精后第 5~6 天，完成于第 11~12 天。

6. 发生了蜕膜反应的子宫内膜，称蜕膜。依据蜕膜与胚的关系，分为基蜕膜、包蜕膜和壁蜕膜，基蜕膜参与构成胎盘的母体部分。

7. 第 3 周初，部分上胚层细胞增殖较快，由胚盘两侧向正中线一侧迁移，集中形成一条细胞索，即原条。

8. 原凹的上胚层细胞向头端迁移，在内、外胚层之间形成一条单独的细胞索，称脊索。

9. 在胚泡植入的同时，内细胞群的细胞增殖、分化，逐渐形成盘状的胚，称胚盘。第 2 周末时，由上胚层和下胚层构成；第 3 周末时，由内胚层、中胚层和外胚层构成。胚盘是人体发生的原基。

10. 随着胚外体腔的扩大，仅有少部分胚外中胚层连于胚盘尾端与滋养层之间，该部分胚外中胚层称体蒂，将发育成脐带的主要部分。

11. 侧中胚层内先出现一些小腔隙，然后融合成一个大腔，称胚内体腔，最终将分化

为心包腔、胸膜腔和腹膜腔。

12.胚体形成的同时，内胚层被包入胚体内，形成原始消化管，称原肠，最终将分化为消化系统与呼吸系统器官上皮组织。

13.胎盘是由胎儿的丛密绒毛膜与母体的基蜕膜共同构成的圆盘状结构，具有进行物质交换、分泌激素和屏障外来微生物或毒素侵入、保证胎儿正常发育的功能。

14.胎儿血与母体血在胎盘内进行物质交换所通过的结构称胎盘膜，它是一层选择性透过膜，对一些有害物质具有屏障作用，因此又称胎盘屏障。

15.先天畸形是指由于胚胎发育紊乱而引起的出生时就存在的形态结构异常。

16.胚胎发育的第3~8周是人体外形及内部许多器官、系统原基发生的重要时期，该阶段胚胎细胞增生、分化活跃，细胞形态、功能演变快，是受到致畸因子作用后最易发生畸形的阶段，称致畸敏感期。

【A_1 型题】

1. B	2. B	3. A	4. E	5. C	6. B	7. B	8. C
9. E	10. C	11. A	12. D	13. D	14. D	15. B	16. B
17. B	18. D	19. A	20. E				

【A_2 型题】

1. E	2. C	3. E	4. D	5. A	6. E	7. E	8. D
9. D	10. C	11. E	12. C	13. E	14. E	15. E	16. C
17. B	18. C	19. E	20. D				

【A_3 型题】

| 1. B | 2. E | 3. C | 4. A | 5. C | 6. D | 7. D | 8. B |
| 9. D | 10. D | 11. B | 12. D | 13. E | 14. B | 15. E | |

【问答题】

1.精卵结合后，卵子浅层胞质内的皮质颗粒立即释放酶类，使透明带的结构及化学成分发生变化，特别是使 ZP3 分子变性，不能再与精子结合，使透明带失去了接受精子穿越的能力，阻止了其他精子穿越，这一过程称透明带反应。透明带反应保证了人类受精为单精受精。

2.受精的条件：①男性和女性生殖管道必须畅通；②精子数量必须足够，精子形态必须正常，精子必须具有活跃的运动能力，精子必须获能；③有排卵且卵细胞发育正常，并在 24 小时内与精子相遇；④雌、孕激素水平正常。

受精的意义：①受精是新个体发生的起点，受精卵形成后，卵内储备的发育信息从关闭状态诱发为激活状态，启动了蛋白质合成，细胞代谢率升高，受精卵开始发育；②受精恢复了细胞的二倍体核型；③受精使新个体既维持了双亲的遗传特征，又具有与亲代不完全相同的性状；④受精决定了新个体的遗传性别。

3.胚泡的形成：在第 4 天，桑葚胚进入子宫腔，细胞继续增殖、分裂；当卵裂球数达到 100 个左右时，细胞间开始出现小的腔隙，最后融合成一个大腔；此时实心的桑葚胚演变为中空的泡状，称胚泡。

胚泡的结构：胚泡中心为胚泡腔，腔内充满液体；腔内一侧有一个细胞团，称内细胞群；胚泡壁为一层扁平细胞，称滋养层，覆盖在内细胞群外面的滋养层，称极端滋养层。

4. 植入的条件：①雌激素和孕激素分泌正常；②子宫内环境必须正常；③胚泡准时进入子宫腔，透明带及时溶解消失；④子宫内膜发育阶段与胚泡发育同步。

避孕措施：①口服避孕药，宫腔放置宫内节育器等，均可干扰植入，达到避孕的目的；②应用避孕套、子宫帽、输卵管或输精管结扎等措施，可以阻止精、卵相遇，达到避孕的目的。

5. 中胚层的形成：第3周初，部分上胚层细胞增殖较快，由胚盘两侧向尾端中线迁移，集中形成一条细胞索，称原条；原条背面中线出现一条纵行的浅沟，称原沟；原沟深部的细胞在上、下胚层间向周边扩展、迁移，一部分细胞在上、下胚层间形成一新的细胞层，称胚内中胚层，即中胚层。

中胚层的初步分化：中胚层细胞增殖较快，在中轴线两侧从内向外依次分化为轴旁中胚层、间介中胚层和侧中胚层3部分。其余散在的中胚层细胞统称间充质，将分化成结缔组织、肌组织和血管。

6. 神经管的形成：脊索形成后，诱导其背侧外胚层细胞增厚呈板状，称神经板；神经板沿胚体长轴生长并凹陷，形成神经沟；沟左右两侧隆起称神经褶；神经褶愈合形成神经管。神经管由胚体中段开始闭合并向两端延伸，完全闭合前，其头、尾未闭合处，分别称前神经孔及后神经孔；至第4周末，前、后神经孔闭合。

神经管的初步分化：神经管是中枢神经系统发生的原基，头端膨大发育成脑，其余部分发育成脊髓。若前、后神经孔未闭合，即可形成无脑儿和脊髓裂。

7. 胎盘的结构：胎盘呈圆盘状，直径为15~20cm，平均厚2.5cm，足月胎盘重约500g。胎盘有两个面：胎儿面光滑，表面覆盖羊膜，脐带附着于中央或稍偏；母体面粗糙，可见由不规则浅沟分隔的胎盘小叶。在胎盘的垂直切面上，可见胎盘由3层结构构成。胎儿面为绒毛膜板；母体面为细胞滋养层壳和基蜕膜构成的基板；中层为绒毛和绒毛间隙，间隙中充满母体血。

胎盘的功能：胎盘具有物质交换、屏障作用和内分泌功能。选择性物质交换是胎盘的主要功能，胎盘膜对一些有害物质具有屏障作用。胎盘的合体滋养层能分泌多种激素，对维持妊娠和胎儿的生长发育有非常重要的作用。

8. 胎盘内有母体和胎儿两套血液循环，胎儿血液循环和母体血液循环为各自封闭的循环通道，互不混合，两套血管可通过胎盘膜进行物质交换。母体动脉经子宫螺旋动脉注入绒毛间隙，与绒毛毛细血管内的胎儿血进行物质交换后，由子宫静脉回流入母体。胎儿脐动脉所含的静脉血进入绒毛毛细血管，与绒毛间隙内的母体血进行物质交换后，成为动脉血，汇入脐静脉回流到胎儿体内。

（田洪艳）

12检